国家林业和草原局普通高等教育"十三五"规划教材

普通化学学习指导

贾临芳　刘勇洲　主编

中国林业出版社

图书在版编目（CIP）数据

普通化学学习指导 / 贾临芳，刘勇洲主编. —北京：
中国林业出版社，2020.8（2024.5 重印）
国家林业和草原局普通高等教育"十三五"规划教材
ISBN 978-7-5219-0623-3

Ⅰ.①普… Ⅱ.①贾… ②刘… Ⅲ.①普通化学—高
等学校—教学参考资料 Ⅳ.①O6
中国版本图书馆 CIP 数据核字（2020）第 099978 号

中国林业出版社·教育分社

策划、责任编辑：高红岩 李树梅　　　　责任校对：苏　梅
电　　话：(010) 83143554　　　　　　传　　真：(010) 83143516

出版发行　中国林业出版社（100009　北京市西城区德内大街刘海胡同 7 号）
　　　　　　E-mail：jiaocaipublic@163.com　电话：(010) 83143500
　　　　　　http：//www.forestry.gov.cn/lycb.html
经　　销　新华书店
印　　刷　河北京平诚乾印刷有限公司
版　　次　2020 年 8 月第 1 版
印　　次　2024 年 5 月第 2 次印刷
开　　本　787mm×1092mm　1/16
印　　张　12.5
字　　数　320 千字
定　　价　35.00 元

《普通化学学习指导》编写人员

主　　编　贾临芳　刘勇洲

副 主 编　吴昆明　梁　丹　朱　洪

编　　者　（以姓氏笔画为序）

尹　琦（云南师范大学）

朱　洪（北京农学院）

刘勇洲（山西农业大学）

曲江兰（北京农学院）

李俊莉（云南曲靖师范学院）

吴昆明（北京农学院）

贾俊仙（山西农业大学）

贾临芳（北京农学院）

梁　丹（北京农学院）

程作慧（山西农业大学）

魏朝俊（北京农学院）

主　　审　赵建庄（北京农学院）

前 言

Preface

本书是国家林业和草原局普通高等教育"十三五"规划教材，结合农林院校多年教学改革和实践经验编写而成，是国家林业和草原局普通高等教育"十三五"规划教材《普通化学》（贾临芳、刘勇洲主编）的配套教材。

普通化学是农林类院校本科生必修的一门重要的公共基础课，是培养农林人才必备的化学知识的基础，也是生物类、动植物生产类、食品科学类等专业招收硕士研究生时的必考科目。为了方便读者深刻理解《普通化学》教材的重点内容，牢固掌握普通化学基础知识和基本原理，进一步提高自学能力，编写组组织了长期在一线教学的教师编写了本书。本书适合高等农、林、水产类院校各相关专业本科生参考使用，也可供硕士研究生入学考试复习使用。

本书各章主要分四部分：

（1）内容提要。这部分根据普通化学课程教学基本要求，简要阐述各章内容的要点，并对其中的难点内容，适当地加以解释。对普通化学各章知识点的梳理起到指导作用。

（2）典型例题解析。这部分精心选取典型的例题，并对例题给出详细的解答分析过程。使学生掌握知识点的具体应用，掌握解题方法和解题技巧，以利于引导学生深入思考，做到举一反三、触类旁通。

（3）同步练习及答案。这部分是在学习了知识点和例题的基础上，给学生提供了测试题目，并附有答案，学生可以自己检查学习效果，提高学习质量。

（4）《普通化学》教材思考题与习题答案。为《普通化学》教材的思考题及习题提供配套答案。

参加本书编写的有：山西农业大学程作慧（第 1 章），贾俊仙（第 3 章），刘勇洲［第 4 章，模拟试题 3、4，研究生模拟题（二）］；云南曲靖师范学院李俊莉（第 6 章）；云南师范大学尹琦（第 10 章）；北京农学院曲江兰（第 2 章），魏朝俊（第 5 章），贾临芳［第 7 章，模拟试题 1、2，研究生模拟题（一）］，吴昆明（第 8 章），朱洪（第 9 章），梁丹（第 11 章）。

本书初稿由副主编修改，最后由主编统稿、定稿。

本书由北京市教学名师、北京农学院赵建庄教授担任主审，在此表示衷心的感谢！本书在编写过程中得到北京农学院原普通化学课程组长王春娜副教授的关心和支持，在此特致谢意！

本书在编写过程中参考了部分普通化学方面的资料，在此对这些参考资料的作者表示感谢！

本书得到北京市"优秀人才培养资助计划"（2016000026833ZK01）、北京市属高校"青年拔尖人才培育计划"（CIT&TCD201704049）的资助，在此一并表示感谢！

由于编者水平有限，书中错误和不妥之处，恳请同行专家和使用此书的同学批评和指正，编者不胜感激！

编　者

2020 年 4 月

目 录

Contents

第 1 章
物质的存在状态、溶液与胶体

1.1 内容提要

1.1.1 物质的聚集状态

一般认为物质有四种不同的聚集状态，即气态、液态、固态和等离子态。

1.1.1.1 气体

气体有实际气体和理想气体之分。理想气体是以实际气体为根据的一种人为假设的气体模型。高温、低压条件下的实际气体可近似地看作理想气体。

（1）理想气体状态方程

用来描述气体状态的压力（p）、体积（V）、热力学温度（T）和物质的量（n）之间有着简单的定量关系，这个关系即理想气体状态方程。

$$pV = nRT$$

式中，R 为摩尔气体常数，$R = 8.314 \ \text{Pa} \cdot \text{m}^3 \cdot \text{mol}^{-1} \cdot \text{K}^{-1} = 8.314 \ \text{J} \cdot \text{mol}^{-1} \cdot \text{K}^{-1}$。

理想气体状态方程还可以表示为另外一些形式

$$pV = \frac{m}{M} \cdot RT \quad \text{或} \quad p = \frac{\rho}{M} \cdot RT$$

由此可知，上式不仅可用于计算气体的各个物理量 p、V、T、n，还可以计算气体的摩尔质量 M 和密度 ρ。

理想气体方程可以描述单一气体或混合气体的整体行为。

（2）道尔顿分压定律

在一定温度下，气体混合物的总压力等于其中各组分气体分压力之和，这个规律称为道尔顿（Dalton）分压定律。

$$p = p_1 + p_2 + \cdots + p_i = \sum p_i$$

分压定律的另一种表达形式为

$$\frac{p_i}{p} = \frac{n_i}{n} = x_i$$

可见，气体的分压只与它的摩尔分数和混合气体的总压力有关，而与体积无关。

用于计算气体的分压 p_i 以及总压 p，Dalton 分压定律可适用于任何不发生反应的混合气体，包括与固、液共存的蒸气。所以，它还常用来计算水面上收集的气体的量。

(3)阿马格分体积定律

在 T、p 一定时，混合气体的体积等于组成该混合气体的各组分气体的分体积之和，这是阿马格分体积定律。

$$V = V_1 + V_2 + \cdots + V_i = \sum V_i$$

分体积定律的另一种表达形式为

$$\frac{V_i}{V} = \frac{n_i}{n} = x_i$$

1.1.1.2　液体

把液体放置于密闭的容器中，处于气液两相平衡时的蒸气，叫作饱和蒸气，饱和蒸气对密闭容器的器壁所施加的压力称为饱和蒸气压，简称蒸气压(vapor pressure)。蒸气压对温度作图，则可得到一条对数曲线，叫作蒸气压曲线。

液体的蒸气压等于外界大气压时的温度称为液体的沸点。沸腾是整个液体的气化。当外界气压为 101.325 kPa 时，液体的沸点称为正常沸点。

1.1.1.3　固体

固体具有固定的形状和体积，不能流动。这表明固体内分子、离子或原子间有很强的作用力，使固体表现出一定程度的刚性和很小的可压缩性。固体内部的粒子不能自由移动，只能在一定位置上做热振动。固体一般可分为晶体和非晶体两大类。

1.1.2　溶液

1.1.2.1　分散系

一种或几种物质分散在另一种物质中构成的混合体系称为分散系。分散质与分散剂存在气、液、固三种聚集状态。若按聚集状态进行分类，可以把分散系分为九类。若按分散质离子直径大小进行分类，则可以将分散系分为三类：分子分散系、胶体分散系、粗分散系。

1.1.2.2　溶液的组成标度

组成溶液的分散质叫溶质，分散剂叫溶剂。水是最常用的溶剂，如无特殊说明，通常所说的溶液即指水溶液。在一定量溶剂或溶液中所含溶质的量叫作溶液的浓度。我们用 A 表示溶剂，用 B 表示溶质，常用的浓度表示方法有如下几种：

(1)物质的量浓度

物质的量浓度 $c(B)$ 是指单位体积溶液中所含溶质 B 的物质的量 $n(B)$，用符号 $c(B)$ 表示，即

$$c(B) = \frac{n(B)}{V}$$

式中，$n(B)$ 为溶质的物质的量，单位为 mol；V 为溶液的体积，单位为 L。则浓度 $c(B)$ 的单位为 $mol \cdot L^{-1}$。

（2）质量摩尔浓度

质量摩尔浓度是指每千克溶剂中所含溶质 B 的物质的量 $n(B)$，常用 $b(B)$ 表示，其数学表达式为

$$b(B) = \frac{n(B)}{m(A)}$$

式中，$n(B)$ 为溶质的物质的量，单位为 mol；$m(A)$ 为溶剂的质量，单位为 kg。所以质量摩尔浓度的单位为 $mol \cdot kg^{-1}$。

（3）物质的量分数（又称摩尔分数）

溶液中某一组分 i 的物质的量 n_i 与全部溶液的物质的量 n 之比称为该物质的摩尔分数，用 x_i 来表示。

$$x_i = \frac{n_i}{n}$$

对于一个两组分溶液体系来说，溶质的摩尔分数与溶剂的摩尔分数分别为

$$x(A) = \frac{n(A)}{n(A)+n(B)}, \quad x(B) = \frac{n(B)}{n(A)+n(B)}$$

式中，$x(A)$ 为溶剂的摩尔分数；$x(B)$ 为溶质的摩尔分数。

（4）质量分数

溶液中某一组分的质量 $m(B)$ 与溶液总质量 m 之比。其数学表达式为

$$\omega(B) = \frac{m(B)}{m}$$

式中，$\omega(B)$ 为溶质的质量分数，量纲为 1；$m(B)$ 为溶质的质量，单位为 μg、mg、g、kg 等；m 为溶液的质量，单位为 μg、mg、g、kg 等。

1.1.2.3　稀溶液依数性

溶液的某些性质只与溶质的粒子数有关，而与溶质的本质无关，这类性质称为依数性。当溶质是难挥发的非电解质时，所形成的稀溶液的这类性质表现得更有规律，故称为稀溶液的依数性。主要有溶液的蒸气压降低、沸点升高、凝固点降低和渗透压。

（1）溶液的蒸气压下降

在一定温度下，稀溶液的蒸气压总是低于纯溶剂的蒸气压，这种现象称为溶液的蒸气压下降。

在一定温度下，难挥发非电解质稀溶液的蒸气压 p 等于纯溶剂的饱和蒸气压 p^* 与溶液中溶剂的摩尔分数 $x(A)$ 的乘积。数学表达式为

$$p = p^* \cdot x(A)$$

可推导出

$$\Delta p = K_p \cdot x(B)$$

即难挥发非电解质稀溶液的蒸气压下降只与溶液的质量摩尔浓度成正比，与溶质的本性无关。式中，Δp 为溶液的蒸气压降低值；$x(B)$ 为溶质的摩尔分数。

（2）溶液的沸点升高

难挥发非电解质稀溶液沸点 T_b 总是高于纯溶剂的沸点 T_b^*，两者之差即为沸点上升值。

$$\Delta T_b = T_b - T_b^*$$

ΔT_b 与溶液质量摩尔浓度近似成正比，与溶质本性无关，其数学表达式为

$$\Delta T_b = K_b \cdot b(B)$$

（3）溶液的凝固点下降

难挥发非电解质稀溶液凝固点 T_f 总是低于纯溶剂的凝固点 T_f^*，两者之差即为凝固点下降值

$$\Delta T_f = T_f^* - T_f$$

ΔT_f 与溶液质量摩尔浓度近似成正比，与溶质本性无关，其数学表达式为

$$\Delta T_f = K_f \cdot b(B)$$

（4）溶液的渗透压

为了阻止渗透现象发生，施加于溶液的最小额外压力称为渗透压，用 Π 表示。荷兰化学家范特霍夫（Van't Hoff）总结了渗透压与浓度的关系：

$$\Pi V = n(B)RT \text{ 或 } \Pi = c(B)RT$$

对很稀的水溶液来说，$c(B) \approx b(B)$，则 $\Pi = b(B)RT$。

1.1.3　胶体溶液

1.1.3.1　溶胶的性质

溶胶是分散质颗粒直径在 $1 \sim 100$ nm（$10^{-9} \sim 10^{-7}$ m）的分散系，是一个高度分散不稳定的多相体系，具有三种主要性质：

（1）光学性质

如果将一束强光照射到溶胶时，在与光束垂直的方向上可以看到一个发亮的圆锥形光柱，这种现象称为丁达尔现象。

（2）动力学性质

在超显微镜下观察溶胶，可以看到溶胶颗粒不断地做无规则运动，这种现象称为布朗运动。

（3）电学性质

在外电场作用下，分散相与分散介质发生相对移动的现象，称为溶胶的电动现象。电动现象是溶胶粒子带电的实验证据。电动现象主要有电泳和电渗两种。电泳和电渗是因溶胶带电的结果。

1.1.3.2　溶胶的稳定性和聚沉

由于胶粒带电、水化作用和不停地做布朗运动，使得溶胶具有一定的稳定性。这种分散体系能够暂时存在。但它是热力学不稳定的多相体系，长时间放置或条件改变时，会发生聚沉。促使溶胶聚沉的方法主要有：向溶胶中加入电解质；加热；带相反电荷的两种溶胶按一定比例混合。其中，加入电解质的方法是常用的，不同电解质有不同的聚沉能力，常用聚沉值表示。

聚沉值是指使一定量的溶胶在一定时间内完全聚沉所需电解质的最低浓度。对于带正电荷

的溶胶，电解质的负离子起作用，此负离子所带的负电荷越多，聚沉能力越大，聚沉值越小；对于带负电荷的溶胶，电解质的正离子起作用，此正离子所带的正电荷越多，聚沉能力越大，聚沉值越小。

1.1.3.3　溶胶的结构

溶胶的性质由胶团结构决定。胶团由胶粒和扩散层组成，胶粒由胶核和吸附层组成，吸附层中有电位离子和反离子。使胶粒带电的离子称为"电位离子"，溶液中同电位离子电性相反的离子则称为反离子。

现以 AgI 溶胶为例来说明胶团的结构。将 KI 逐滴加入 $AgNO_3$ 溶液中，形成 AgI 沉淀，大量 AgI 聚集在一起形成 $1\sim100$ nm 的胶核，以 $(AgI)_m$ 表示，胶核具有很大的表面能。当 KI 过量时，胶核选择性地吸附与其组成相同或相似的 I^- 离子使 AgI 胶粒带负电，I^- 离子称为电位离子。电位离子(I^-)被牢固地吸附在胶核表面上。由于库仑引力的作用，少数的反离子(K^+)被束缚在胶核表面，与电位离子一起形成吸附层。胶核与吸附层构成了胶粒。吸附层中的反离子(K^+)个数不足以抵消电位离子(I^-)，所以胶粒是带电的，电荷的符号由电位离子所决定。电泳就是胶粒的移动。吸附层外边的反离子松散地分布在胶粒周围，构成了扩散层。离吸附层越远，反离子越少。如同地球表面上的大气，离地面越远，空气越稀薄。胶粒加上扩散层组成了胶团。扩散层中的反离子正好中和胶粒的电荷，所以整个胶团是电中性的。胶团结构如下：

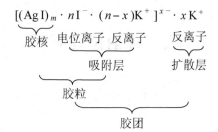

氢氧化铁、硫化砷、硅酸溶胶的胶团结构为：

$$\{[(Fe(OH)_3]_m \cdot nFeO^+ \cdot (n-x)Cl^-\}^{x+} \cdot xCl^-$$
$$[(H_2SiO_3)_m \cdot nHSiO_3^- \cdot (n-x)H^+]^{x-} \cdot xH^+$$
$$[(As_2S_3)_m \cdot nHS^- \cdot (n-x)H^+]^{x-} \cdot xH^+$$

1.1.3.4　溶胶的制备

通常制备溶胶的方法有分散法和聚集法两种。

(1)分散法

将粗分散系中的粒子通过破碎与研磨，使粒子大小符合胶体分散系的要求。通常采用研磨法、超声波法、电弧法等。

(2)聚集法

使小分子、原子或离子聚结成符合胶体分散系的要求的粒子。通常采用化学反应法和改变溶剂法。

1.1.4 粗分散系

1.1.4.1 乳浊液

将一种液体以细小液滴分散在另一种与其不相溶的液体中所形成的体系叫作乳浊液。组成乳浊液的一种液体一般是水或水溶液，极性很大；另一种液体是与水不相溶的有机液体，极性很小，统称为油。这样，油和水形成的乳浊液有两种类型：一种是油分散在水中，简称水包油型乳浊液（O/W）；另一种是水分散在油中，简称油包水型乳浊液（W/O）。牛奶是奶油分散在水中，为 O/W 型乳浊液；石油原油则是 W/O 型乳浊液。

1.1.4.2 表面活性剂

（1）表面活性剂的结构

表面活性物质的分子是由具有亲水性的极性基团和具有亲油性的非极性基团两部分组成的有机化合物。亲水基和亲油基分别占据表面活性剂分子的两端，形成一种不对称结构，在溶液的表面能够定向排列，并能够使其表面张力显著下降。

（2）表面活性剂的分类

表面活性剂有很多种分类方法，一般按照化学结构可分为离子型表面活性剂（在水中可发生电离）和非离子型表面活性剂（在水中不发生电离）。

1.2 典型例题解析

【例 1-1】一容器中有 8.8 g CO_2，4.0 g H_2 和 16.0 g O_2，总压为 100 kPa，求各组分的分压？

解：混合气体中各组分气体的物质的量为

$$n(CO_2)=\frac{8.8\ g}{44.0\ g\cdot mol^{-1}}=0.2\ mol$$

$$n(H_2)=\frac{4.0\ g}{2.0\ g\cdot mol^{-1}}=2.0\ mol$$

$$n(O_2)=\frac{16.0\ g}{32.0\ g\cdot mol^{-1}}=0.5\ mol$$

混合气体中各组分气体的物质的量分数为

$$x(CO_2)=\frac{0.2\ mol}{0.2\ mol+2.0\ mol+0.5\ mol}=0.074$$

$$x(H_2)=\frac{2.0\ mol}{0.2\ mol+2.0\ mol+0.5\ mol}=0.741$$

$$x(O_2)=\frac{0.5\ mol}{0.2\ mol+2.0\ mol+0.5\ mol}=0.185$$

所以，混合气体中各组分气体的分压为

$$p(CO_2)=0.074\times1.0\times10^5\ Pa=7.4\times10^3\ Pa$$

$$p(H_2)=0.741\times1.0\times10^5\ Pa=7.41\times10^4\ Pa$$

$$p(O_2)=0.185\times1.0\times10^5\ Pa=1.85\times10^4\ Pa$$

【例 1-2】 在水面上收集一瓶 250 cm³ 氧气，25 ℃时测得压力为 94.1 kPa。求标准状态下干燥氧气的体积。已知 25 ℃水的饱和蒸气压 3.17 kPa。

解： 气体的温度和压力改变时只影响体积，而 n 不变。由理气状态方程得到

$$\frac{p_1V_1}{T_1}=\frac{p_2V_2}{T_2}=nR$$

在此所测得压力并不是纯 O_2 的压力，而是与水蒸气的混合压力。减去 25 ℃水的饱和蒸气压 3.17 kPa，得

$$p(O_2)=94.1\ kPa-3.17\ kPa=90.93\ kPa$$

所以
$$V(O_2)=\frac{(90.93\ kPa)\times(0.250\ L)\times(273\ K)}{(101.3\ kPa)\times(298\ K)}=0.206\ L$$

【例 1-3】 在常温下称取 KCl 固体 23.368 g，配制成 100.00 mL 溶液，测得其质量为 120.63 g。求：(1)物质的量浓度；(2)质量摩尔浓度；(3)溶液中 KCl 和 H_2O 的物质的量分数；(4)溶液中 KCl 的质量分数。

解： (1)KCl 的物质的量浓度为

$$c(HCl)=\frac{n(HCl)}{V}=\frac{23.368\ g/74.5\ g\cdot mol^{-1}}{100.00\times10^{-3}\ L}=3.14\ mol\cdot L^{-1}$$

(2)KCl 溶液的质量摩尔浓度为

$$b(KCl)=\frac{n(KCl)}{m(H_2O)}=\frac{23.368\ g/74.5\ g\cdot mol^{-1}}{(120.63-23.368)\times10^{-3}\ kg}=3.23\ mol\cdot kg^{-1}$$

(3)在 KCl 溶液中

$$n(KCl)=\frac{23.368\ g}{74.5\ g\cdot mol^{-1}}=0.314\ mol$$

$$n(H_2O)=\frac{(120.63-23.368)g}{18\ g\cdot mol^{-1}}=5.403\ mol$$

$$x(KCl)=\frac{n(KCl)}{n(KCl)+n(H_2O)}=\frac{0.314\ mol}{0.314\ mol+5.403\ mol}=0.055$$

(4)KCl 溶液中 KCl 的质量分数为

$$\omega(KCl)=\frac{m(KCl)}{m(KCl)+m(H_2O)}=\frac{23.368\ g}{120.63\ g}=0.194$$

【例 1-4】 某水溶液含有非挥发性物质，在 100.52 ℃时沸腾，求：(1)该溶液的凝固点；(2)在 298.15 K 时该溶液的蒸气压；(3)在 298.15 K 时该溶液的渗透压。已知 $K_f=1.86$ K·kg·mol^{-1}，$K_b=0.52$ K·kg·mol^{-1}，在 298.15 K 时纯水的蒸气压为 3 167 Pa。

解： (1)溶液的质量摩尔浓度

$$b(B)=\Delta T_b/K_b=0.52\ K/0.52\ K\cdot kg\cdot mol^{-1}=1.0\ mol\cdot kg^{-1}$$

又由于 $\Delta T_f=K_f\cdot b(B)=1.86$ K·kg·mol$^{-1}\times1.0$ mol·kg$^{-1}=1.86$ K
该溶液的凝固点

$$T_f = 273.15 \text{ K} - \Delta T_f = 273.15 \text{ K} - 1.86 \text{ K} = 271.29 \text{ K}$$

（2）在 298.15 K 时该溶液的蒸气压

$$p = p^* \cdot x(A) = 3\ 167 \text{ Pa} \times 55.5/(55.5 + 1.0) = 3\ 111 \text{ Pa}$$

（3）在 298.15 K 时该溶液的渗透压

$$\Pi = c(B)RT \approx b(B)RT$$

$$= 1.0 \text{ mol} \cdot \text{kg}^{-1} \times 8.314 \text{ Pa} \cdot \text{m}^3 \cdot \text{mol}^{-1} \cdot \text{K}^{-1} \times 298.15 \text{ K} = 2\ 478.8 \text{ kPa}$$

【例 1-5】 0.97 g 某化合物溶于 10.0 g 苯中，测得凝固点为 2.07 ℃，求此化合物相对分子质量。已知此物质的量组成为 49.0% C，2.7% H 和 48.3% Cl，求其分子式。（已知 $K_f = 5.12 \text{ K} \cdot \text{kg} \cdot \text{mol}^{-1}$，$T_f^* = 5.44 ℃$）

解： 由 $\Delta T_f = K_f \cdot b(B)$ 得

$$\Delta T_f = T_f^* - T_f = 5.44 ℃ - 2.07 ℃ = 3.37 ℃ = 3.37 \text{ K}$$

其质量摩尔浓度

$$b(B) = \frac{\Delta T_f}{K_f} = \frac{3.37 \text{ K}}{5.12 \text{ K} \cdot \text{kg} \cdot \text{mol}^{-1}} = 0.658 \text{ mol} \cdot \text{kg}^{-1}$$

在 10.0 g 苯中含有量，由于 $b(B) = \dfrac{n(B)}{m(A)}$

所以　　$n(B) = b(B) \cdot m(A) = 0.658 \text{ mol} \cdot \text{kg}^{-1} \times 0.010 \text{ kg} = 6.58 \times 10^{-3} \text{ mol}$

摩尔质量　$M = \dfrac{m}{n} = \dfrac{0.97 \text{ g}}{6.58 \times 10^{-3} \text{ mol}} = 147.41 \text{ g} \cdot \text{mol}^{-1}$

按化合物的质量组成计算出

$$\text{C} : \text{H} : \text{Cl} = \frac{0.49}{12.0} : \frac{0.027}{1.01} : \frac{0.483}{35.5} \approx 3 : 2 : 1$$

可得实验式 C_3H_2Cl，相对分子质量即为 73.5。因此 $(C_3H_2Cl)_n$ 中 $n = 2$ 时相对分子质量为 147。所以，凝固点测得的相对分子质量接近 $n = 2$，即此化合物分子式是 $C_6H_4Cl_2$。

关于溶液沸点升高的有关计算与凝固点降低的方法一样，只是要用 K_b 代替 K_f。

【例 1-6】 25.0 ℃时 0.145 g 某蛋白质溶于 10.0 mL 水中，测得渗透压为 1.002 kPa，求此蛋白质的相对分子质量。

解： 由 $\Pi = c(B)RT$ 得

$$1.002 \text{ kPa} = c(B) \times 8.314 \text{ kPa} \cdot \text{L} \cdot \text{K}^{-1} \cdot \text{mol}^{-1} \times 298 \text{ K}$$

$$c(B) = 4.04 \times 10^{-4} \text{ mol} \cdot \text{L}$$

由于　　　　　　　　$c(B) = \dfrac{n(B)}{V} = \dfrac{m_B/M_B}{V}$

代入数据可得

$$4.04 \times 10^{-4} \text{ mol} \cdot \text{L} = \frac{0.145 \text{ g}/M}{10 \times 10^{-3} \text{ L}}$$

$$M = 35\ 900$$

此蛋白质的相对分子质量为 35 900。

【例 1-7】 两种凝固点相同的溶液，一种为 5.0 g 甘油溶于 500 g 水中，另一种为 50.0 g 未知非电解质溶于 1 000 g 水中，试计算未知非电解质的摩尔质量。

解：$\Delta T(\text{甘油})=K_f \cdot b(\text{B})=K_f \cdot \dfrac{m_B}{m_A \cdot M_B}=K_f \times \dfrac{5.0\ \text{g}}{0.5\ \text{kg} \times 92\ \text{g} \cdot \text{mol}^{-1}}$

$\Delta T_f(\text{未知非电解质})=K_f \cdot b(\text{B})=K_f \cdot \dfrac{m_B}{m_A \cdot M_B}=K_f \times \dfrac{50.0\ \text{g}}{1.0\ \text{kg} \times M(\text{B})}$

$$M(\text{B})=460\ \text{g} \cdot \text{mol}^{-1}$$

【例 1-8】 将 12 mL 0.02 mol·L^{-1} KCl 溶液和 100 mL 0.005 mol·L^{-1} AgNO$_3$ 溶液混合制得 AgCl 溶胶，写出这个溶胶的胶团结构。

解： 混合后 $c(\text{Cl}^-)=\dfrac{0.02\ \text{mol} \cdot \text{L}^{-1} \times 12\ \text{mL}}{112\ \text{mL}}=2.14 \times 10^{-3}\ \text{mol} \cdot \text{L}^{-1}$

$c(\text{Ag}^+)=\dfrac{0.005\ \text{mol} \cdot \text{L}^{-1} \times 100\ \text{mL}}{112\ \text{mL}}=4.46 \times 10^{-3}\ \text{mol} \cdot \text{L}^{-1}$

AgNO$_3$ 过量其胶团结构式为

$$\left[(\text{AgI})_m \cdot n\text{Ag}^+ \cdot (n-x)\text{NO}_3^-\right]^{x+} \cdot x\text{NO}_3^-$$

1.3　同步练习及答案

1.3.1　同步练习

一、是非题

1. 在一定外压下，0.10 mol·kg^{-1} 的蔗糖水溶液和 0.10 mol·kg^{-1} 的 NaCl 水溶液的沸点相同。（　　）

2. 胶体的电学性质是布朗运动。（　　）

3. 液体的蒸气压随温度的升高呈直线增加。（　　）

4. 液体的沸点就是其蒸发和冷凝速度相等时的温度。（　　）

5. 盐碱地中农作物长势不良，甚至枯萎，这与溶液依数性中的渗透压有关。（　　）

6. 电解质的聚沉值越大，对溶胶的聚沉能力越强。（　　）

7. 混合气体中某组分气体的分压，就是指在混合气体中某组分气体单独占据与整个混合气体相同体积时的压力。（　　）

8. 实际气体与理想气体更接近的条件是高温低压。（　　）

9. 海水比淡水沸点高。（　　）

10. 质量相等的苯和甲苯均匀混合，溶液中苯和甲苯的摩尔分数都是 0.5。（　　）

二、选择题

1. 在质量摩尔浓度为 1 mol·kg^{-1} 的水溶液中，溶质的摩尔分数为（　　）。

A. 1.00　　　　　　B. 0.055　　　　　　C. 0.017 7　　　　　　D. 0.180

2. 27 ℃、3 039.75 kPa 时一桶氧气 480 g，若此桶加热至 100 ℃，维持此温度开启活门一直到气体压力降至 101.325 kPa 为止。共放出氧气质量是（　　）。

A. 934.2 g　　　　B. 98.42 g　　　　C. 467.1 g　　　　D. 4.671 g

3. 浓度均为 0.01 mol·kg^{-1} 的 NaCl 溶液、H$_2$SO$_4$ 溶液、CH$_3$COOH 溶液、C$_6$H$_{12}$O$_6$

(葡萄糖)溶液，蒸气压最高的是(   )。

　　A. NaCl 溶液　　　　B. H_2SO_4 溶液　　　　C. CH_3COOH 溶液　　D. $C_6H_{12}O_6$ 溶液

4. 实际气体与理想气体更接近的条件是(   )。

　　A. 高温高压　　　　B. 低温高压　　　　C. 高温低压　　　　D. 低温低压

5. 将 5.6 g 非挥发性溶质溶解于 100 g 水中($K_b = 0.51$ K·kg·mol^{-1})，该溶液在 100 kPa 下沸点为 100.5 ℃，则此溶液中溶质的摩尔质量为(   )。

　　A. 14 g·mol^{-1}　　　B. 28 g·mol^{-1}　　　C. 57.12 g·mol^{-1}　　D. 112 g·mol^{-1}

6. 1 000 g 水中溶解 3 g KI，冷却产生 500 g 冰时的温度与哪个数值相接近？(   )[已知 $K_f = 1.86$ K·kg·mol^{-1}，$M(KI) = 165.9$ g·mol^{-1}]

　　A. -0.067 ℃　　　B. -0.033 ℃　　　C. -0.12 ℃　　　D. -0.134 ℃

7. 稀溶液刚开始凝固时，析出的固体是(   )。

　　A. 纯溶质　　　　　　　　　　B. 溶质与溶剂的混合物

　　C. 纯溶剂　　　　　　　　　　D. 要根据具体条件分析

8. 已知水的 $K_b = 0.51$ ℃·kg·mol^{-1}，若在 100 g 水中溶解 3.0 g 某非电解质，该非电解质的相对分子质量为 30，则此溶液在 101.325 kPa 下的沸点为(   )。

　　A. 0.51 ℃　　　　　B. 100.51 ℃　　　C. 99.49 ℃　　　D. 101.86 ℃

9. 难挥发非电解质稀溶液依数性的数值取决于(   )。

　　A. 溶液的体积　　　　　　　　B. 溶液的质量

　　C. 溶液的温度　　　　　　　　D. 溶液的质量摩尔浓度

10. 1 kg 水中溶解 0.1 mol 食盐的水溶液与 1 kg 水中溶解 0.1 mol 葡萄糖的水溶液，在 101.3 kPa 下的沸点，下列结论哪一个是正确的？(   )

　　A. 都高于 100 ℃，食盐比葡萄糖水溶液的低

　　B. 都高于 100 ℃，食盐比葡萄糖水溶液的高

　　C. 食盐水低于 100 ℃，葡萄糖水溶液高于 100 ℃

　　D. 食盐水高于 100 ℃，葡萄糖水溶液低于 100 ℃

11. 将 25 ℃、100 kPa 的 N_2 0.200 L 和 125 ℃、160 kPa 的 He 0.300 L，共装入一个 1.00 L 容器中。25 ℃时此容器内总压力为(   )。

　　A. 260 kPa　　　　B. 160 kPa　　　　C. 100 kPa　　　　D. 55.9 kPa

12. 海洋鱼类血液和海水的渗透压相比，哪一个比较大？(   )

　　A. 血液的渗透压大　　　　　　B. 海水的渗透压大

　　C. 二者的渗透压相等　　　　　D. 二者渗透压之间无关

三、填空题

1. 如果 0.455 g 甲状腺素溶解在 10.0 g 苯中，溶液的凝固点是 5.144 ℃，纯苯在 5.444 ℃时凝固。则甲状腺素的相对分子质量是_____。(已知苯的 $K_f = 5.12$ K·kg·mol^{-1})

2. 将 1.2×10^{-2} L 的 0.01 mol·L^{-1} KCl 溶液和 0.1 L 的 0.005 mol·L^{-1} $AgNO_3$ 溶液混合以制备 AgCl 溶胶，其胶团结构为_____，电泳时向_____极移动。

3. 在下列溶液中：① 1 mol·L^{-1} H_2SO_4；② 1 mol·L^{-1} NaCl；③ 1 mol·L^{-1} $C_6H_{12}O_6$；④ 0.1 mol·L^{-1} CH_3COOH；⑤ 0.1 mol·L^{-1} NaCl；⑥ 0.1 mol·L^{-1}

$C_6H_{12}O_6$；⑦ 0.1 mol·L^{-1} $CaCl_2$ 凝固点最低的是_____，凝固点最高的是_____，沸点最高的是_____，沸点最低的是_____。

4. 已知水的 K_f＝1.86 K·kg·mol^{-1}，要使溶液的凝固点降低 10 ℃，须向 100 g 水中加入_____乙二醇（$C_2H_6O_2$）。

5. 所谓稀溶液的依数性是指_____的性质，包括_____、_____、_____、_____。

6. 下列电解质对某溶液的聚沉值分别为 $NaNO_3$ 300 mmol·L^{-1}，Na_2SO_4 295 mmol·L^{-1}，$MgCl_2$ 25 mmol·L^{-1}，$AlCl_3$ 0.5 mmol·L^{-1}，该溶胶带_____电，因为_____的聚沉能力最强。

7. 用 $BaCl_2$ 和 Na_2SO_4 制备 $BaSO_4$ 溶胶，分别写出下列条件时的胶团结构式：
①$BaCl_2$ 过量时：_____；
②Na_2SO_4 过量时：_____。

四、简答题

1. 为什么临床常用 0.9% 生理盐水和 5% 葡萄糖溶液作输液用？

2. 加热液体时产生暴沸现象的原因是什么？如何避免？

五、计算题

1. 一个人在休息时一次呼吸量 0.5 L。若吸入 101.3 kPa、25 ℃含 20% O_2 的空气，而且这些 O_2 完全用于氧化葡萄糖（$C_6H_{12}O_6$）生成 CO_2 和 H_2O(g)。计算呼出 CO_2 的分压多大？最后温度为 37 ℃。

2. 1 mol N_2O_4(g) 在容器中分解，反应为 N_2O_4(g)＝2NO_2(g)，总压力为 101.3 kPa，45 ℃时总体积为 36.0 L。(1)求混合气体的总物质的量；(2)求此时剩余的 N_2O_4 的物质的量；(3)求 N_2O_4 和 NO_2 的摩尔分数；(4)求 N_2O_4 和 NO_2 的分压力。

3. 孕甾酮是一种雌性激素，它含有 9.5% H、10.2% O 和 80.3% C。在 5.00 g 苯中含有 0.100 g 孕甾酮的溶液在 5.18 ℃时凝固，相对分子质量是多少？分子式是什么？（已知苯的 K_f 为 5.12 K·kg·mol^{-1}，苯的凝固点为 278.66 K）

4. 将 1 kg 乙二醇与 2 kg 水相混合，可制得汽车用的防冻剂，试计算：(1)25 ℃时，该防冻剂的蒸气压；(2)该防冻剂的沸点；(3)该防冻剂的凝固点。

5. 将 10 g Zn 加入到 100 mL 盐酸中，产生的 H_2 在 20 ℃及 101.3 kPa 下进行收集，体积为 2.0 L，问：(1)气体干燥后，体积是多少？(20 ℃时水的饱和蒸气压为 2.33 kPa)(2)反应是 Zn 过量还是 HCl 过量？

6. 1946 年 George Scatchard 用溶液的渗透压测定了牛血清蛋白的相对分子质量。他用 9.63 g 蛋白质配成 1.00 mL 水溶液，测得该溶液在 25 ℃时的渗透压为 0.353 kPa，请你计算牛血清蛋白的相对分子质量。如果该溶液的密度近似为 1.00 g·mL^{-1}，能否用凝固点下降法测定蛋白质的相对分子质量？为什么？（K_f＝1.86 K·kg·mol^{-1}，R＝8.314 kPa·L·mol^{-1}·K^{-1}）

1.3.2 同步练习答案

一、是非题

1. × 2. × 3. × 4. × 5. √ 6. × 7. √ 8. √ 9. √ 10. ×

二、选择题

1. C 2. C 3. D 4. C 5. C 6. D 7. C 8. B 9. D 10. B 11. D 12. C

三、填空题

1. 776.5

2. $[(AgCl)_m \cdot nAg^+ \cdot (n-x)NO_3^-]^{x+} \cdot xNO_3^-$，负极

3. ①，⑥，①，⑥

4. 33.38 g

5. 溶液的性质只与溶液的浓度有关，而与溶质的本性无关；蒸气压下降、沸点升高、凝固点降低、渗透压

6. 负，$AlCl_3$

7. ①$[(BaSO_4)_m \cdot nBa^{2+} \cdot (2n-x)Cl^-]^{x+} \cdot xCl^-$

②$[(BaSO_4)_m \cdot nSO_4^{2-} \cdot (2n-x)Na^+]^{x-} \cdot xNa^+$

四、简答题

1. 答：因为0.9%生理盐水和5%葡萄糖溶液与人体血浆具有相同的渗透压。

2. 答：液体在沸腾过程中总会有许多气泡不断地从液体内部逸出，气泡的生成必须有形成气泡的中心，如微小的气泡、尘粒、晶体的尖端边角等。纯净的水不容易产生气泡，必须将温度升高到沸点以上才能生成气泡。气泡生成以后增大到一定程度就逸出表面，水就立刻沸腾，同时温度也就立刻回降到正常沸点，这种现象叫作"过热"。过热现象是产生暴沸、引起事故的根由，搅拌或加入沸石等是减少"过热"、防止暴沸的常用办法。

五、计算题

1. 解：$n(O_2) = \dfrac{p(O_2)V(O_2)}{RT(O_2)} = \dfrac{101.3 \times 0.5 \times 0.2}{8.314 \times 298} = 4.09 \times 10^{-3}$ mol

由 $C_6H_{12}O_6 + 6O_2 = 6CO_2 + 6H_2O$ 得

$$n(CO_2) = n(O_2)$$

所以 $p(CO_2) = \dfrac{n(CO_2)RT(CO_2)}{V(CO_2)} = \dfrac{4.09 \times 10^{-3} \times 8.314 \times 310}{0.5} = 21.08$ kPa

2. 解：(1) $n = \dfrac{pV}{RT} = \dfrac{101.3 \times 36.0}{8.314 \times 318} = 1.38$ mol

(2) 设此时 N_2O_4 离解 x mol，则 $n(总) = 1 - x + 2x = 1 + x = 1.38$ mol，$x = 0.38$ mol

所以剩余的 N_2O_4 的量为 $1 - 0.38 = 0.62$ mol

(3) $n(NO_2) = 2 \times 0.38 = 0.76$ mol

所以 $x(N_2O_4) = \dfrac{0.62}{1.38} = 0.45$，$x(NO_2) = \dfrac{0.76}{1.38} = 0.55$

(4) $p(N_2O_4) = p(总)x(N_2O_4) = 101.3 \times 0.45 = 45.6$ kPa

$p(NO_2) = p(总)x(NO_2) = 101.3 \times 0.55 = 55.7$ kPa

3. 解：$\Delta T_f = K_f \cdot b(B)$

$$278.66 - 273.15 - 5.18 = 5.12 \times \frac{0.100}{M \times 5.00 \times 10^{-3}}$$

$$M = 310.3$$

所以　$C : H : O = \dfrac{310.3 \times 0.803}{12} : \dfrac{310.3 \times 0.095}{1} : \dfrac{310.3 \times 0.102}{16} = 21 : 29 : 2$

故分子式为 $C_{21}H_{29}O_2$

4. 解：（1）根据公式 $\Delta p = p^* \cdot x(B)$，查表得知，25 ℃时，水的饱和蒸气压为 3.18 kPa。乙二醇（$C_2H_6O_2$）的相对分子质量为 62。

代入公式　$\Delta p = p^* \cdot x(B) = p^* \cdot \dfrac{n(B)}{n(A) + n(B)}$

$$(3.18 - p) = \frac{1\,000/62}{2\,000/18 + 1\,000/62} \times 3.18 = 0.4 \text{ kPa}$$

$$p = 2.78 \text{ kPa}$$

（2）沸点可根据公式 $\Delta T_b = K_b \cdot b(B)$，查表得水的 $K_b = 0.51$ K·kg·mol^{-1}

乙二醇的质量摩尔浓度 $b(B) = \dfrac{1\,000/62}{2} = 8.05$ mol·kg^{-1}

代入公式　$\Delta T_b = K_b \cdot b(B) = 0.51 \times 8.05 = 4.10$ K

沸点为　$273.15 + 100 + 4.10 = 377.25$ K $= 104.10$ ℃

（3）凝固点可根据公式　$\Delta T_f = K_f \cdot b(B)$，查表得水的 $K_f = 1.86$ K·kg·mol^{-1}

代入公式　$\Delta T_f = K_f \cdot b(B) = 1.86 \times 8.05 = 14.97$ K

凝固点为　$273.15 - 14.97 = 258.18$ K

5. 解：（1）根据 Dalton 分压定律 $p(H_2) = p(总) - p(水) = 101.3 - 2.33 = 98.97$ kPa

根据 $p_1 V_1 = p_2 V_2$，得

$$98.97 \times 2 = 101.3 \times V_2$$

$$V_2 = 1.95 \text{ L}$$

（2）根据理想气体状态方程 $pV = nRT$，$n = \dfrac{98.97 \times 2}{8.314 \times (273 + 20)} = 0.081$ mol，Zn 与 HCl 反应生成 H_2 0.081 mol，需 Zn 5.26 g，Zn 过量。

6. 解：$\Pi = c(B)RT$

$$0.353 = \frac{9.63}{M \times 1.00 \times 10^{-3}} \times 8.314 \times 298$$

$$M = 67\,589\,287.14 \text{ g·mol}^{-1}$$

由于蛋白质的分子质量很大，当溶液的密度近似为 1.0 g·mL^{-1} 时，溶液的质量摩尔浓度很小，ΔT_f 也比较小，测准很困难，所以用渗透压好。

1.4　《普通化学》教材思考题与习题答案

1. 将一块冰放在 0 ℃的水中和放在 0 ℃的盐水中，在现象上有何不同？为什么？

答：在 0 ℃的水中冰与水共存，为固液平衡态；在 0 ℃的盐水中，冰会融化，因盐水凝固点低于 0 ℃。

2. 冷冻海鱼放入凉水中浸泡一段时间后，在其表面会结一层冰，而鱼已经解冻了。这是什么道理？

答：因为鱼体内有大量体液和细胞液，根据冰点下降规律，冻鱼的温度要低于 0 ℃。当把冻鱼浸入凉水时，冻鱼就要从凉水中吸热，而使鱼体表面的水因失热而结冰，鱼体因吸收了热量而解冻。

3. 人在吃了过咸的食物之后，为什么会常常感到口渴？

答：根据稀溶液的渗透压原理，口腔味蕾处细胞中细胞渗透液渗出较多，激发神经系统产生反应，进而感到口渴。

4. 稀溶液的沸点是否一定比纯溶剂高？为什么？

答：不一定。因为对于难挥发性的或挥发性比纯溶剂低的溶质形成的稀溶液的沸点比纯溶剂的高，而对于挥发性比纯溶剂大的溶质形成的溶液的蒸气压则比纯溶剂的高，此时溶液的沸点比溶剂的低。

5. 用 $FeCl_3$ 水解制得 $Fe(OH)_3$ 溶胶为例说明溶胶的形成原理，画出 $Fe(OH)_3$ 的胶团结构示意图，并指出致使这种溶胶聚沉的方法。

答：以 $FeCl_3$ 加热水解法制 $Fe(OH)_3$ 胶体溶液时，制备过程如下：

$Fe^{3+}+H_2O=Fe(OH)^{2+}+H^+$，$Fe(OH)^{2+}+H_2O=Fe(OH)_2^++H^+$

$Fe(OH)^{2+}+H_2O=Fe(OH)_3+H^+$，$Fe(OH)^{2+}=FeO^++H_2O$

水解生成的许多 $Fe(OH)_3$ 分子聚集在一起形成胶核，胶核由于巨大的表面能而选择性的吸附 FeO^+ 离子带上正电荷，然后吸附溶液中 Cl^- 形成双电层，部分 Cl^- 和胶核紧密结合形成胶粒的吸附层，部分 Cl^- 和胶核疏松结合形成胶粒的扩散层。$Fe(OH)_3$ 胶团结构的示意图为：

$$\{[Fe(OH)_3]_m \cdot nFeO^+ \cdot (n-x)Cl^-\}^{x+} \cdot x\ Cl^-$$

可向胶体溶液中加入带相反电荷的另一种胶体，或加入强电解质，或加热胶体溶液，使之聚沉。

6. 15 ℃、101 kPa 下，将 2.00 L 干燥空气徐徐通入 CS_2 液体中，通气前后称量 CS_2 液体，得知失重 3.01 g，求 CS_2 液体在此温度下的饱和蒸气压。

解：此题考察的是 Dalton 分压定律

$$n(空气)=\frac{pV}{RT}=\frac{101\times2}{8.314\times288}=0.084\ 3\ mol$$

$$n(CS_2)=\frac{3.01}{76}=0.039\ 6\ mol$$

$$n(总)=n(空气)+n(CS_2)=0.084\ 3+0.039\ 6=0.123\ 9\ mol$$

$$p(CS_2)=p(总)\times\frac{0.039\ 6}{0.123\ 9}=32.3\ kPa$$

7. 欲配制 3% 的 Na_2CO_3 溶液（密度为 1.03 g·mL^{-1}）200 mL，试计算需 $Na_2CO_3 \cdot 3H_2O$ 的质量及此溶液的物质的量浓度。$[M(Na_2CO_3)=106\ g\cdot mol^{-1}$，$M(H_2O)=18\ g\cdot mol^{-1}]$

解：假设需 $Na_2CO_3 \cdot 3H_2O$ 的质量为 $m(B)$

$$\omega(B)=\frac{m(B)}{m}$$

$$3\%=\frac{m(B)\times(106/160)}{1.03\times200}$$

解得
$$m(B)=9.33\ g$$

$$c(B)=\frac{n(B)}{V}=\frac{m(B)/M(B)}{V}=\frac{9.33/160}{0.2}=0.29\ mol\cdot L^{-1}$$

8. 甲状腺素是人体中一种重要激素，它能抑制身体里的新陈代谢。如果 0.455 g 甲状腺素溶解在 10.0 g 苯中，溶液的凝固点是 5.144 ℃，纯苯在 5.444 ℃ 时凝固。问甲状腺素的摩尔质量是多少？（苯的 $K_f=5.12\ K\cdot kg\cdot mol^{-1}$）

解：根据稀溶液依数性规律 $\Delta T_f=K_f\cdot b(B)$，设甲状腺的摩尔质量为 $M\ g\cdot mol^{-1}$，

$$5.444-5.144=5.12\times\frac{0.455/M}{10\times10^{-3}}$$

解得
$$M=776.5\ g\cdot mol^{-1}$$

9. 一有机物 9.00 g 溶于 500 g 水中，水的沸点上升 0.051 2 K。(1)计算有机物的摩尔质量；(2)已知这种有机物含碳 40.0%，含氧 53.3%，含氢 6.70%，写出它的分子式。（水的 $K_b=0.512\ K\cdot kg\cdot mol^{-1}$）

解：根据稀溶液依数性规律 $\Delta T_b=K_b\cdot b(B)$，设该有机物的摩尔质量为 M，

$$0.051\ 2=\frac{0.512\times(900/M)}{500\times10^{-3}}$$

解得
$$M=180\ g\cdot mol^{-1}$$

C：$\dfrac{180\times40.0\%}{12}=6$，O：$\dfrac{180\times53.5\%}{16}=6$，H=12，其分子式为 $C_6H_{12}O_6$

10. 某水溶液含有非挥发性物质，在 271.7 K 时凝固，求：(1)该溶液的正常沸点；(2)在 298.15 K 时该溶液的蒸气压；(3)在 298.15 K 时该溶液的渗透压。（已知 $K_f=1.86\ K\cdot kg\cdot mol^{-1}$，$K_b=0.52\ K\cdot kg\cdot mol^{-1}$，在 298.15 K 时纯水的蒸气压为 3 167 Pa）

解：(1)溶液的质量摩尔浓度
$$b(B)=\Delta T_f/K_f=1.45/1.86=0.78\ mol\cdot kg^{-1}$$
该溶液的沸点 $\Delta T_b=K_b\cdot b(B)=0.52\times0.78=0.41\ K$
由 $\Delta T_b=T_b^*-T_b$ 可知
$$T_b^*=\Delta T_b+T_b=0.41+271.7=272.11\ K$$
(2)在 298.15K 时该溶液的蒸气压
由于　$p=p^*\cdot x(A)=p^*\cdot n(A)/n(总)$
所以　$p=3\ 167\times55.5/(55.5+0.78)=3\ 123\ Pa$
(3)在 298.15 K 时该溶液的渗透压
$\Pi=cRT\approx bRT=0.78\times8.314\times298.15=1\ 933.48\ kPa$

第 2 章
化学热力学

2.1　内容提要

2.1.1　热力学基本概念

　　体系、环境、状态、状态函数、过程、途径、热、功、热力学第一定律、焓、熵、吉布斯自由能、热力学的标准状态。

2.1.2　热化学

2.1.2.1　热力学第一定律

　　热力学第一定律的实质是能量守恒与转化定律，数学表达式为

$$\Delta U = Q + W$$

　　热力学能(U)是状态函数，热力学能的变化(ΔU)只与体系的始态和终态有关，而与变化所经历的途径无关。

　　热和功是体系与环境之间能量传递的两种形式。体系吸热，$Q > 0$；体系放热，$Q < 0$。环境对体系做功，$W > 0$；体系对环境做功，$W < 0$。热和功都不是状态函数。

2.1.2.2　化学反应热

　　化学反应中伴随着新物质的生成常发生能量的变化，若使生成物的温度回到反应物的起始温度，并且反应过程中体系只做体积功时，反应所吸收或放出的热量称为化学反应热。

　　恒容反应热 Q_V 和恒压反应热 Q_p。

　　恒温恒容条件下，$\Delta V = 0$，体积功为零，若非体积功也为零，即 $W = 0$，则

$$Q_V = \Delta U$$

　　恒温恒压条件下，体系只做体积功时，反应热等于体系的焓变(在数值上)，即

$$Q_p = \Delta H$$

2.1.2.3　焓与焓变

　　焓的定义为 $H = U + pV$(H 是状态函数)。

$\Delta H>0$ 表示体系从环境吸热；$\Delta H<0$ 表示体系向环境放热。

在恒压和不做非体积功条件下，结合热力学第一定律，体系的摩尔焓变（ΔH_m）与摩尔热力学能变化（ΔU_m）之间的关系为

$$\Delta H_m = \Delta U_m + pV_m$$

对于有气体参与的反应，结合理想气体状态方程，$pV_m = \sum_B \nu(B, g)RT$，则

$$\Delta H_m = \Delta U_m + \sum \nu_{B(g)}RT$$

$\sum_B \nu(B, g)RT$ 为气体反应物和气体生成物的化学计量数之代数和。

2.1.2.4　热化学方程式

热化学中，表明反应热效应的方程式称为热化学方程式。

（1）盖斯（Hess）定律

在恒温、恒压条件下，某化学反应无论是一步完成还是分几步完成，总的热效应是相同的。

（2）标准摩尔生成焓

在标准状态和指定温度 T（K）下，由稳定态单质生成 1 mol 该物质时的焓变，符号是 $\Delta_f H_m^{\ominus}(T)$，单位 kJ·mol^{-1}。稳定态单质本身的标准摩尔生成焓等于零。

由标准摩尔生成焓可以计算化学反应的标准摩尔焓变。反应的标准摩尔焓变等于产物的标准摩尔生成焓之和减去反应物的标准摩尔生成焓之和，即

$$\Delta_r H_m^{\ominus}(298\ K) = \sum_B \Delta_f H_m^{\ominus}(B, 298\ K)$$

（3）标准摩尔燃烧焓

在温度 T 时，物质 B 完全燃烧成指定产物时反应的标准摩尔生成焓变，符号是 $\Delta_c H_m^{\ominus}$，单位 kJ·mol^{-1}。C 和 H 完全燃烧的指定产物分别为 CO_2（g）和 H_2O（l）。由标准摩尔燃烧焓可以计算化学反应的标准摩尔焓变。

$$\Delta_r H_m^{\ominus}(298\ K) = -\sum_B \nu_B \Delta_c H_m^{\ominus}(B, 298\ K)$$

2.1.3　化学反应的自发性

2.1.3.1　熵

熵（S）是体系混乱度的量度，体系的混乱度越高，其熵值越高。熵是热力学状态函数。

1 mol 物质在标准状态和指定温度 T（K）下所具有的熵值叫作标准摩尔熵，也称为绝对熵，符号 $S_m^{\ominus}$，单位是 J·mol^{-1}·K^{-1}。

热力学第三定律：任何理想晶体在热力学零度时的熵值都等于零，即 $S_m^{\ominus}(0\ K)=0$。

对于化学反应 $0 = \sum_B \nu_B(B)$，298 K 时，反应的标准摩尔熵变等于生成物的标准摩尔熵之和减去反应物的标准摩尔熵之和，即

$$\Delta_r S_m^{\ominus}(298\ K) = \sum_B \nu_B S_m^{\ominus}(298\ K)$$

2.1.3.2 吉布斯(Gibbs)自由能定义

$$G \equiv H - TS(G \text{ 是状态函数})$$

等温过程：
$$\Delta G = \Delta H - T\Delta S$$

上式称为吉布斯-亥姆霍兹(Gibbs - Helmholtz)方程，可用热化学定律的方法计算，ΔG 是 Gibbs 自由能变。

对于化学反应
$$0 = \sum_B \nu_B(B), \quad \Delta_r G_m = \Delta_r H_m - T\Delta_r S_m$$

在标准状态下，

$$\Delta_r G_m^{\ominus} = \Delta_r H_m^{\ominus} - T\Delta_r S_m^{\ominus}$$

2.1.3.3 标准 Gibbs 生成自由能

在标准状态和温度 $T(K)$下，由稳定单质生成 1 mol 化合物（或非稳定态单质或其他形式的物种）时的 Gibbs 自由能变，符号为 $\Delta_f G_m^{\ominus}(T)$，单位为 $kJ \cdot mol^{-1}$。据此规定，稳定单质的标准 Gibbs 生成自由能为零。

由反应物和生成物的 $\Delta_f G_m^{\ominus}$ 可以计算化学反应的 $\Delta_r G_m^{\ominus}$：

$$\Delta_r G_m^{\ominus}(298 \text{ K}) = \sum_B \nu_B \Delta_f G_m^{\ominus}(298 \text{ K})$$

2.1.3.4 Gibbs 自由能判据

等温、等压、不做非体积功条件下反应自发性的判据如下：

$\Delta G < 0$ 正向自发；

$\Delta G > 0$ 正向非自发，逆向自发；

$\Delta G = 0$ 体系处于平衡状态。

用 Gibbs 自由能变判断反应的自发性，要注明条件。标准状态下的 $\Delta_r G_m^{\ominus}$ 只能用来判断标准状态下反应自发的方向。

温度对 $\Delta_r G_m^{\ominus}(T)$影响较大（表2-1），但是 $\Delta_r H_m^{\ominus}$ 和 $\Delta_r S_m^{\ominus}$ 随温度的变化较小，在一定温度范围内可视为常数。可以用 $\Delta_r H_m^{\ominus}(298 \text{ K})$ 和 $\Delta_r S_m^{\ominus}(298 \text{ K})$ 分别代替 $\Delta_r H_m^{\ominus}(T)$ 和 $\Delta_r S_m^{\ominus}(T)$ 近似计算温度 T 时反应的 $\Delta_r G_m^{\ominus}(T)$：

$$\Delta_r G_m^{\ominus}(T) \approx \Delta_r H_m^{\ominus}(298 \text{ K}) - T\Delta_r S_m^{\ominus}(298 \text{ K})$$

表 2-1　$\Delta_r H_m^{\ominus}$ 和 $\Delta_r S_m^{\ominus}$ 的取值以及温度 T 对 $\Delta_r G_m^{\ominus}$ 的影响

类型		$\Delta_r G_m^{\ominus} = \Delta_r H_m^{\ominus} - T\Delta_r S_m^{\ominus}$	反应自发性随温度的变化
$\Delta_r H_m^{\ominus}$	$\Delta_r S_m^{\ominus}$		
<0	>0	<0	任意温度 正向自发，逆向不自发
>0	<0	>0	任意温度 正向不自发，逆向自发
>0	>0	高温<0 低温>0	高温正向自发， 低温逆向自发
<0	<0	高温>0 低温<0	高温逆向自发， 低温正向自发

2.2 典型例题解析

【例 2-1】计算下列体系内能的 ΔU 变化：(1)体系吸收了 50 kJ 的热，并对环境做了 40 kJ 的功；(2)体系放出了 60 kJ 的热，同时环境对体系做了 50 kJ 的功。

解：(1)因为 $Q=50$ kJ，$W=-40$ kJ，结合热力学第一定律 $\Delta U=Q+W$，所以

$$\Delta U=50 \text{ kJ}+(-40 \text{ kJ})=10 \text{ kJ}$$

(2)因为 $Q=-60$ kJ，$W=50$ kJ，所以

$$\Delta U=-60 \text{ kJ}+50 \text{ kJ}=-10 \text{ kJ}$$

【例 2-2】450 g 水蒸气在 1.013×10^5 Pa 和 100 ℃下凝结成水。已知在 100 ℃时水的蒸发热为 2.26 kJ·g^{-1}。求此过程的 W、Q、ΔH 和 ΔU。

解：$H_2O(g)\longrightarrow H_2O(l)$

该过程中，气体物质的量变化为

$$\Delta n=\frac{450 \text{ g}}{18 \text{ g}\cdot\text{mol}^{-1}}=-25 \text{ mol}$$

$W=-p\Delta V=\Delta nRT=-25\times8.314\times373=77.5$ kJ

水蒸气凝结成水放出热量，$Q<0$

$Q=-2.26$ kJ·$g^{-1}\times450$ g$=-1\,017$ kJ

$\Delta U=Q+W=-1\,017+77.5=-939.5$ kJ

$\Delta H=Q_p=-1\,017$ kJ

【例 2-3】工业上用一氧化碳和氢气合成甲醇：$CO(g)+2\,H_2(g)=CH_3OH(l)$。根据下列反应的标准摩尔焓变，计算 298 K 时合成甲醇反应的标准摩尔焓变。

①$CH_3OH(l)+\frac{1}{2}O_2(g)=C(\text{石墨})+2H_2O(l)$ $\Delta_r H_m^{\ominus}(1)=-333.00$ kJ·mol^{-1}

②$C(\text{石墨})+\frac{1}{2}O_2(g)=CO(g)$ $\Delta_r H_m^{\ominus}(2)=-110.50$ kJ·mol^{-1}

③$H_2(g)+\frac{1}{2}O_2(g)=H_2O(l)$ $\Delta_r H_m^{\ominus}(3)=-285.85$ kJ·mol^{-1}

解：假设合成甲醇的反应为反应④：$CO(g)+2H_2(g)=CH_3OH(l)$

根据题目所给的①②③反应，则

$$2\times③-②-①=④$$

$\Delta_r H_m^{\ominus}(4)=2\times\Delta_r H_m^{\ominus}(3)-\Delta_r H_m^{\ominus}(2)-\Delta_r H_m^{\ominus}(1)$

$\quad\quad=2\times(-285.85)-(-110.50)-(-333.00)$

$\quad\quad=-128.2$ kJ·mol^{-1}

【例 2-4】已知：

① $S(\text{单斜, s})+O_2(g)=SO_2(g)$ $\Delta_r H_m^{\ominus}(1)=-297.16$ kJ·mol^{-1}

② $S(\text{正交, s})+O_2(g)=SO_2(g)$ $\Delta_r H_m^{\ominus}(2)=-296.83$ kJ·mol^{-1}

计算 $S(\text{单斜, s})=S(\text{正交, s})$ 的 $\Delta_r H_m^{\ominus}$，并判断单斜硫和正交硫何者更稳定？

解： 反应式 ①－② 得

$$S(单斜，s)=S(正交，s)$$

$$\Delta_r H_m^{\ominus}=\Delta_r H_m^{\ominus}(1)-\Delta_r H_m^{\ominus}(2)=-297.16-(-296.83)=-0.33 \text{ kJ} \cdot \text{mol}^{-1}$$

反应放热，正交硫比单斜硫更稳定。

【例 2-5】 将下列物质的标准摩尔熵值 $S_m^{\ominus}(298\text{ K})$ 按照由大到小的顺序排列：

①K(s)　　　②Na(s)　　　③Br_2(l)　　　④Br_2(g)　　　⑤KCl(s)

解： 相对分子质量相同或相近时，气态物质的熵值最大，液态物质次之，固态物质最小。同一类聚集状态的不同物质，分子结构越复杂，相对分子质量越大，物质的熵值越大。按标准摩尔熵 $S_m^{\ominus}(298\text{ K})$ 值由大到小的顺序为：④＞③＞⑤＞①＞②。

【例 2-6】 糖在新陈代谢过程中所发生的反应和有关热力学数据如下：

$$C_{12}H_{22}O_{11}(s)+12O_2(g)=12CO_2(g)+11H_2O(l)$$

$\Delta_f H_m^{\ominus}(298\text{ K})/\text{kJ}\cdot\text{mol}^{-1}$	$-2\ 220.9$	0	-393.5	-285.8
$S_m^{\ominus}(298\text{ K})/\text{J}\cdot\text{mol}^{-1}\cdot\text{K}^{-1}$	359.8	205.1	213.74	69.91

若在人体内实际上只有30%上述总反应的标准吉布斯自由能变可转变为有用功，则一小匙(约4.0 g)糖，在体温37 ℃时进行新陈代谢，可以做多少有用功？

解： $\Delta_r H_m^{\ominus}(298\text{ K})=12\times(-393.5)+11\times(-285.8)-(-2\ 220.9)-0$

$$=-5\ 645 \text{ kJ}\cdot\text{mol}^{-1}$$

$\Delta_r S_m^{\ominus}(298\text{ K})=12\times213.74+11\times69.91-359.8-12\times205.1$

$$=512.9 \text{ J}\cdot\text{mol}^{-1}\cdot\text{K}^{-1}$$

$\Delta_r G_m^{\ominus}=\Delta_r H_m^{\ominus}-T\Delta_r S_m^{\ominus}$，假设 $\Delta_r H_m^{\ominus}$ 和 $\Delta_r S_m^{\ominus}$ 不随温度变化，则在体温37 ℃时，

$$\Delta_r G_m^{\ominus}(310\text{ K})\approx-5\ 645-310\times512.9\times10^{-3}=-5\ 804 \text{ kJ}\cdot\text{mol}^{-1}$$

$M(C_{12}H_{22}O_{11})=342 \text{ g}\cdot\text{mol}^{-1}$，即 342 g 糖经过代谢后放出 5 804 kJ 热量，则 4.0 g 糖经代谢后放出热量：

$$\Delta H=-5\ 804/342\times4.0=-67.88 \text{ kJ}$$

$$W_{有用}=-(-67.88)\times30\%=20.36 \text{ kJ}$$

【例 2-7】 制备半导体材料时发生如下反应，已知相关热力学数据，

$$SiO_2(s)+2C(s)=Si(s)+2CO_2(g)$$

$\Delta_f H_m^{\ominus}(298\text{ K})/\text{kJ}\cdot\text{mol}^{-1}$	-903.5	0	0	-110.5
$\Delta_f G_m^{\ominus}(298\text{ K})/\text{kJ}\cdot\text{mol}^{-1}$	-850.7	0	0	-137.2

通过计算回答下列问题：

(1)标准状态下，298 K 时，反应能否正向自发进行？

(2)标准状态下，反应自发进行时的温度条件如何？

(3)标准状态下，反应热为多少？是放热反应还是吸热反应？

解：(1) $\Delta_r G_m^{\ominus}(298\text{ K})=[\Delta_f G_m^{\ominus}(Si, s, 298\text{ K})+\Delta_f G_m^{\ominus}(CO, g, 298\text{ K})]-[\Delta_f G_m^{\ominus}$

$$(SiO_2, s, 298\text{ K})+2\times\Delta_f G_m^{\ominus}(C, s, 298\text{ K})]$$

$$=-137.2\times2-(-850.7)$$

$$=576.3 \text{ kJ}\cdot\text{mol}^{-1}$$

$\Delta_r G_m^{\ominus}(298\text{ K})>0$，所以标准状态下，298 K 时反应不能正向自发进行。

(2)$\Delta_r H_m^{\ominus}(298\ K)=[\Delta_f H_m^{\ominus}(Si，s，298\ K)+2\Delta_f H_m^{\ominus}(CO，g，298\ K)]-[\Delta_f H_m^{\ominus}(SiO_2，$
$\qquad s，298\ K)+2\Delta_f H_m^{\ominus}(C，s，298\ K)]$
$$=2\times(-110.5)-(-903.5)$$
$$=682.5\ kJ\cdot mol^{-1}$$

根据吉布斯等温方程，

$$\Delta_r S_m^{\ominus}(298\ K)=\frac{\Delta_r H_m^{\ominus}(298\ K)-\Delta_r G_m^{\ominus}(298\ K)}{T}$$
$$=(682.5-576.3)/\ 298=0.356\ kJ\cdot mol^{-1}\cdot K^{-1}$$

$\Delta_r H_m^{\ominus}>0$，$\Delta_r S_m^{\ominus}>0$，则反应自发进行的温度条件是

$$T\geqslant\frac{\Delta_r H_m^{\ominus}}{\Delta_r S_m^{\ominus}}=\frac{682.5}{0.356}，\ T\geqslant1\ 917\ K$$

(3)$Q_p=\Delta_r H_m^{\ominus}(298\ K)=682.5\ kJ\cdot mol^{-1}$，该反应为吸热反应。

【例 2-8】已知下列物质的燃烧热：

	C(s)	S(s)	H₂(g)	CO(g)	H₂S(g)
$\Delta_c H_m^{\ominus}(298\ K)/kJ\cdot mol^{-1}$	−393.5	−296.65	−285.85	−282.96	−558.40

计算 $CO(g)$ 和 $H_2S(g)$ 的生成热。

解：根据由燃烧热计算反应热的公式

$$\Delta_r H_m^{\ominus}=-\sum_B\nu_B\Delta_c H_m^{\ominus}$$

对于 $CO(g)$ 的生成反应，该反应的反应热即是 $CO(g)$ 的生成热：

$$C(s)+\frac{1}{2}O_2(g)=CO(g)$$

$$\Delta_r H_m^{\ominus}=\Delta_f H_m^{\ominus}(CO，g)=-393.5-(-282.96)=-110.54\ kJ\cdot mol^{-1}$$

对于 $H_2S(g)$ 的生成反应，该反应的反应热即 $H_2S(g)$ 的生成热：

$$S(s)+H_2(g)=H_2S(g)$$

$$\Delta_r H_m^{\ominus}=\Delta_f H_m^{\ominus}(H_2S，g)=-296.65+(-285.85)-(-558.40)=-24.10\ kJ\cdot mol^{-1}$$

2.3　同步练习及答案

2.3.1　同步练习

一、选择题

1. 对于任一过程，下列叙述正确的是（　　）。
A. 体系所做的功与反应途径无关　　　B. 体系的内能变化与反应途径无关
C. 体系所吸收的热量与反应途径无关　D. 以上叙述都不正确

2. 某反应在标准状态和等温等压条件下，在任何温度都能自发进行的条件是（　　）。
A. $\Delta_r H_m^{\ominus}>0$　　$\Delta_r S_m^{\ominus}>0$　　　　　B. $\Delta_r H_m^{\ominus}<0$　　$\Delta_r S_m^{\ominus}<0$
C. $\Delta_r H_m^{\ominus}>0$　　$\Delta_r S_m^{\ominus}<0$　　　　　D. $\Delta_r H_m^{\ominus}<0$　　$\Delta_r S_m^{\ominus}>0$

3. 已知反应 $CO(g)=C(s)+\frac{1}{2}O_2(g)$ 的 $\Delta_r H_m^{\ominus}>0$、$\Delta_r S_m^{\ominus}<0$ 则此反应(   )。

A. 低温下是自发变化

B. 高温下是自发变化

C. 低温下是非自发变化，高温下是自发变化

D. 任何温度下都是非自发的

4. 下列反应在 298 K 下，焓变等于 $AgBr(s)$ 的 $\Delta_f H_m^{\ominus}$ 的反应是(   )。

A. $Ag^+(aq)+Br^-(aq)=AgBr(s)$ B. $2\,Ag(s)+Br_2(g)=2\,AgBr(s)$

C. $Ag(s)+\frac{1}{2}Br_2(l)=AgBr(s)$ D. $Ag(s)+\frac{1}{2}Br_2(g)=AgBr(s)$

5. 已知：$CuCl_2(s)+Cu(s)=2\,CuCl(s)$ $\Delta_r H_m^{\ominus}=170\ kJ\cdot mol^{-1}$

　　　　　 $Cu(s)+Cl_2(g)=CuCl_2(s)$ $\Delta_r H_m^{\ominus}=-206\ kJ\cdot mol^{-1}$

则 $CuCl(s)$ 的 $\Delta_f H_m^{\ominus}(kJ\cdot mol^{-1})$ 为(   )。

A. 36   B. 18   C. -18 D. -36

6. 下列反应中属于熵增加过程的是(   )。

A. $2\,H_2(g)+O_2(g)=2\,H_2O(g)$ B. $N_2(g)+3\,H_2(g)=2\,NH_3(g)$

C. $NH_4Cl(s)=NH_3(g)+HCl(g)$ D. $C(s)+O_2(g)=CO_2(g)$

7. 下列叙述中正确的是(   )。

A. 在恒压下，凡是自发过程一定是放热的

B. 因为焓是状态函数，而恒压反应的焓变等于恒压反应热，所以热也是状态函数

C. 单质的 $\Delta_f H_m^{\ominus}$ 和 $\Delta_f G_m^{\ominus}$ 都为零

D. 体系的内能变化与反应途径无关

8. 已知：① $A+B\longrightarrow C+D$ $\Delta_r H_m^{\ominus}(1)=-40.0\ kJ\cdot mol^{-1}$

　　　　② $2C+2D\longrightarrow E$ $\Delta_r H_m^{\ominus}(2)=60.0\ kJ\cdot mol^{-1}$

则反应 ③ $E\longrightarrow 2A+2B$ 的 $\Delta_r H_m^{\ominus}(3)$ 等于(   )。

A. $20\ kJ\cdot mol^{-1}$ B. $140\ kJ\cdot mol^{-1}$ C. $-140\ kJ\cdot mol^{-1}$ D. $-20\ kJ\cdot mol^{-1}$

9. 已知 $Mg(s)+Cl_2(g)=MgCl_2(s)$ $\Delta_r H_m^{\ominus}=-642\ kJ\cdot mol^{-1}$，则标准态下此反应(   )。

A. 低温下，正向反应自发；高温下，正向反应不能自发

B. 高温下，正向反应自发；低温下，正向反应不能自发

C. 任何温度下，正向反应均自发

D. 任何温度下，正向反应均不自发

10. 如果体系经过一系列变化，最终又回到初始状态，则下列说法一定正确的是(   )。

A. $Q=0$，$W=0$，$\Delta H=0$，$\Delta G=0$

B. $Q\neq0$，$W\neq0$，$\Delta S=0$，$\Delta U=0$

C. $Q=-W$，$\Delta S=0$，$\Delta U=Q+W$

D. $Q\neq W$，$\Delta H=0$，$\Delta U=0$

二、填空题

1. 对某体系做 165 J 的功，该体系应_____热量_____J 才能使内能增加 100 J。

2. 已知反应 $Zn + \frac{1}{2}O_2 = ZnO$ $\quad\quad \Delta_r H_m^{\ominus} = -351 \text{ kJ} \cdot \text{mol}^{-1}$

$\quad\quad\quad\quad Hg + \frac{1}{2}O_2 = HgO$ $\quad\quad \Delta_r H_m^{\ominus} = -90.8 \text{ kJ} \cdot \text{mol}^{-1}$

则反应 $Zn + HgO = ZnO + Hg$ 的 $\Delta_r H_m^{\ominus} = $ _____。

3. 反应 $H_2O(l) = H_2(g) + \frac{1}{2}O_2(g)$ 的 $\Delta_r H_m^{\ominus} = 285.83 \text{ kJ} \cdot \text{mol}^{-1}$，则 $\Delta_f H_m^{\ominus}(H_2O, l)$ 为 _____ $\text{kJ} \cdot \text{mol}^{-1}$；每生成 $1.00 \text{ g } H_2(g)$ 时的 $\Delta_r H_m^{\ominus}$ 为 _____ kJ，当反应体系吸热为 1.57 kJ 时，可生成 $H_2(g)$ 为 _____ g，生成 $O_2(g)$ 为 _____ g。

4. 已知反应 $CaCO_3 \overset{\triangle}{=\!=\!=} CaO(s) + CO_2(g)$ 的 $\Delta_r H_m^{\ominus} = 178.26 \text{ kJ} \cdot \text{mol}^{-1}$，$\Delta_r S_m^{\ominus} = 159.0 \text{ J} \cdot \text{mol}^{-1} \cdot \text{K}^{-1}$，则 $CaCO_3(s)$ 的最低分解温度为 _____ K。

5. $Q_V = \Delta U$ 的条件是 _____；$Q_p = \Delta H$ 的条件是 _____。

6. 已知 $4NH_3(g) + 5O_2(g) = 4NO(g) + 6H_2O(l)$ $\quad \Delta_r H_m^{\ominus} = -1\,170 \text{ kJ} \cdot \text{mol}^{-1}$，$4NH_3(g) + 3O_2(g) = 2N_2(g) + 6H_2O(l)$ $\quad \Delta_r H_m^{\ominus} = -1\,530 \text{ kJ} \cdot \text{mol}^{-1}$，则 $\Delta_f H_m^{\ominus}(NO, g)$ 为 _____ $\text{kJ} \cdot \text{mol}^{-1}$。

7. 甲醇分解制甲烷的反应如下：$CH_3OH(l) = CH_4(g) + \frac{1}{2}O_2(g)$，此反应是 _____ 热熵 _____ 的，故在 _____ 温条件下正向自发进行。

8. 下列四个反应，按 $\Delta_r S_m^{\ominus}$ 减小的顺序为 _____。
① $C(s) + O_2(g) = CO_2(g)$
② $2CO(g) + O_2(g) = 2CO_2(g)$
③ $NH_4Cl(s) = NH_3(g) + HCl(g)$
④ $CaCO_3(s) = CaO(s) + CO_2(g)$

三、简答题

1. 通常采用的制备高纯镍的方法是将粗镍在 323 K 与 CO 反应，生成液态的 $Ni(CO)_4$，与杂质分离后在约 473 K 分解得到高纯镍，反应式如下：

$$Ni(s) + 4CO(g) \underset{473 \text{ K}}{\overset{323 \text{ K}}{\rightleftharpoons}} Ni(CO)_4(l)$$

已知反应的 $\Delta_r H_m^{\ominus} = -161 \text{ kJ} \cdot \text{mol}^{-1}$，$\Delta_r S_m^{\ominus} = -420 \text{ J} \cdot \text{mol}^{-1} \cdot \text{K}^{-1}$。试分析该方法提纯镍的合理性。

2. 下列两个反应在 298 K 和标准状态下均为非自发反应，其中在高温下仍然为非自发反应的是哪一个？为什么？

(1) $Fe_2O_3(s) + \frac{3}{2}C(石墨) = 2Fe(s) + \frac{3}{2}CO_2(g)$

(2) $6C(石墨) + 6H_2O(g) = C_6H_{12}O_6(s)$

四、计算题

1. 已知下列反应和数据，计算反应的 $\Delta_r H_m^{\ominus}(298 \text{ K})$ 和 $\Delta_r S_m^{\ominus}(298 \text{ K})$，在 900 ℃ 时反应的 $\Delta_r G_m^{\ominus}$，并指出 900 ℃ 等温等压标准态下反应的自发方向。

$$C(石墨)+CO_2(g)=2CO(g)$$

$\Delta_f H_m^{\ominus}(298\ K)/kJ \cdot mol^{-1}$	0	-393.5	-110.5
$S_m^{\ominus}(298\ K)/J \cdot mol^{-1} \cdot K^{-1}$	5.7	213.7	197.7

2. 已知 298 K 时的下列热力学数据：

$\Delta_f H_m^{\ominus}(Sn, 白)=0$, $\Delta_f H_m^{\ominus}(Sn, 灰)=-2.1\ kJ \cdot mol^{-1}$

$S_m^{\ominus}(Sn, 白)=51.5\ J \cdot mol^{-1} \cdot K^{-1}$, $S_m^{\ominus}(Sn, 灰)=44.3\ J \cdot mol^{-1} \cdot K^{-1}$

求 Sn(白)⇌Sn(灰)的相变温度。

3. 已知 298 K 反应 $Fe_2O_3(s)+3C(s, 石墨)=4Fe(s)+3CO_2(g)$ 的 $\Delta_r G_m^{\ominus}(298\ K)$是 301.32 kJ · mol^{-1}，$\Delta_r H_m^{\ominus}(298\ K)$是 467.87 kJ · mol^{-1}，填写下表中的其他数据：

	$Fe_2O_3(s)$	$C(s, 石墨)$	$Fe(s)$	$CO_2(g)$
$\Delta_f H_m^{\ominus}(298\ K)/kJ \cdot mol^{-1}$	-824.2			
$S_m^{\ominus}(298\ K)/J \cdot mol^{-1} \cdot K^{-1}$	87.4	5.74	27.3	
$\Delta_f G_m^{\ominus}(298\ K)/kJ \cdot mol^{-1}$	-742.2			

2.3.2 同步练习答案

一、选择题

1. B   2. D   3. D   4. C   5. C   6. C   7. D   8. A   9. A   10. C

二、填空题

1. 放出，65

2. $-260.2\ kJ \cdot mol^{-1}$

3. -285.83，142.92，0.011，0.088

4. 1 121.13

5. 封闭体系、不做非体积功、定容过程；封闭体系、不做非体积功、定压过程

6. 90.0

7. 吸，增，高

8. ③＞④＞①＞②

三、简答题

1. 答：Ni(CO)$_4$ 的生成是放热、熵减的过程，在低温下有利于反应发生；Ni(CO)$_4$ 的分解则是吸热、熵增的过程，在高温下有利于反应发生。根据 $\Delta_r G_m^{\ominus}=\Delta_r H_m^{\ominus}-T\Delta_r S_m^{\ominus}$，反应的转换温度是：

$$T \geqslant \frac{\Delta_r H_m^{\ominus}}{\Delta_r S_m^{\ominus}}=\frac{-161 \times 10^3}{-420}=383\ K$$

在 323 K 时(温度低于 383 K)，反应正向自发进行，制得 Ni(CO)$_4$，与杂质分离；

在 473 K 时(温度高于 383 K)，反应逆向自发进行，Ni(CO)$_4$ 分解，制得高纯镍。

所以上述工艺过程是合理的。

2. 答：反应(2)在高温下仍然为非自发反应。

根据题上已知两个反应在 298 K 和标准状态下均为非自发反应($\Delta_r G_m^{\ominus}>0$)，结合 $\Delta_r G_m^{\ominus}=$

$\Delta_{\mathrm{r}}H_{\mathrm{m}}^{\ominus}-T\Delta_{\mathrm{r}}S_{\mathrm{m}}^{\ominus}$，可推论两个反应都属于吸热反应（$\Delta_{\mathrm{r}}H_{\mathrm{m}}^{\ominus}>0$）。但反应(1)是熵增反应，所以在高温下应能自发进行。而反应(2)是熵减反应，所以在高温下是非自发反应，$\Delta_{\mathrm{r}}G_{\mathrm{m}}^{\ominus}>0$。

四、计算题

1. **解：** 在 298 K 时

$\Delta_{\mathrm{r}}H_{\mathrm{m}}^{\ominus}=2\times(-110.5)-0-(-393.5)=172.5\ \mathrm{kJ\cdot mol^{-1}}$

$\Delta_{\mathrm{r}}S_{\mathrm{m}}^{\ominus}=2\times197.9-5.7-213.6=176\ \mathrm{J\cdot mol^{-1}\cdot K^{-1}}$

这是一个吸热、熵增的反应。假定反应热和熵变不随温度而变化（或变化很小）：在 900 ℃ 时 $\Delta_{\mathrm{r}}G_{\mathrm{m}}^{\ominus}\approx172.5-(900+273)\times0.176=-33.95\ \mathrm{kJ\cdot mol^{-1}}<0$，所以在标准状态下，该反应可以正向自发进行。

2. **解：** 对于 Sn(白)$\rightleftharpoons$Sn(灰)的相变过程

$\Delta_{\mathrm{r}}H_{\mathrm{m}}^{\ominus}(298\ \mathrm{K})=\Delta_{\mathrm{f}}H_{\mathrm{m}}^{\ominus}(\mathrm{Sn}，灰)-\Delta_{\mathrm{f}}H_{\mathrm{m}}^{\ominus}(\mathrm{Sn}，白)$

$\qquad\qquad\quad =-2.1-0=-2.1\ \mathrm{kJ\cdot mol^{-1}}$

$\Delta_{\mathrm{r}}S_{\mathrm{m}}^{\ominus}(298\ \mathrm{K})=S_{\mathrm{m}}^{\ominus}(\mathrm{Sn}，灰)-S_{\mathrm{m}}^{\ominus}(\mathrm{Sn}，白)$

$\qquad\qquad\quad =44.3-51.5=-7.2\ \mathrm{J\cdot mol^{-1}\cdot K^{-1}}$

在标准状态下的相变过程是一个平衡状态，$\Delta_{\mathrm{r}}G_{\mathrm{m}}^{\ominus}=0$。

由于 $\Delta_{\mathrm{r}}G_{\mathrm{m}}^{\ominus}=\Delta_{\mathrm{r}}H_{\mathrm{m}}^{\ominus}-T\Delta_{\mathrm{r}}S_{\mathrm{m}}^{\ominus}$，$\Delta_{\mathrm{r}}H_{\mathrm{m}}^{\ominus}$ 和 $\Delta_{\mathrm{r}}S_{\mathrm{m}}^{\ominus}$ 随温度变化可以忽略，则

$$相变温度\ T=\frac{\Delta_{\mathrm{r}}H_{\mathrm{m}}^{\ominus}(298\ \mathrm{K})}{\Delta_{\mathrm{r}}S_{\mathrm{m}}^{\ominus}(298\ \mathrm{K})}=\frac{-2.1\times10^{3}}{-7.2}=291.7\ \mathrm{K}$$

3. **解：**

	$Fe_2O_3(s)$	C(s, 石墨)	Fe(s)	$CO_2(g)$
$\Delta_{\mathrm{f}}H_{\mathrm{m}}^{\ominus}(298\ \mathrm{K})/\mathrm{kJ\cdot mol^{-1}}$		0	0	-393.51
$S_{\mathrm{m}}^{\ominus}(298\ \mathrm{K})/\mathrm{J\cdot mol^{-1}\cdot K^{-1}}$				213.8
$\Delta_{\mathrm{r}}G_{\mathrm{m}}^{\ominus}(298\ \mathrm{K})/\mathrm{kJ\cdot mol^{-1}}$		0	0	-394.36

2.4　《普通化学》教材思考题与习题解答

1. 什么叫状态函数？状态函数有什么特性？下列哪些是状态函数？

T、p、V、Q、W、U、H、S、G、Q_p、n、m、$\Delta_{\mathrm{f}}H_{\mathrm{m}}^{\ominus}$

答： 描述体系所处状态的物理量称为状态函数。

状态函数的特性：状态函数的数值仅仅决定于体系的状态，只要体系的始态、终态一定，状态函数的变化值都是相同的，与变化的途径无关。

状态函数：T、p、V、U、H、S、G、Q_p、n、m、$\Delta_{\mathrm{f}}H_{\mathrm{m}}^{\ominus}$

2. 什么是自由能判据？它的应用条件是什么？

答： 自由能判据：$\Delta_{\mathrm{r}}G_{\mathrm{m}}<0$，化学反应过程正向自发进行；$\Delta_{\mathrm{r}}G_{\mathrm{m}}>0$，化学反应过程正向不可能自发进行，其逆过程自发；$\Delta_{\mathrm{r}}G_{\mathrm{m}}=0$，化学反应系统处于平衡状态。

应用条件：等温、等压且不做非体积功。

3. 一个化学反应体系在恒容、恒温条件下发生变化，可通过两个途径完成：①放热 10 kJ，做电功 50 kJ；②放热 Q，不做功，则可知( )。

A. $Q=-10$ kJ
B. $Q=-40$ kJ
C. $Q=-60$ kJ
D. 热不是状态函数，Q 无法确定

答：C。

4. 298 K 时，$4NH_3(g)+5O_2(g)=4NO(g)+6H_2O(l)$，$\Delta_r H_m^{\ominus}=-1\,170$ kJ·mol^{-1}

$4NH_3(g)+3O_2(g)=2N_2(g)+6H_2O(l)$，$\Delta_r H_m^{\ominus}=-1\,530$ kJ·mol^{-1}

则 NO(g) 的 $\Delta_f H_m^{\ominus}$/kJ·mol^{-1} 为( )。

A. 360
B. -360
C. -90
D. 90

答：D。

5. 若下列反应都在 298 K 下进行，则反应的 $\Delta_r H_m^{\ominus}$ 与生成物的 $\Delta_f H_m^{\ominus}$ 相等的反应是( )。

A. $1/2H_2(g)+1/2I_2(g)=HI(g)$
B. $H_2(g)+1/2Cl_2(g)=2HCl(g)$
C. $H_2(g)+1/2O_2(g)=H_2O(g)$
D. C(金刚石)$+O_2(g)=CO_2(g)$

答：C。

6. 下列变化过程是熵增还是熵减，并做简要解释。

(1) $NH_3(g)+HCl(g)=NH_4Cl(s)$

(2) $HCOOH(l)=CO(g)+H_2O(l)$

(3) $C(s)+H_2O(g)=CO(g)+H_2(g)$

(4) 氧气溶于水中

(5) 盐从过饱和水溶液中结晶出来

答：(1) 熵减；气态物质分子数减少。

(2) 熵增；气态物质分子数增加。

(3) 熵增；气态物质分子数增加。

(4) 熵减；在水中溶解的氧气比在空气中混乱度要小得多。

(5) 熵减；晶体的混乱度小于液体。

7. 下列说法是否正确？对错误的说法给予说明。

(1) 体系的焓变就是该过程的热效应。

(2) 因为 $\Delta H=Q_p$，所以恒压过程才有 ΔH。

(3) 冰在室温下能融化为水，是熵增起了主要作用。

(4) $\Delta G^{\ominus}<0$ 的反应都能自发进行。

答：(1) ×。这种说法要成立需要两个前提：① 变化过程在恒温恒压条件下进行；② 体系的变化过程不做非体积功。

(2) ×。体系的任何变化过程都有焓变，只是恒温恒压条件下的变化过程，焓变才具有等压热效应的含义。

(3) √。

(4) ×。这种说法要成立需要两个前提：① 变化过程在恒温恒压条件下进行；② 反应物和生成物都在标准态下。

8. 已知反应 $N_2(g)+3H_2(g)=2NH_3(g)$ 在 298 K 时有关热力学数据：

	$N_2(g)$	$H_2(g)$	$NH_3(g)$
$\Delta_f H_m^{\ominus}/kJ \cdot mol^{-1}$	0	0	-41.6
$S_m^{\ominus}/J \cdot mol^{-1} \cdot K^{-1}$	192.0	130.0	192.3

试计算反应在 298 K 的 $\Delta_r H_m^{\ominus}$、$\Delta_r S_m^{\ominus}$ 和 $\Delta_r G_m^{\ominus}$，并判断 298 K 标准态下反应能否自发进行。

答： $\Delta_r H_m^{\ominus} = 2 \times (-41.6) - 0 - 0 = -83.2$ kJ $\cdot$ mol^{-1}

$\Delta_r S_m^{\ominus} = 2 \times 192.3 - 192.0 - 3 \times 130 = -198$ J $\cdot$ mol^{-1} $\cdot$ K^{-1}

$\Delta_r G_m^{\ominus} = \Delta_r H_m^{\ominus} - T\Delta_r S_m^{\ominus} = -83.2 - 298 \times (-0.198) = -24.2$ kJ $\cdot$ mol^{-1} < 0

298 K 标准态下，反应能自发进行。

9. 已知： $\qquad C_2H_2(g) + O_2(g) \Longrightarrow CO_2(g) + H_2O(l)$

$\Delta_f H_m^{\ominus}(298\ K)/kJ \cdot mol^{-1}\qquad$ 226.73　　　0　　　-393.5　　-285.8

计算 C_2H_2 的燃烧焓。

答： C_2H_2 的燃烧反应：$C_2H_2(g) + \dfrac{5}{2}O_2(g) = 2\,CO_2(g) + H_2O(l)$

$\Delta_r H_m^{\ominus}(298\ K) = 2 \times (-393.5) + (-285.8) - 226.73 - 0$

$\qquad\qquad\qquad = -1\,299.5$ kJ $\cdot$ mol^{-1}

该反应的反应热在数值上即等于 C_2H_2 的摩尔燃烧焓。

10. 已知 298 K 下，下列热化学方程式：

(1)$C(s) + O_2(g) = CO_2(g)$　　$\Delta_r H_m^{\ominus}(1) = -393.51$ kJ $\cdot$ mol^{-1}

(2)$2H_2(g) + O_2(g) = 2H_2O(l)$　　$\Delta_r H_m^{\ominus}(2) = -571.66$ kJ $\cdot$ mol^{-1}

(3)$CH_3CH_2CH_3(g) + 5O_2(g) = 4H_2O(l) + 3CO_2(g)$　　$\Delta_r H_m^{\ominus}(3) = -2\,220$ kJ $\cdot$ mol^{-1}

根据上述热化学方程式，确定 298 K 下 $\Delta_c H_m^{\ominus}(CH_3CH_2CH_3, g)$，并计算 $\Delta_f H_m^{\ominus}(CH_3CH_2CH_3, g)$。

答： 由热化学方程式(3)可得 298 K 时

$\qquad\qquad \Delta_c H_m^{\ominus}(CH_3CH_2CH_3, g) = \Delta_r H_m^{\ominus}(3) = -2\,220$ kJ $\cdot$ mol^{-1}

根据热化学方程式的组合，反应方程式$[3 \times (1) + 2 \times (2) - (3)]$，得

$\qquad\qquad 3C(s) + 4H_2(g) = CH_3CH_2CH_3(g)$

$\qquad\qquad \Delta_r H_m^{\ominus} = \Delta_f H_m^{\ominus}(CH_3CH_2CH_3, g)$

$\Delta_f H_m^{\ominus}(CH_3CH_2CH_3, g) = 3\Delta_r H_m^{\ominus}(1) + 2\Delta_r H_m^{\ominus}(2) - \Delta_r H_m^{\ominus}(3)$

$\qquad\qquad\qquad = 3 \times (-393.51) + 2 \times (-571.66) - (-2\,220)$

$\qquad\qquad\qquad = -104$ kJ $\cdot$ mol^{-1}

11. 由下列热力学数据，计算生成水煤气的反应$[C(石墨) + H_2O(g) = CO(g) + H_2(g)]$能够自发进行的最低温度是多少？（不考虑 $\Delta_r H_m^{\ominus}$、$\Delta_r S_m^{\ominus}$ 随温度的变化）

298 K，101.35 kPa 时：　　$C(石墨) + H_2O(g) = CO(g) + H_2(g)$

$\Delta_f H_m^{\ominus}/kJ \cdot mol^{-1}$　　　　0　　-241.8　　-110.5　　0

$S_m^{\ominus}/J \cdot mol^{-1} \cdot K^{-1}$　　　5.7　　188.7　　197.9　　130.6

答： 生成水煤气的反应：$C(石墨) + H_2O(g) = CO(g) + H_2(g)$　　在 298 K 时

$\Delta_r H_m^{\ominus} = -110.5 - (-241.8) = 131.3$ kJ $\cdot$ mol^{-1}

$$\Delta_r S_m^{\ominus} = 130.6 + 197.9 - 188.7 - 5.7 = 134.1 \ \text{J} \cdot \text{mol}^{-1} \cdot \text{K}^{-1}$$

$$\Delta_r G_m^{\ominus} = \Delta_r H_m^{\ominus} - T \Delta_r S_m^{\ominus} = 131.3 - 298 \times 134.1 \times 10^{-3} = 91.34 \ \text{kJ} \cdot \text{mol}^{-1}$$

生成水煤气是吸热、熵增的反应，在 298 K 时，正反应是非自发；在足够高的温度下，反应将自发进行。假定反应热和熵变不随温度变化，其转换温度为

$$T \geqslant \frac{\Delta_r H_m^{\ominus}(298 \ \text{K})}{\Delta_r S_m^{\ominus}(298 \ \text{K})} = \frac{131.3 \times 10^3}{134.1} = 979 \ \text{K}$$

即当温度超过 979 K 时，该正反应将自发进行。

12. 判断标准状态下，以下四类反应得以自发进行的温度条件：

	$\Delta_r H_m^{\ominus}$	$\Delta_r S_m^{\ominus}$	自发进行的温度条件
1	<0	<0	
2	<0	>0	
3	>0	>0	
4	>0	<0	

答：

	$\Delta_r H_m^{\ominus}$	$\Delta_r S_m^{\ominus}$	自发进行的温度条件
1	<0	<0	低温自发
2	<0	>0	任意温度均自发
3	>0	>0	高温自发
4	>0	<0	任意温度均不可能自发

第 3 章
化学平衡原理

3.1 内容提要

3.1.1 化学平衡与平衡常数

3.1.1.1 化学平衡

一定条件下，可逆反应正、逆反应速率相等时系统所处的状态称为化学平衡状态，即化学平衡。化学平衡是动态平衡，是封闭系统中可逆反应能够达到的最大程度，此时 $\Delta_r G_m = 0$，反应物和生成物的浓度(或分压)不再随时间的变化而改变。化学平衡是相对的和有条件的，当反应条件发生变化时，反应或正向自发，或逆向自发，直到在新的条件下建立新的动态平衡。在一定条件下，无论反应是从哪个方向开始，或是以怎样的浓度开始，最终都可以达到化学平衡状态。

3.1.1.2 标准平衡常数

对任一可逆反应 $a\text{A} + b\text{B} \rightleftharpoons f\text{F} + h\text{H}$，在一定温度下达到平衡时，标准平衡常数 $K^\ominus$ 可以表示为

$$K^\ominus = \frac{[p(\text{F})/p^\ominus]^f \cdot [p(\text{H})/p^\ominus]^h}{[p(\text{A})/p^\ominus]^a \cdot [p(\text{B})/p^\ominus]^b} (气相反应) 或 K^\ominus = \frac{[c(\text{F})/c^\ominus]^f \cdot [c(\text{H})/c^\ominus]^h}{[c(\text{A})/c^\ominus]^a \cdot [c(\text{B})/c^\ominus]^b} (液相反应)$$

$K^\ominus$ 单位为 1，其大小取决于化学反应的本质与温度。

注意：

①$K^\ominus$ 是温度的函数，故使用平衡常数时必须注明反应温度。

②标准平衡常数表达式必须与化学方程式相对应。同一反应在同一条件下，若反应方程式书写形式不同，则平衡常数的表达式不同。

③反应系统中的纯固体或纯液体，其浓度或压力可视为常数，不写在平衡常数表达式中。

④在稀水溶液中进行的反应，水的浓度可视为常数，不必写入平衡常数表达式中。但在非水溶液中的反应，若有水参加，则水的浓度不可视为常数，必须写在平衡常数表达式中。

3.1.1.3 多重平衡

如化学平衡系统同时包含多个相互有关的平衡，系统内有些物质同时参加了多个平衡，这种平衡系统，称之为多重平衡系统。平衡系统存在的各平衡反应之间遵守多重平衡规则：

①若某反应可以表示成几个反应的总和，则总反应的平衡常数为各个反应平衡常数的乘积，即 $K_{\dot{\mathbb{E}}}^{\ominus}=K_1^{\ominus} \cdot K_2^{\ominus} \cdot K_3^{\ominus}\cdots$。

②若某反应由两个反应之差构成，则总反应的平衡常数等于两个反应平衡常数之商，即

$$K_{\dot{\mathbb{E}}}^{\ominus}=\frac{K_1^{\ominus}}{K_2^{\ominus}}。$$

注意：平衡常数与温度有关，应用多重平衡规则时，所有平衡常数必须是相同温度时的值。

3.1.2 化学平衡的移动

化学平衡是有条件的。系统处于平衡状态时，$Q=K^{\ominus}$，$\Delta_r G_m(T)=0$。改变反应条件导致 $Q \neq K^{\ominus}$ 时，系统中原有平衡被破坏，可逆反应从一种条件下的平衡转变为另一种条件下的平衡，此即化学平衡的移动。影响化学平衡移动的因素主要有浓度、压力和温度。

3.1.2.1 浓度对化学平衡移动的影响

对任一可逆反应 $\qquad a\,A(aq)+b\,B(aq)\rightleftharpoons f\,F(aq)+h\,H(aq)$

在一定温度下 $\qquad Q=\dfrac{[c(F)/c^{\ominus}]^f \cdot [c(H)/c^{\ominus}]^h}{[c(A)/c^{\ominus}]^a \cdot [c(B)/c^{\ominus}]^b}$

当反应系统达到平衡状态时，$Q=K^{\ominus}$，$\Delta_r G_m(T)=0$。温度不变，则 $K^{\ominus}$ 不变，改变浓度，Q 值变化，导致 $Q \neq K^{\ominus}$，使平衡发生移动。增加反应物浓度或减小生成物浓度，Q 值减小，使得 $Q<K^{\ominus}$，$\Delta_r G_m(T)<0$，平衡正向移动。增加生成物浓度或减小反应物浓度，Q 值变大，使得 $Q>K^{\ominus}$，$\Delta_r G_m(T)>0$，平衡逆向移动。

3.1.2.2 压力对化学平衡移动的影响

对只有固相或液相参与的反应，压力改变对平衡的影响可以忽略不计。而在有气体参与的化学反应中，压力对气体反应平衡移动的影响有两种情况。

①反应前后气体分子数不相等的反应，在等温条件下，增大系统总压力，平衡将向气体分子数目减少的方向移动；减小系统总压力，平衡向气体分子数目增多的方向移动。

②反应前后气体分子数目相等的反应，在等温条件下，改变压力对平衡没有影响，即平衡不发生移动。

③加入惰性气体，在定温定容情况下，系统总压增大，但各气态物质的分压不变，不引起平衡的移动。在定温定压下，为保持总压不变，系统体积增大，对反应物和产物气体分子数不相等的反应，平衡向气体分子数增大的方向移动；对反应前后气体分子数不变的反应，平衡不移动。

3.1.2.3　温度对化学平衡移动的影响

在保持浓度和压力恒定的条件下，反应商 Q 不变，改变温度，平衡常数 $K^{\ominus}$ 的值发生变化，导致 $Q \neq K^{\ominus}$，引起平衡移动。范特霍夫方程式表明了温度对平衡常数的影响：

$$\ln\frac{K_2^{\ominus}}{K_1^{\ominus}}=\frac{\Delta_r H_m^{\ominus}}{R}\left(\frac{T_2-T_1}{T_1 T_2}\right)$$

由范特霍夫方程式可知，温度对平衡常数的影响与化学反应的 $\Delta_r H_m^{\ominus}$ 有关。升高温度，平衡向吸热方向移动；降低温度，平衡向放热方向移动。

勒·夏特列原理表明，处于平衡状态的可逆系统，改变系统平衡的条件之一，平衡就向着减弱这种改变的方向移动。

催化剂不影响化学平衡。

3.1.3　化学平衡与吉布斯自由能变

依据范特霍夫化学反应等温方程式：

$$\Delta_r G_m(T)=RT\ln\frac{Q}{K^{\ominus}}$$

$\Delta_r G_m(T)$ 的正负决定于 Q 与 $K^{\ominus}$ 的比值。对一个化学反应，在一定温度下 $K^{\ominus}$ 为定值，由任意时刻反应系统中各组分的浓度或分压，即可知 Q 与 $K^{\ominus}$ 的相对大小，从而判断该温度下反应的自发方向：

当 $Q < K^{\ominus}$ 时，$\Delta_r G_m(T) < 0$，正反应自发进行；

当 $Q > K^{\ominus}$ 时，$\Delta_r G_m(T) > 0$，逆反应自发进行；

当 $Q = K^{\ominus}$ 时，$\Delta_r G_m(T) = 0$，反应达平衡状态。

3.2　典型例题解析

【例 3-1】写出下列各化学反应的标准平衡常数表达式。

(1) $NH_4Cl(s) \Longrightarrow NH_3(g) + HCl(g)$

(2) $Cr_2O_7^{2-} + H_2O \Longrightarrow 2CrO_4^{2-} + 2H^+$

(3) $C_2H_5OH + CH_3COOH \Longrightarrow CH_3COOC_2H_5 + H_2O$

答：书写标准平衡常数表达式时，气体和溶质的状态分别用相对分压和相对浓度表示，纯固体及稀溶液中的溶剂不写入，非水溶液中的反应，水的浓度须写在平衡常数表达式中，因此：

(1) $K^{\ominus} = [p(NH_3)/p^{\ominus}] \cdot [p(HCl)/p^{\ominus}]$

(2) $K^{\ominus} = \dfrac{[c(CrO_4^{2-})/c^{\ominus}]^2 \cdot [c(H^+)/c^{\ominus}]^2}{c(Cr_2O_7^{2-})/c^{\ominus}}$

(3) $K^{\ominus} = \dfrac{[c(CH_3COOC_2H_5)/c^{\ominus}] \cdot [c(H_2O)/c^{\ominus}]}{[c(C_2H_5OH)/c^{\ominus}] \cdot [c(CH_3COOH)/c^{\ominus}]}$

【例 3-2】已知 298.15 K 时下列反应的平衡常数

(1) $2H_2(g) + S_2(g) \rightleftharpoons 2H_2S(g)$ $\qquad\qquad\qquad K_1^{\ominus}$

(2) $2Br_2(g) + 2H_2S(g) \rightleftharpoons 4HBr(g) + S_2(g)$ $\qquad\qquad K_2^{\ominus}$

求反应(3) $H_2(g) + Br_2(g) \rightleftharpoons 2HBr(g)$ 在该温度下的平衡常数 $K_3^{\ominus}$。

解: 三个反应的关系为:反应(3)$= \dfrac{1}{2} \times$[反应(1)+反应(2)],根据多重平衡规则,得

$$K_3^{\ominus} = (K_1^{\ominus} \cdot K_2^{\ominus})^{\frac{1}{2}}$$

【例 3-3】下列叙述正确的是( )。

A. 浓度影响化学平衡的移动,因此浓度影响标准平衡常数

B. 压力影响化学平衡的移动,因此压力影响标准平衡常数

C. 标准平衡常数和温度有关

D. 催化剂可以改变反应速率,因此催化剂影响标准平衡常数

答: C。浓度和压力是通过改变反应商 Q,导致 $Q \neq K^{\ominus}$,从而影响化学平衡的移动,对标准平衡常数无影响;催化剂不影响化学平衡,因此不改变标准平衡常数;对于一定的反应而言,标准平衡常数仅是温度的函数。

【例 3-4】某温度下,可逆反应 $C_2H_6(g) \rightleftharpoons C_2H_4(g) + H_2(g)$ 达到平衡状态,若保持温度和体积不变,向系统中引入水蒸气,乙烯的产率_____;若保持温度和总压不变,引入水蒸气,乙烯的产率_____。(增大、减小或不变)

答: 不变;增大。恒温恒容下,向已达平衡的反应系统中引入惰性气体,不影响化学平衡,因此,乙烯的产率不变;恒温恒压下,引入惰性气体,化学平衡向气体分子数增加的方向移动,即平衡正向移动,乙烯产率增大。

【例 3-5】500 ℃ 时,反应 $CO_2(g) + H_2(g) \rightleftharpoons CO(g) + H_2O(g)$ 的 $K^{\ominus} = 0.64$,当 $p(CO) = p(H_2O) = 1.0 \times 10^5$ Pa,$p(CO_2) = p(H_2) = 2.0 \times 10^5$ Pa 时,反应将( )。

A. 正向自发 $\qquad$ B. 达到平衡状态 $\qquad$ C. 逆向自发 $\qquad$ D. 无法判断

解: 反应商 $Q = \dfrac{[p(CO)/p^{\ominus}] \cdot [p(H_2O)/p^{\ominus}]}{[p(CO_2)/p^{\ominus}] \cdot [p(H_2)/p^{\ominus}]}$

$\qquad\quad = \dfrac{[1.0 \times 10^5 \times 10^{-3} \text{ kPa}/100.0 \text{ kPa}]^2}{[2.0 \times 10^5 \times 10^{-3} \text{ kPa}/100.0 \text{ kPa}]^2} = 0.25$

$Q < K^{\ominus}$,反应正向自发,答案 A 正确。

【例 3-6】反应 $H_2(g) + I_2(g) \rightleftharpoons 2HI(g)$ 在 713 K 时的平衡常数 $K^{\ominus} = 49.0$,设 H_2 和 I_2 起始物质的量均为 1.0 mol,求反应达到平衡时各物质的物质的量及 H_2 的转化率。

解: 设反应达平衡时的总压为 $p(总)$,H_2 消耗量为 x mol。

$$H_2(g) + I_2(g) \rightleftharpoons 2HI(g)$$

起始物质的量/mol $\qquad\qquad$ 1.0 $\qquad$ 1.0 $\qquad\qquad$ 0

平衡物质的量/mol $\qquad\qquad$ 1.0$-x$ $\quad$ 1.0$-x$ $\qquad$ 2x

反应达平衡时,系统中总的物质的量 $n(总) = 2 \times (1.0-x)$mol$+ 2x$ mol $= 2.0$ mol

$$K^{\ominus} = \frac{[p(HI)/p^{\ominus}]^2}{[p(H_2)/p^{\ominus}] \cdot [p(I_2)/p^{\ominus}]} = \frac{\left\{\left[p(总) \cdot \dfrac{2x}{2.0}\right]/p^{\ominus}\right\}^2}{\left\{\left[p(总) \cdot \dfrac{1.0-x}{2.0}\right]/p^{\ominus}\right\} \cdot \left\{\left[p(总) \cdot \dfrac{1.0-x}{2.0}\right]/p^{\ominus}\right\}}$$

$$=\left(\frac{2x}{1.0-x}\right)^2=49.0$$

$$x=0.778$$

平衡时 $n(H_2)=n(I_2)=(1.0-0.778)\text{mol}=0.222\text{ mol}$

$n(HI)=2\times0.778\text{ mol}=1.556\text{ mol}$

$$\text{某物质的平衡转化率}\ \alpha=\frac{\text{平衡时该物质已转化的量}}{\text{反应前该物质的量}}\times100\%$$

所以达平衡时 H_2 的转化率 $\alpha=\dfrac{0.778\text{ mol}}{1.0\text{ mol}}\times100\%=77.8\%$

【例 3-7】 已知下列反应：$Ag_2S(s)+H_2(g)\Longleftrightarrow2Ag(s)+H_2S(g)$，740 K 时的 $K^{\ominus}=0.36$。该温度下，密闭容器中，若将 2.0 mol Ag_2S 还原为银，计算最少需用 H_2 的物质的量。

解： 设最少需用 H_2 的物质的量为 x mol。

$$Ag_2S(s)+H_2(g)\Longleftrightarrow2Ag(s)+H_2S(g)$$

起始物质的量/mol	2.0	x	0	0
平衡物质的量/mol	0	$x-2.0$	4.0	2.0

定温定压下，气体的分压之比为其物质的量之比，故有

$$K^{\ominus}=\frac{p(H_2S)/p^{\ominus}}{p(H_2)/p^{\ominus}}=\frac{n(H_2S)}{n(H_2)}=\frac{2.0}{x-2.0}=0.36$$

$$x=7.56$$

所以，若将 2.0 mol Ag_2S 还原为银，最少需用 H_2 的物质的量为 7.56 mol。

【例 3-8】 已知反应：$C(\text{石墨，}s)+CO_2(g)\Longleftrightarrow2CO(g)$

计算：(1)反应在 298.15 K 及标准状态时的 $\Delta_rH_m^{\ominus}$、$\Delta_rS_m^{\ominus}$、$K^{\ominus}$，并判断反应方向；(2)1 198 K 时，若 $p(CO)=100\text{ kPa}$，$p(CO_2)=200\text{ kPa}$，判断反应方向。

解：

	$C(\text{石墨，}s)$	$+CO_2(g)$	$\Longleftrightarrow2CO(g)$
$\Delta_fH_m^{\ominus}/\text{kJ}\cdot\text{mol}^{-1}$	0	-393.51	-110.52
$S_m^{\ominus}/\text{J}\cdot\text{mol}^{-1}\cdot\text{K}^{-1}$	5.74	213.74	197.67

$$\begin{aligned}\Delta_rH_m^{\ominus}&=\sum_B\nu_B\Delta_fH_m^{\ominus}(B,\text{状态})\\&=2\Delta_fH_m^{\ominus}(CO,g)-\Delta_fH_m^{\ominus}(\text{石墨，}s)-\Delta_fH_m^{\ominus}(CO_2,g)\\&=2\times(-110.52\text{ kJ}\cdot\text{mol}^{-1})-(-393.51\text{ kJ}\cdot\text{mol}^{-1})\\&=172.47\text{ kJ}\cdot\text{mol}^{-1}\end{aligned}$$

$$\begin{aligned}\Delta_rS_m^{\ominus}&=\sum_B\nu_BS_m^{\ominus}(B,\text{状态})\\&=2S_m^{\ominus}(CO,g)-S_m^{\ominus}(\text{石墨，}s)-S_m^{\ominus}(CO_2,g)\\&=2\times197.67\text{ J}\cdot\text{mol}^{-1}\cdot\text{K}^{-1}-5.74\text{ J}\cdot\text{mol}^{-1}\cdot\text{K}^{-1}-213.74\text{ J}\cdot\text{mol}^{-1}\cdot\text{K}^{-1}\\&=175.86\text{ J}\cdot\text{mol}^{-1}\cdot\text{K}^{-1}\end{aligned}$$

(1)298.15 K 和标准状态时，根据吉布斯-亥姆霍兹方程

$$\begin{aligned}\Delta_rG_m^{\ominus}(T)&=\Delta_rH_m^{\ominus}-T\Delta_rS_m^{\ominus}\\&=172.47\text{ kJ}\cdot\text{mol}^{-1}-298.15\text{ K}\times175.86\times10^{-3}\text{ kJ}\cdot\text{mol}^{-1}\cdot\text{K}^{-1}\end{aligned}$$

$$= 120.04 \text{ kJ} \cdot \text{mol}^{-1}$$

$\Delta_r G_m^{\ominus}(T) > 0$，所以反应逆向自发。

$$\ln K^{\ominus}(T) = -\frac{\Delta_r G_m^{\ominus}(T)}{RT}$$

$$= -\frac{120.04 \text{ kJ} \cdot \text{mol}^{-1}}{8.314 \times 10^{-3} \text{ kJ} \cdot \text{mol}^{-1} \cdot \text{K}^{-1} \times 298.15 \text{ K}} = -48.43$$

$$K^{\ominus} = 9.27 \times 10^{-22}$$

(2) 1 198 K 时，忽略温度对 $\Delta_r H_m^{\ominus}$ 和 $\Delta_r S_m^{\ominus}$ 的影响，则

$$\Delta_r G_m^{\ominus}(T) \approx \Delta_r H_m^{\ominus} - T \Delta_r S_m^{\ominus}$$

$$= 172.47 \text{ kJ} \cdot \text{mol}^{-1} - 1\,198 \text{ K} \times 175.86 \times 10^{-3} \text{ kJ} \cdot \text{mol}^{-1} \cdot \text{K}^{-1}$$

$$= -38.21 \text{ kJ} \cdot \text{mol}^{-1}$$

$$Q = \frac{[p(CO)/p^{\ominus}]^2}{p(CO_2)/p^{\ominus}} = \frac{[100 \text{ kPa}/100 \text{ kPa}]^2}{200 \text{ kPa}/100 \text{ kPa}} = 0.5$$

方法 1：由化学反应等温方程式

$$\Delta_r G_m(T) = \Delta_r G_m^{\ominus}(T) + RT \ln Q$$

$$= -38.21 \text{ kJ} \cdot \text{mol}^{-1} + 8.314 \times 10^{-3} \text{ kJ} \cdot \text{mol}^{-1} \cdot \text{K}^{-1} \times 1\,198 \text{ K} \times \ln 0.5$$

$$= -45.11 \text{ kJ} \cdot \text{mol}^{-1} < 0$$

所以，当 $p(CO) = 100$ kPa，$p(CO_2) = 200$ kPa 时反应正向自发。

方法 2：

$$\ln K^{\ominus}(T) = -\frac{\Delta_r G_m^{\ominus}(T)}{RT}$$

$$= -\frac{-38.21 \text{ kJ} \cdot \text{mol}^{-1}}{8.314 \times 10^{-3} \text{ kJ} \cdot \text{mol}^{-1} \cdot \text{K}^{-1} \times 1\,198 \text{ K}} = 3.836$$

$$K^{\ominus} = 46.34$$

$Q = 0.5 < K^{\ominus}$，所以反应正向自发。

3.3　同步练习及答案

3.3.1　同步练习

一、是非题

1. 反应商 Q 随反应的进行而变化。（　　）

2. 化学反应达平衡时，反应物和生成物的浓度不再变化，反应停止。（　　）

3. 升高温度后，某化学反应平衡常数变大，则该反应为放热反应。（　　）

4. 对 $\Delta_r H_m^{\ominus} < 0$ 的反应，温度越高，$K^{\ominus}$ 越小，$\Delta_r G_m^{\ominus}$ 越大。（　　）

5. 一定温度下，两个反应的标准吉布斯自由能之间的关系为 $\Delta_r G_m^{\ominus}(2) = 2\Delta_r G_m^{\ominus}(1)$，则两反应标准平衡常数间的关系为 $K_2^{\ominus} = 2K_1^{\ominus}$。（　　）

二、填空题

1. 反应 $C(s) + H_2O(g) \rightleftharpoons CO(g) + H_2(g)$，$\Delta_r H_m^{\ominus} > 0$，达到平衡时，若增加系统的总压力，则平衡_____移动；若降低温度，平衡_____移动；若增加 $C(s)$，平衡_____移动。

2. 已知下列反应在指定温度的 $\Delta_r G_m^{\ominus}$ 和 $K^{\ominus}$：

$(1) N_2(g) + \dfrac{1}{2} O_2(g) \rightleftharpoons N_2O(g)$ 　　　　$\Delta_r G_m^{\ominus}(1)$，$K_1^{\ominus}$；

$(2) N_2O_4(g) \rightleftharpoons 2NO_2(g)$ 　　　　　　　　$\Delta_r G_m^{\ominus}(2)$，$K_2^{\ominus}$；

$(3) \dfrac{1}{2} N_2(g) + O_2(g) \rightleftharpoons NO_2(g)$ 　　　　$\Delta_r G_m^{\ominus}(3)$，$K_3^{\ominus}$；

则反应 $2N_2O(g) + 3O_2(g) \rightleftharpoons 2N_2O_4(g)$ 的 $\Delta_r G_m^{\ominus} =$ _____，$K^{\ominus} =$ _____。

3. 已知 $\Delta_f H_m^{\ominus}(NO, g) = 90.25 \ kJ \cdot mol^{-1}$，在 2 273 K 时，反应 $N_2(g) + O_2(g) \rightleftharpoons 2NO(g)$ 的 $K^{\ominus} = 0.100$，在 2 273 K 时，若 $p(N_2) = p(O_2) = 10 \ kPa$，$p(NO) = 20 \ kPa$，反应商 $Q =$ _____，反应向_____方向自发；在 2 000 K 时，若 $p(N_2) = p(O_2) = 10 \ kPa$，$p(NO) = 100 \ kPa$，反应商 $Q =$ _____，反应向_____方向自发进行。

4. 汽车尾气无害化反应 $NO(g) + CO(g) \rightleftharpoons 1/2 N_2(g) + CO_2(g)$ 的 $\Delta_r H_m^{\ominus} < 0$，欲使有害气体 NO 和 CO 取得最大转化率，可采用的措施是 _____。

5. 等温下，若化学平衡发生移动，其平衡常数_____。（填增大、减小或不变）

三、选择题

1. 一定温度下进行的化学反应，改变浓度时不变的是（　　）。
　　A. 转化率　　　　B. 电离度　　　　C. 平衡常数　　　　D. 反应速度

2. 密闭容器中，A、B、C 三种气体建立了下列平衡，$A(g) + B(g) \rightleftharpoons C(g)$，在相同温度下，若体积缩小 2/3，则平衡常数 $K^{\ominus}$ 为原来的（　　）。
　　A. 3 倍　　　　　B. 2 倍　　　　　C. 9 倍　　　　　D. 不变

3. 某反应 200 K 时的平衡常数值大于它在 300 K 时的平衡常数值，则可知（　　）。
　　A. $\Delta_r H_m^{\ominus} > 0$　　B. $\Delta_r H_m^{\ominus} < 0$　　C. $\Delta_r H_m^{\ominus} = 0$　　D. 无法确定

4. 下列反应及其平衡常数为：$H_2(g) + S(s) \rightleftharpoons H_2S(g)$ 　$K_1^{\ominus}$，$S(s) + O_2(g) \rightleftharpoons SO_2(g)$ $K_2^{\ominus}$，则反应 $H_2(g) + SO_2(g) \rightleftharpoons H_2S(g) + O_2(g)$ 的平衡常数是（　　）。
　　A. $K_1^{\ominus} + K_2^{\ominus}$　　　B. $K_1^{\ominus} - K_2^{\ominus}$　　　C. $K_1^{\ominus} \cdot K_2^{\ominus}$　　　D. $K_1^{\ominus}/K_2^{\ominus}$

5. 勒·夏特列原理适用于（　　）。
　　A. 只是气体间反应　　　　　　　B. 所有的化学反应
　　C. 平衡状态下的所有系统　　　　D. 所有的物理变化

6. 反应 $CO_2(g) + H_2(g) \rightleftharpoons CO(g) + H_2O(g)$ 　$\Delta_r H_m^{\ominus} > 0$，若要提高 CO 的产率，可采用的方法是（　　）。
　　A. 增加总压力　　B. 加入催化剂　　C. 提高温度　　D. 降低温度

7. 在一定温度下，将 1 mol SO_3 放入 1 L 反应器内，当反应：$2SO_3(g) \rightleftharpoons 2SO_2(g) + O_2(g)$ 达到平衡时，容器内有 0.6 mol SO_2，则该反应 $K^{\ominus}$ 是（　　）。
　　A. 0.36　　　　　B. 0.45　　　　　C. 0.54　　　　　D. 0.68

8. 在 298 K 反应 $BaCl_2 \cdot H_2O(s) \rightleftharpoons BaCl_2(s) + H_2O(g)$ 达到平衡时，$p(H_2O) = 330$ Pa，则反应的 $\Delta_r G_m^{\ominus}$ 为(　　)。

    A. -14.2 kJ·mol^{-1} B. 14.2 kJ·mol^{-1}

    C. 142 kJ·mol^{-1} D. -142 kJ·mol^{-1}

9. 反应 $2SO_2(g) + O_2(g) \rightleftharpoons 2SO_3(g)$ 达平衡后，在恒温条件下，向反应器中加入一定量的 $N_2(g)$，则平衡(　　)。

    A. 正向移动   B. 逆向移动   C. 不移动   D. 无法判断

10. 反应 $N_2(g) + 3H_2(g) \rightleftharpoons 2NH_3(g)$ 达平衡后，若再通入一定量的 $NH_3(g)$，则 $K^{\ominus}$、Q 的关系及 $\Delta_r G_m^{\ominus}$ 的数值(　　)。

    A. $Q > K^{\ominus}$，$\Delta_r G_m^{\ominus} > 0$ B. $Q = K^{\ominus}$，$\Delta_r G_m^{\ominus} = 0$

    C. $Q < K^{\ominus}$，$\Delta_r G_m^{\ominus} < 0$ D. $Q < K^{\ominus}$，$\Delta_r G_m^{\ominus} > 0$

11. 可逆反应达到平衡后，若反应速率常数 k 发生变化，则 $K^{\ominus}$ 值(　　)。

    A. 发生变化   B. 不变   C. 不一定改变   D. 与 k 无关

12. 383 K 时反应 $2NO_2(g) \rightleftharpoons N_2O_4(g)$ 的 $K^{\ominus} = 4.0 \times 10^{-2}$，此温度下逆反应的 $K^{\ominus}$ 为(　　)。

    A. 25   B. 4.0×10^{-2} C. 2.0×10^{-2} D. 2.5×10^{-3}

13. 某反应在 773 K 时的 $\Delta_r G_m^{\ominus}$ 为 1.00 kJ·mol^{-1}，在该温度下此反应的平衡常数 $K^{\ominus}$ 为(　　)。

    A. 0.856   B. 1.17   C. 1.00   D. 1.27

14. 已知两个放热反应 A 和 B，$\Delta_r H_m^{\ominus}(A) < \Delta_r H_m^{\ominus}(B)$，当温度都由 T_1 降至 T_2 时，两个反应平衡常数随温度的变化关系是(　　)。

    A. 同时降低且 $K^{\ominus}(A)$ 降低较多   B. 同时降低且 $K^{\ominus}(A)$ 降低较少

    C. 同时增大且 $K^{\ominus}(A)$ 增大较多   D. 同时增大且 $K^{\ominus}(A)$ 增大较少

四、计算题

1. 一定温度下，将 1.0 mol $N_2O_4(g)$ 放入一密闭容器中，当反应达平衡时，容器内有 0.8 mol $N_2O_4(g)$，气体总压力为 100.0 kPa，求该反应的 $K^{\ominus}$。

2. 将 6.75 g SO_2Cl_2 放入容积为 2.00 L 的容器中，将容器密封并升温至 375 ℃，达到平衡时容器中含有 $0.034\ 5$ mol 的 Cl_2，计算平衡常数 $K^{\ominus}$。

3. 298 K 时，反应 $4NH_3(g, 10\ kPa) + 5O_2(g, 1\ 000\ kPa) \rightleftharpoons 4NO(g, 200\ kPa) + 6H_2O(g, 100\ kPa)$ 已知 $\Delta_r G_m^{\ominus} = -958.3$ kJ·mol^{-1}，求 $\Delta_r G_m$ 并判断此时反应的方向。

4. 已知下列反应和数据，计算反应在 30 ℃ 时的 $K^{\ominus}$。

$$AgCl(s) \rightleftharpoons Ag^+(aq) + Cl^-(aq)$$

$\Delta_f H_m^{\ominus}$/kJ·mol^{-1}	-127.03	105.58	-167.46
$S_m^{\ominus}$/J·mol^{-1}·K^{-1}	96.11	73.92	55.2

5. 已知 $FeO(s) + CO(g) \rightleftharpoons Fe(s) + CO_2(g)$ 的 $K^{\ominus} = 0.5(1\ 273\ K)$。如果起始浓度 $c(CO) = 0.05$ mol·L^{-1}，$c(CO_2) = 0.01$ mol·L^{-1}，求：(1)反应物和生成物的平衡浓度；(2)CO 的转化率；(3)增加 FeO 的量，对平衡有什么影响？

3.3.2　同步练习答案

一、是非题

1. √　2. ×　3. ×　4. ×　5. ×

二、填空题

1. 逆向，逆向，不

2. $4\Delta_r G_m^{\ominus}(3)-2\Delta_r G_m^{\ominus}(2)-2\Delta_r G_m^{\ominus}(1)$，$\dfrac{(K_3^{\ominus})^4}{(K_1^{\ominus})^2 \cdot (K_2^{\ominus})^2}$

3. 4，逆反应，100，逆反应

4. 降低温度和增加压强

5. 不变

三、选择题

1. C　2. D　3. B　4. D　5. C　6. C　7. D　8. B　9. C　10. A　11. C　12. A　13. A

14. C

四、计算题

1. **解：**　　　　　　　　　　$N_2O_4(g) \rightleftharpoons 2NO_2(g)$

起始物质的量/mol　　　　　　1.0　　　　　　　　0

平衡物质的量/mol　　　　　　0.6　　　　　　　　0.8

达平衡时，系统中总的物质的量 $n(总)=0.6+0.8=1.4$ mol

$$K^{\ominus}=\frac{[p(NO_2)/p^{\ominus}]^2}{p(N_2O_4)/p^{\ominus}}=\frac{\left[\left(100.0\times\dfrac{0.8}{1.4}\right)/100.0\right]^2}{\left(100.0\times\dfrac{0.6}{1.4}\right)/100.0}=0.76$$

2. **解：**平衡时 Cl_2 的量为：$n(Cl_2)=0.034\,5$ mol

根据 $pV=nRT$，则平衡时

$$p(Cl_2)=\frac{0.034\,5\times8.314\times(375+273.15)}{2.00}=92.955 \text{ kPa}$$

$$SO_2Cl_2(g)\rightleftharpoons SO_2(g)+Cl_2(g)$$

平衡时 $p(SO_2)=92.955$ kPa

平衡时 SO_2Cl_2 的量为：$n(SO_2Cl_2)=\dfrac{6.75}{135}-0.034\,5=1.55\times10^{-2}$ mol

平衡时 $p(SO_2Cl_2)=\dfrac{0.015\,5\times8.314\times(375+273.15)}{2.00}=41.76$ kPa

则　$K^{\ominus}=\dfrac{[p(SO_2)/p^{\ominus}]\cdot[p(Cl_2)/p^{\ominus}]}{p(SO_2Cl_2)/p^{\ominus}}=\dfrac{92.955\times92.955}{41.76\times100}=2.07$

3. **解：**

$$Q=\frac{(200/100)^4\times(100/100)^6}{(10/100)^4\times(1\,000/100)^5}$$

$$=\frac{(2.0)^4\times(1.0)^6}{(0.1)^4\times(10)^5}=1.6$$

由 $\Delta_r G_m^{\ominus}(T) = -RT\ln K^{\ominus} + RT\ln Q$ $\Delta_r G_m^{\ominus}(T) = -RT\ln K^{\ominus}$

得 $\Delta_r G_m^{\ominus} = -958.3 + 8.314 \times 298 \times 10^{-3} \ln 1.6$

$\qquad = -957.1 \text{ kJ} \cdot \text{mol}^{-1} < 0$

表明此时正反应自发进行。

4. **解**：$\Delta_r H_m^{\ominus} = 105.58 + (-167.46) - (-127.03) = 65.15 \text{ kJ} \cdot \text{mol}^{-1}$

$\Delta_r S_m^{\ominus} = 73.92 + 55.2 - 96.11 = 33.01 \text{ J} \cdot \text{K}^{-1} \cdot \text{mol}^{-1}$

根据 $\Delta_r G_m^{\ominus} = \Delta_r H_m^{\ominus} - T\Delta_r S_m^{\ominus}$

$\Delta_r G_m^{\ominus} = 65.15 - (273.15 + 30) \times 33.01 \times 10^{-3} = 55.14 \text{ kJ} \cdot \text{mol}^{-1}$

$\ln K^{\ominus} = -\dfrac{\Delta_r G_m^{\ominus}}{RT} = -\dfrac{55.14 \times 10^3}{8.314 \times 303.15} = -21.88$

$K^{\ominus} = 3.16 \times 10^{-10}$

5. **解**：$\qquad\qquad\qquad FeO(s) + CO(g) \Longrightarrow Fe(s) + CO_2(g)$

起始浓度/mol·L^{-1} $\qquad\qquad\qquad\qquad\quad$ 0.05 $\qquad\qquad\quad$ 0.01

平衡浓度/mol·L^{-1} $\qquad\qquad\qquad\qquad$ 0.05 $-x$ $\qquad\quad$ 0.01 $+x$

$$K^{\ominus} = \frac{c(CO_2)/c^{\ominus}}{c(CO)/c^{\ominus}} = \frac{0.01 + x}{0.05 - x} = 0.5$$

$$x = 0.01$$

(1)平衡时 $c(CO) = 0.04 \text{ mol} \cdot \text{L}^{-1}$ $\qquad c(CO_2) = 0.02 \text{ mol} \cdot \text{L}^{-1}$

(2)CO 的转化率为：$\dfrac{x}{0.05} \times 100\% = \dfrac{0.01}{0.05} \times 100\% = 20\%$

(3)增加 FeO 的量，对平衡无影响。

3.4 《普通化学》教材思考题与习题答案

1. 化学平衡的主要特征是什么？

答：化学平衡的主要特征是：①化学平衡状态是封闭系统中可逆反应能够达到的最大程度。达到平衡时，各物质浓度都不再随时间而改变。②化学平衡是动态平衡。化学反应达到平衡时反应并未停止，正、逆反应仍在不断地进行，只是正逆反应速率相等，单位时间内各物质消耗量等于生成量。③化学平衡是相对的和有条件的，当反应条件发生变化时，原有平衡可能被破坏，反应或正向自发，或逆向自发，直到在新的条件下建立新的动态平衡。

2. 使用标准平衡常数的注意事项有哪些？

答：使用标准平衡常数时要注意：①书写标准平衡常数表达式时，各物质需要采用相对浓度或相对分压表示。②标准平衡常数表达式必须与化学方程式相对应。③反应系统中的纯固体或纯液体，可把它们的浓度或压力视为常数，不写在平衡常数表达式中。④在稀水溶液中进行的反应，水的浓度可视为常数，不必写入平衡常数表达式中，而在非水溶液中进行的反应，若有水参加，则其浓度不可视为常数，必须写在平衡常数表达式中。

3. 简述浓度、压力、温度对化学平衡移动的影响。催化剂是否影响化学平衡？

答：(1)增加反应物浓度或减小生成物浓度，平衡正向移动；增加生成物浓度或减小反应物浓度，平衡逆向移动。

(2)增大系统总压力，平衡将向气体分子数目减少的方向移动；减小系统总压力，平衡向气体分子数目增多的方向移动。如反应前后气体分子数不变，改变压力对平衡没有影响。

(3)升高温度，平衡向吸热方向移动；降低温度，平衡向放热方向移动。催化剂只是改变反应的活化能，从而改变反应达到平衡的时间，不影响化学平衡。

4. 反应商 Q 与标准平衡常数 $K^{\ominus}$ 的表达形式相同，意义是否相同？

答：反应商 Q 与标准平衡常数 $K^{\ominus}$ 的表达形式虽然相同，但意义不同。Q 表示任意时刻系统中各组分相对浓度或相对分压之间的关系，而 $K^{\ominus}$ 表示反应达平衡时各组分相对量之间的关系，只有当可逆反应达平衡时，才有 $Q=K^{\ominus}$。

5. 写出下列反应的标准平衡常数表达式。

(1)$2SO_2(g)+O_2(g) \Longrightarrow 2SO_3(g)$

(2)$Fe(s)+2H^+(aq) \Longrightarrow Fe^{2+}(aq)+H_2(g)$

(3)$2NaHCO_3(s) \Longrightarrow Na_2CO_3(s)+CO_2(g)+H_2O(g)$

答：$(1) K^{\ominus}=\dfrac{[p(SO_3)/p^{\ominus}]^2}{[p(SO_2)/p^{\ominus}]^2 \cdot [p(O_2)/p^{\ominus}]}$

$(2) K^{\ominus}=\dfrac{[c(Fe^{2+})/c^{\ominus}] \cdot [p(H_2)/p^{\ominus}]}{[c(H^+)/c^{\ominus}]^2}$

$(3) K^{\ominus}=[p(CO_2)/p^{\ominus}] \cdot [p(H_2O)/p^{\ominus}]$

6. 已知下列反应的平衡常数：

(1)$H_2(g)+1/2 O_2(g) \Longrightarrow H_2O(g)$　　　　　　　　$K_1^{\ominus}$

(2)$N_2(g)+O_2(g) \Longrightarrow 2NO(g)$　　　　　　　　　　$K_2^{\ominus}$

(3)$2NH_3(g)+5/2 O_2(g) \Longrightarrow 2NO(g)+3H_2O(g)$　　$K_3^{\ominus}$

写出反应(4)$N_2(g)+3H_2(g) \Longrightarrow 2NH_3(g)$ 在该温度时的平衡常数 $K_4^{\ominus}$ 的表达式。

解：四个反应的关系是反应(4)＝反应(1)×3＋反应(2)－反应(3)，根据多重平衡规则得

$$K_4^{\ominus}=\frac{(K_1^{\ominus})^3 \cdot K_2^{\ominus}}{K_3^{\ominus}}$$

7. 填空

(1)反应 $N_2(g)+3H_2(g) \Longrightarrow 2NH_3(g)$，$\Delta_r H_m^{\ominus}=-92.2$ kJ·mol^{-1}，升高温度，则下列各项将如何变化？（填增大、减小或基本不变）

$\Delta_r H_m^{\ominus}$ _____，$\Delta_r S_m^{\ominus}$ _____，$\Delta_r G_m^{\ominus}$ _____，$K^{\ominus}$ _____。

(2)已知反应① $2CO(g)+O_2(g) \Longrightarrow 2CO_2(g)$　　$\Delta_r H_m^{\ominus}=-566$ kJ·mol^{-1}

② $2C(s)+O_2(g) \Longrightarrow 2CO(g)$　　$\Delta_r H_m^{\ominus}=-221$ kJ·mol^{-1}

随反应温度升高，反应①的 $\Delta_r G_m^{\ominus}$ 变_____，$K^{\ominus}$ 变_____；反应②的 $\Delta_r G_m^{\ominus}$ 变_____，$K^{\ominus}$ 变_____。

答：(1)$\Delta_r H_m^{\ominus}$ 基本不变，$\Delta_r S_m^{\ominus}$ 基本不变，$\Delta_r G_m^{\ominus}$ 增大，$K^{\ominus}$ 减小。

(2)随反应温度升高，反应①的 $\Delta_r G_m^{\ominus}$ 变　大　，$K^{\ominus}$ 变　小　；反应②的 $\Delta_r G_m^{\ominus}$ 变　小　，

$K^{\ominus}$变 小 。

8. 判断反应 $2NO_2(g) \rightleftharpoons N_2O_4(g)$ 在 298.15 K 时的自发方向并计算反应的平衡常数。

解： 查表

$$2NO_2(g) \rightleftharpoons N_2O_4(g)$$

$\Delta_f H_m^{\ominus}/kJ \cdot mol^{-1}$	33.18	9.16
$S_m^{\ominus}/J \cdot mol^{-1} \cdot K^{-1}$	240.06	304.2

$$\Delta_r H_m^{\ominus} = \sum_B \nu_B \Delta_f H_m^{\ominus}(B, 状态)$$
$$= \Delta_f H_m^{\ominus}(N_2O_4, g) - 2 \times \Delta_f H_m^{\ominus}(NO_2, g)$$
$$= 9.16 - 2 \times 33.18$$
$$= -57.2 \text{ kJ} \cdot mol^{-1}$$

$$\Delta_r S_m^{\ominus} = \sum_B \nu_B S_m^{\ominus}(B, 状态)$$
$$= 2S_m^{\ominus}(N_2O_4, g) - 2 \times S_m^{\ominus}(NO_2, g)$$
$$= 304.2 - 2 \times 240.06$$
$$= -175.92 \text{ J} \cdot mol^{-1} \cdot K^{-1}$$

$$\Delta_r G_m^{\ominus}(T) = \Delta_r H_m^{\ominus} - T\Delta_r S_m^{\ominus}$$
$$= -57.2 - 298.15 \times (-175.92 \times 10^{-3})$$
$$= -4.75 \text{ kJ} \cdot mol^{-1}$$

$\Delta_r G_m^{\ominus}(T) < 0$，所以反应正向自发。

$$\ln K^{\ominus}(T) = -\frac{\Delta_r G_m^{\ominus}(T)}{RT}$$
$$= -\frac{-4.75}{8.314 \times 10^{-3} \times 298.15} = 1.916$$

$$K^{\ominus} = 6.79$$

9. 在 1.0 L 的容器中，装有 0.1 mol HI，745 K 条件下发生下述反应：

$$2HI(g) \rightleftharpoons H_2(g) + I_2(g)$$

产生紫色的 I_2 蒸气，测得的转化率为 22%，求此条件下平衡常数 $K^{\ominus}$。

解：

	$2HI(g)$	$\rightleftharpoons H_2(g)$	$+ I_2(g)$
起始物质的量/mol	0.1	0	0
平衡物质的量/mol	0.1-2x	x	x

则平衡时物质的总量 $n(总) = 0.1 - 2x + x + x = 0.1$ mol

由转化率为 22%，$\dfrac{2x}{0.1} \times 100\% = 22\% = 0.22$ 得

$x = 0.011$ mol

$n(HI) = 0.1 - 2x = 0.1 - 2 \times 0.011 = 0.078$ mol

$n(H_2) = n(I_2) = 0.011$ mol

$$p(HI) = p(总) \times \frac{0.078}{0.1}$$

$$p(H_2) = p(I_2) = p(总) \times \frac{0.011}{0.1}$$

$$K^{\ominus}=\frac{\left[p(\mathrm{H}_2)/p^{\ominus}\right]\cdot\left[p(\mathrm{I}_2)/p^{\ominus}\right]}{\left[p(\mathrm{HI})/p^{\ominus}\right]^2}=\frac{\dfrac{0.011}{0.1}\times\dfrac{0.011}{0.1}}{\left(\dfrac{0.078}{0.1}\right)^2}=0.0199$$

10. 在 1 L 容器中，加入 10.4 g PCl_5，加热到 150 ℃时建立如下平衡：

$$\mathrm{PCl}_5(\mathrm{g})\Longleftrightarrow\mathrm{PCl}_3(\mathrm{g})+\mathrm{Cl}_2(\mathrm{g})$$

若平衡时总压力为 193.53 kPa，计算：(1)平衡时各气体的分压；(2)反应的平衡常数；(3)PCl_5 的转化率。

解：(1)10.4 g 的 PCl_5 物质的量为 $10.4/208=0.05$ mol，设平衡时消耗 PCl_5 x mol。

$$\mathrm{PCl}_5(\mathrm{g})\Longleftrightarrow\mathrm{PCl}_3(\mathrm{g})+\mathrm{Cl}_2(\mathrm{g})$$

起始物质的量/mol　　　　0.05　　　　　0　　　0

平衡物质的量/mol　　　0.05$-x$　　　　x　　　x

则平衡时系统中总的物质的量 $n(总)=0.05-x+x+x=(0.05+x)$ mol

由理想气体状态方程，得

$$n(总)=\frac{p(总)V}{RT}=\frac{193.53\times10^3\times1\times10^{-3}}{8.314\times(273.15+150)}=0.055\text{ mol}$$

$n(\mathrm{PCl}_3)=n(\mathrm{Cl}_2)=0.005$ mol，$n(\mathrm{PCl}_5)=0.05-0.005=0.045$ mol

因此平衡时各气体的分压

$$p(\mathrm{PCl}_3)=p(\mathrm{Cl}_2)=\frac{0.005}{0.055}\times193.53=17.59\text{ kPa}$$

$$p(\mathrm{PCl}_5)=\frac{0.045}{0.055}\times193.53=158.34\text{ kPa}$$

$$(2)K^{\ominus}=\frac{\left[p(\mathrm{PCl}_3)/p^{\ominus}\right]\cdot\left[p(\mathrm{Cl}_2)/p^{\ominus}\right]}{p(\mathrm{PCl}_5)/p^{\ominus}}=\frac{[17.59/100.0]^2}{158.34/100.0}=1.95\times10^{-2}$$

(3)PCl_5 的转化率为

$$\frac{0.005}{0.05}\times100\%=10.0\%$$

11. 已知 $\mathrm{CaCO}_3(\mathrm{s})\Longleftrightarrow\mathrm{CaO}(\mathrm{s})+\mathrm{CO}_2(\mathrm{g})$ 在 973 K 时 $K^{\ominus}=3.00\times10^{-2}$，在 1 173 K 时 $K^{\ominus}=1.00$，求反应的 $\Delta_{\mathrm{r}}H_{\mathrm{m}}^{\ominus}$，上述反应是吸热反应还是放热反应？

解：根据 $\ln\dfrac{K_2^{\ominus}}{K_1^{\ominus}}=\dfrac{\Delta_{\mathrm{r}}H_{\mathrm{m}}^{\ominus}}{R}\left(\dfrac{T_2-T_1}{T_1T_2}\right)$，得

$$\ln\frac{1.00}{3.00\times10^{-2}}=\frac{\Delta_{\mathrm{r}}H_{\mathrm{m}}^{\ominus}}{8.314\times10^{-3}}\left(\frac{1\,173-973}{1\,173\times973}\right)$$

$\Delta_{\mathrm{r}}H_{\mathrm{m}}^{\ominus}=1.66\times10^2$ kJ·mol^{-1}

该反应为吸热反应。

12. $\mathrm{PCl}_5(\mathrm{g})$ 分解反应 $\mathrm{PCl}_5(\mathrm{g})\Longleftrightarrow\mathrm{PCl}_3(\mathrm{g})+\mathrm{Cl}_2(\mathrm{g})$，在 1 L 密闭容器中有 0.2 mol PCl_5，某温度下有 0.15 mol 分解。若温度不变时通入 0.1 mol Cl_2 后，应有多少 PCl_5 分解？

解：平衡时 $c(\mathrm{PCl}_5)=\dfrac{0.2-0.15}{1}=0.05$ mol·L^{-1}

$$c(\text{Cl}_2) = c(\text{PCl}_3) = \frac{0.15}{1} = 0.15 \text{ mol} \cdot \text{L}^{-1}$$

$$K^{\ominus} = \frac{[c(\text{PCl}_3)/c^{\ominus}] \cdot [c(\text{Cl}_2)/c^{\ominus}]}{c(\text{PCl}_5)/c^{\ominus}} = \frac{0.15 \times 0.15}{0.05} = 0.45$$

$$\text{PCl}_5(\text{g}) \Longrightarrow \text{PCl}_3(\text{g}) + \text{Cl}_2(\text{g})$$

起始（浓度）　　　　0.2　　　　0.1

平衡（浓度）　　　0.2$-x$　　　x　　　0.1$+x$

$$K^{\ominus} = \frac{(0.1+x)x}{0.2-x} = 0.45 \qquad x = 0.132 \text{ mol} \cdot \text{L}^{-1}$$

因此，有 0.132 mol PCl_5 分解。

13. 298 K 时，反应 $\text{Ag}^+(\text{aq}) + \text{Fe}^{2+}(\text{aq}) \Longrightarrow \text{Ag}(\text{s}) + \text{Fe}^{3+}(\text{aq})$ 的标准平衡常数 $K^{\ominus} = 3.2$。

(1)若反应前 $c(\text{Ag}^+) = 0.01 \text{ mol} \cdot \text{L}^{-1}$，$c(\text{Fe}^{2+}) = 0.10 \text{ mol} \cdot \text{L}^{-1}$，$c(\text{Fe}^{3+}) = 0.001 \text{ mol} \cdot \text{L}^{-1}$，反应向哪个方向进行？计算达到平衡后各离子的浓度及 Ag^+ 的转化率。

(2)若保持 Ag^+、Fe^{3+} 的初始浓度不变，使 $c(\text{Fe}^{2+})$ 增大至 0.30 $\text{mol} \cdot \text{L}^{-1}$，$\text{Ag}^+$ 的转化率又是多少？

解：(1)根据题意

$$Q = \frac{c(\text{Fe}^{3+})/c^{\ominus}}{[c(\text{Fe}^{2+})/c^{\ominus}] \cdot [c(\text{Ag}^+)/c^{\ominus}]} = \frac{0.001}{0.10 \times 0.01} = 1$$

$Q < K^{\ominus}$，所以反应正向自发。

设平衡时 Ag^+ 消耗了 x mol $\cdot \text{L}^{-1}$，则

$$\text{Ag}^+(\text{aq}) + \text{Fe}^{2+}(\text{aq}) \Longrightarrow \text{Ag}(\text{s}) + \text{Fe}^{3+}(\text{aq})$$

起始浓度/mol $\cdot \text{L}^{-1}$　　　　0.01　　0.10　　　　0.001

平衡浓度/mol $\cdot \text{L}^{-1}$　　　0.01$-x$　0.10$-x$　　　0.001$+x$

$$K^{\ominus} = \frac{c(\text{Fe}^{3+})/c^{\ominus}}{[c(\text{Ag}^+)/c^{\ominus}] \cdot [c(\text{Fe}^{2+})/c^{\ominus}]} = \frac{(0.001+x)}{(0.01-x) \times (0.10-x)} = 3.2$$

得　$x = 0.002 \text{ mol} \cdot \text{L}^{-1}$

平衡时，$c(\text{Fe}^{3+}) = 0.001 + 0.002 = 0.003 \text{ mol} \cdot \text{L}^{-1}$

$c(\text{Fe}^{2+}) = 0.10 - 0.002 = 0.098 \text{ mol} \cdot \text{L}^{-1}$

$c(\text{Ag}^+) = 0.01 - 0.002 = 0.008 \text{ mol} \cdot \text{L}^{-1}$

达平衡时 Ag^+ 的转化率 $= \dfrac{0.002}{0.01} \times 100\% = 20.0\%$

(2)设达平衡时 Ag^+ 消耗了 y mol $\cdot \text{L}^{-1}$，则

$$\text{Ag}^+(\text{aq}) + \text{Fe}^{2+}(\text{aq}) \Longrightarrow \text{Ag}(\text{s}) + \text{Fe}^{3+}(\text{aq})$$

起始浓度/mol $\cdot \text{L}^{-1}$　　　　0.01　　0.30　　　　0.001

平衡浓度/mol $\cdot \text{L}^{-1}$　　　0.01$-y$　0.30$-y$　　　0.001$+y$

$$K^{\ominus} = \frac{c(\text{Fe}^{3+})/c^{\ominus}}{[c(\text{Ag}^+)/c^{\ominus}] \cdot [c(\text{Fe}^{2+})/c^{\ominus}]} = \frac{(0.001+y)}{(0.01-y) \times (0.30-y)} = 3.2$$

得　$y = 0.004\,3 \text{ mol} \cdot \text{L}^{-1}$

达平衡时 Ag^+ 的转化率 $= \dfrac{0.004\,3}{0.01} \times 100\% = 43.0\%$

第 4 章

化学动力学

4.1 内容提要

4.1.1 化学反应速率

对于化学反应 $a\mathrm{A}+b\mathrm{B}=g\mathrm{G}+h\mathrm{H}$，反应速率公式为：

(1)平均速率

用时间间隔 $\Delta t = t_2 - t_1$ 内化合物浓度的变化来表示单位时间内浓度的变化。

$$\bar{v} = \pm \frac{\Delta c}{\Delta t} = \pm \frac{c_2 - c_1}{t_2 - t_1}$$

(2)瞬时速率

瞬时速率指某一时刻的化学反应速率。

$$v = \pm \frac{\mathrm{d}c}{\mathrm{d}t}$$

正号表示生成物浓度逐渐增加，负号表示反应物浓度逐渐变小。

(3)不同化合物之间化学反应速率与计量数的关系

$$-\frac{1}{a}\frac{\Delta c(\mathrm{A})}{\Delta t} = -\frac{1}{b}\frac{\Delta c(\mathrm{B})}{\Delta t} = \frac{1}{g}\frac{\Delta c(\mathrm{G})}{\Delta t} = \frac{1}{h}\frac{\Delta c(\mathrm{H})}{\Delta t} \ \text{或}$$

$$\frac{1}{a}\bar{v}(\mathrm{A}) = \frac{1}{b}\bar{v}(\mathrm{B}) = \frac{1}{g}\bar{v}(\mathrm{G}) = \frac{1}{h}\bar{v}(\mathrm{H})$$

$$\frac{1}{a}v(\mathrm{A}) = \frac{1}{b}v(\mathrm{B}) = \frac{1}{g}v(\mathrm{G}) = \frac{1}{h}v(\mathrm{H})$$

生成物计量数为正，反应物计量数为负。

瞬时速率可由作图法求得。通常先测量某一反应物或生成物在不同时间的浓度，然后绘制浓度随时间的变化曲线，从中求出某一时刻曲线的斜率，即为该反应在此时刻的瞬时反应速率。

4.1.2 浓度对化学反应速率的影响

4.1.2.1 化学反应机理

反应机理：化学反应所经历的途径称为反应机理或反应历程。

基元反应：反应物分子一步直接转为产物的反应，也称为简单反应。

非基元反应：反应物由两步或多步变成生成物的反应称为复杂反应或非基元反应。大多数反应都是非基元反应。非基元反应中有些属于基元步骤。

复杂反应的反应速率是由各基元步骤中最慢的一步决定的，这一步被称为速率控制步骤，或简称决速步。

基元反应或复杂反应的基元步骤中，发生反应所需要的粒子（分子、原子、离子或自由基）的数目一般称为反应的分子数。

基元反应和非基元反应是从微观角度讨论的，而简单反应和复杂反应是从宏观角度讨论的。

4.1.2.2 速率方程

质量作用定律：基元反应的速率与各反应物物质的量浓度方次的乘积成正比。

反应速率方程：对于任一反应 $aA+bB \rightleftharpoons gG+hH$ 有如下关系：

$$v = kc^m(A) \cdot c^n(B)$$

该式称为反应的速率方程。式中，k 称为速率常数；m、n 分别为反应物 A、B 的浓度的幂指数，分别表示上述反应对 A 是 m 级反应，对 B 是 n 级反应。速率方程中幂指数之和 $(m+n)$ 称为反应的级数。k、m、n 均可由实验测得。

m、n 与化学反应计量数无必然联系，只有基元反应或非基元反应的基元步骤才等于相应的计量数。

反应级数可以是零，正、负整数，也可以是分数。

零级反应：$v = k$，反应速率与反应物浓度无关。常见的零级反应有表面催化反应，酶催化反应和光催化反应。

一级反应：$v = kc(A)$。较常见的一级反应有放射性衰变，一些热分解反应及分子重排反应。

对于有气体参加的反应，可将气体近似看做理想气体，用气体分压代替浓度。

在质量作用定律表达式中不包括固体和纯液体的浓度。在多相反应中，反应速率与接触面积有关。

4.1.2.3 速率常数

在给定温度下，当各物质浓度都为 $1 \ mol \cdot L^{-1}$ 时的化学反应速率即为该反应的速率常数。速率常数的单位与反应级数有关。根据给出反应速率常数的单位，可以判断反应的级数。零级反应：$mol \cdot L^{-1} \cdot s^{-1}$；一级反应：$s^{-1}$；二级反应：$(mol \cdot L^{-1})^{-1} \cdot s^{-1}$；$n$ 级反应：$(mol \cdot L^{-1})^{1-n} \cdot s^{-1}$。

在给定条件下，k 值越大，反应速率越大。对于同一反应，速率常数与反应物浓度无关，但与温度、溶剂、催化剂、反应面积等因素有关。

用不同物质的浓度变化表示反应速率时，速率方程中的速率常数数值不同，其速率常数之比等于反应方程式中各物质的化学计量数之比。

$$\frac{1}{a}k_A = \frac{1}{b}k_B = \frac{1}{g}k_G = \frac{1}{h}k_H$$

4.1.2.4 半衰期

半衰期指反应物消耗一半所需要的时间。用 $t_{1/2}$ 表示。不同级数的基元反应半衰期公式不同。

零级反应：$t_{1/2} = \dfrac{c_0}{2k}$，与速率常数 k 和反应物初始浓度 c_0 有关。

一级反应：$t_{1/2} = \dfrac{\ln 2}{k} = \dfrac{0.693}{k}$，半衰期与反应物浓度无关，而仅与速率常数有关，且成反比。

4.1.2.5 某一时刻浓度的计算公式

零级反应：$c_t - c_0 = kt$

一级反应：$\ln \dfrac{c_0}{c_t} = kt$

$^{14}_{6}C$ 常用于确定考古发现物和化石的年代。其半衰期为 $t_{1/2} = 5\,730$ a。

4.1.3 温度对化学反应速率的影响

4.1.3.1 范特霍夫规则

当温度每升高 10 K，反应速率增大到原来的 2～4 倍。

利用这一规则可粗略估算升高温度后反应速率的变化。但实际上并不是所有的反应都符合范特霍夫规则。

4.1.3.2 阿伦尼乌斯方程

阿伦尼乌斯方程表示为

$$k = A \mathrm{e}^{-\frac{E_a}{RT}}$$

式中，k 为反应速率常数；A 为指前因子或频率因子，单位与 k 同；E_a 为反应活化能，单位为 $\mathrm{J \cdot mol^{-1}}$；$R$ 为摩尔气体常数；T 为热力学温度；e 为自然对数的底。A 和 E_a 与反应物浓度和温度无关，均为常数。

取对数，转换为

$$\ln k = -\frac{E_a}{RT} + \ln A \quad 或 \quad \lg k = -\frac{E_a}{2.303RT} + \lg A$$

以 $\lg k$ 与 $\dfrac{1}{T}$ 作图呈线性关系，$-\dfrac{E_a}{2.303R}$ 为斜率，$\lg A$ 为截距。可利用作图法求算该反应的活化能和指前因子。

4.1.3.3 阿伦尼乌斯方程的应用

如果已知化学反应在不同温度下的速率常数，假设温度 T_1 时为 k_1，T_2 时为 k_2，则根据阿伦尼乌斯公式可计算活化能 E_a。

$$\lg\frac{k_2}{k_1}=\frac{E_a}{2.303R}\left(\frac{1}{T_1}-\frac{1}{T_2}\right)\text{或}\lg\frac{k_2}{k_1}=\frac{E_a}{2.303R}\left(\frac{T_2-T_1}{T_1T_2}\right)$$

$$E_a=\frac{2.303RT_1T_2}{T_2-T_1}\lg\frac{k_2}{k_1}$$

已知活化能 E_a 和温度 T_1 时的 k_1，计算 T_2 时为 k_2。

4.1.4　催化剂对化学反应速率的影响

4.1.4.1　催化剂

凡能改变化学反应速率，而本身的组成、质量和化学性质在反应前后保持不变的物质，称为催化剂。一般能使反应速度加快的叫正催化剂；能使反应速度减慢的叫负催化剂。通常所说的催化剂，一般是指正催化剂。催化剂改变反应速度的作用叫作催化作用。

4.1.4.2　催化剂作用机理

催化剂改变了反应途径，降低了活化能，从而使速率常数增大，反应速率增大。

4.1.4.3　催化剂作用的特点

催化剂只能缩短到达化学平衡的时间，不能改变反应方向，不能改变平衡状态。

催化反应有均相催化和多相催化。酶催化属于生物体内特殊的一类催化反应，兼具均相催化和多相催化的特点。

催化反应具有高效选择性和高效率。

4.1.5　反应速率理论

4.1.5.1　碰撞理论

反应速率的碰撞理论是在气体分子运动论的基础上提出来的。其主要论点是：

对于气相双原子反应：$A+B\longrightarrow C$

①反应物分子间的碰撞是物质发生发应的先决条件，碰撞的频率越高，反应速率越大。只有有效碰撞才能发生化学反应。

②只有分子能量必须高于一定阈值的活化分子才能进行有效碰撞。通常把活化分子所具有的阈能与反应物平均能量 $E_{平均}$ 的差值叫作活化能，用 E_a 表示，即 $E_a=E_1-E_{平均}$。

E_a 一般不随温度而变化，不同反应具有不同的 E_a。在某一温度下，E_a 越高，反应速率越小。

浓度影响：在恒定温度下，反应物浓度大时，单位体积内活化分子数目多，单位时间内单位体积中反应物分子有效碰撞的频率高，故导致反应速率大。

温度影响：温度越高，超过阈值的活化分子数目越多，有效碰撞频率越大，反应速率越快。

③碰撞方位必须取向适当。

4.1.5.2 过渡态理论

(1)存在平衡

过渡态理论认为，当两个具有足够能量的反应物分子互相接近时，分子中的化学键要发生重排，能量要重新分配，即反应物分子先要经过一个由反应物分子以一定的构型存在的过渡态，形成这个过渡态需要一定的活化能，故过渡态又称为活化络合物。活化络合物与反应物分子之间建立化学平衡。活化配合物能量很高，不稳定，它将分解部分形成反应产物。总反应的速率由活化络合物转化为产物的速率决定。

过渡态理论认为，活化配合物的浓度、活化配合物分解成产物的概率、活化配合物分解成产物的速率都会影响化学反应的速率。

(2)反应热、活化能之间的关系

在过渡态理论中，活化能是反应物与活化配合物之间的能量差。而正反应的活化能与逆反应的活化能之差表示化学反应的摩尔反应热 $\Delta_r H_m$，即 $\Delta_r H_m = E_a - E_a'$。

当 $E_a > E_a'$ 时，$\Delta_r H_m > 0$，反应吸热；当 $E_a < E_a'$ 时，$\Delta_r H_m < 0$，反应放热。

若正反应为放热反应，其逆反应必为吸热反应。不论放热反应还是吸热反应，反应物分子必须先爬过一个能垒才能进行反应。

当加入催化剂后，其反应历程发生改变，活化能降低。

4.2 典型例题解析

【例 4-1】写出下列基元反应的速率方程：

(1)$NO_2(g) + CO(g) = NO(g) + CO_2(g)$

(2)$2A + B \longrightarrow 2P$

(3)$SOCl_2(g) = SO_2 + Cl_2(g)$

解：题意已经明确告诉上述反应都是基元反应，所以根据基元反应的质量作用定律。可以根据反应式直接写出反应的速率方程。

(1)$v = kc(NO_2) \cdot c(CO)$

(2)$v = kc(A)^2 \cdot c(B)$

(3)$v = kc(SOCl_2)$

【例 4-2】对于反应 $H_2 + I_2 = 2HI$，其速率方程为 $v = kc(H_2) \cdot c(I_2)$，能否说明此反应就是基元反应？

解：不能，因为非基元反应 $aA + bB = cC + dD$ 的反应级数不一定不等于 $a + b$。

【例 4-3】某反应速率常数 k 的单位是 $mol^{\frac{1}{2}} \cdot L^{\frac{1}{2}} \cdot s^{-1}$，问此反应是几级反应？

解：n 级反应速率常数的单位是 $(mol \cdot L^{-1})^{1-n} \cdot s^{-1}$，可见 $-(n-1) = \frac{1}{2}$。

所以 $n = \frac{1}{2}$，此反应为 $\frac{1}{2}$ 级。

【例 4-4】某温度下反应 $2A + B \longrightarrow 2G$，测得反应物浓度与反应初始浓度关系的数据如下表，求反应的级数、速率常数和速率方程。

实验编号	$c(A)/mol \cdot L^{-1}$	$c(B)/mol \cdot L^{-1}$	$v(B)/mol \cdot L^{-1} \cdot s^{-1}$
1	0.100	0.100	4.0×10^{-2}
2	0.300	0.100	3.6×10^{-1}
3	0.100	0.300	1.2×10^{-1}

解：此类题可用观察法或解方程法求解。

（1）观察法

据表中数据可以看出，当物质 A 浓度扩大 3 倍时，其反应速率增加了 9 倍，即反应速率与 $c(A)^2$ 成正比，反应对 A 是二级反应；当物质 B 浓度扩大 3 倍时，其反应速率增加了 3 倍，即反应速率与 $c(B)$ 成正比，反应对 B 是一级反应。则速率方程可写成

$$v = kc^2(A) \cdot c(B)$$

将实验 1 的数据代入方程，可求得速率常数：

$$4.0 \times 10^{-2} \text{ mol} \cdot L^{-1} \cdot s^{-1} = (0.1 \text{ mol} \cdot L^{-1})^2 \times (0.1 \text{ mol} \cdot L^{-1})k$$

$$k = 40 \text{ mol}^{-2} \cdot L^2 \cdot s^{-1}$$

所以速率方程为 $v = 40c^2(A) \cdot c(B)$

（2）解方程法

先假设该反应的速率方程为：$v = kc^m(A) \cdot c^n(B)$，然后代入表中 3 组数据，得

$$4.0 \times 10^{-2} \text{ mol} \cdot L^{-1} \cdot s^{-1} = (0.1 \text{ mol} \cdot L^{-1})^m \times (0.1 \text{ mol} \cdot L^{-1})^n k$$

$$3.6 \times 10^{-1} \text{ mol} \cdot L^{-1} \cdot s^{-1} = (0.3 \text{ mol} \cdot L^{-1})^m \times (0.1 \text{ mol} \cdot L^{-1})^n k$$

$$1.2 \times 10^{-1} \text{ mol} \cdot L^{-1} \cdot s^{-1} = (0.1 \text{ mol} \cdot L^{-1})^m \times (0.3 \text{ mol} \cdot L^{-1})^n k$$

解得 $m = 2$，$n = 1$，$k = 40 \text{ mol}^{-2} \cdot L^2 \cdot s^{-1}$。然后代入先前假设方程，得到速率方程。

【例 4-5】某反应在 298 K 时速率常数 k_1 为 3.4×10^{-5} s^{-1}，在 328 K 时速率常数 k_2 为 1.5×10^{-3} s^{-1}，求反应的活化能 E_a 和指前因子 A。

解：已知两个不同温度的速率常数，根据阿伦尼乌斯公式可求出反应的活化能，然后再利用一次阿伦尼乌斯公式可求出指前因子。

因此将 298 K 和 328 K 的速率常数数据分别代入阿伦尼乌斯公式，经变换后得

$$\lg \frac{k_2}{k_1} = \frac{E_a}{2.303R}\left(\frac{1}{T_1} - \frac{1}{T_2}\right)$$

$$E_a = \frac{2.303RT_1T_2}{T_2 - T_1}\lg\frac{k_2}{k_1}$$

$$= \frac{2.303 \times 8.314 \text{ J} \cdot \text{mol}^{-1} \cdot K^{-1} \times 298 \text{ K} \times 398 \text{ K}}{(398 - 298) \text{ K}}\lg\frac{1.5 \times 10^{-3} \text{ s}^{-1}}{3.4 \times 10^{-5} \text{ s}^{-1}}$$

$$= 22\,709 \times 1.64 \text{ J} \cdot \text{mol}^{-1} = 37.24 \text{ kJ} \cdot \text{mol}^{-1}$$

再根据 $\lg k = -\dfrac{E_a}{2.303RT} + \lg A$，代入 298 K 时的数据，得到

$$\lg 3.4 \times 10^{-5} = -\frac{37\,242 \text{ J} \cdot \text{mol}^{-1}}{2.303 \times 8.314 \text{ J} \cdot \text{mol}^{-1} \cdot K^{-1} \times 398 \text{ K}} + \lg A$$

$$\lg A = 4.887 - 4.469 = 0.418$$

解得 $A = 2.618\ \text{s}^{-1}$

　　同样，如果想求算另一个温度下的速率常数，在求出活化能后可在继续代入阿伦尼乌斯公式中即可求出。

4.3　同步练习及答案

4.3.1　同步练习

一、是非题

1. 若某反应的反应级数等于反应物计量数之和，则该反应肯定属于基元反应。（　　）

2. 化学反应中相对动能大于活化能的分子间的碰撞是有效碰撞。（　　）

3. 对于一个反应来说，温度每升高 10 ℃，其速率常数增大相同的倍数。（　　）

4. 反应的活化能越小，反应速率越小。（　　）

5. 若反应为零级反应，则反应物浓度与时间呈直线关系。（　　）

二、选择题

1. 当速率常数的单位为 $\text{mol}^{-1} \cdot \text{L} \cdot \text{s}^{-1}$ 时，反应级数为（　　）。

A. 一级　　　　　　B. 二级　　　　　　C. 零级　　　　　　D. 三级

2. 当反应 $A_2 + B_2 = 2AB$ 的速率方程为 $v = kc(A_2) \cdot c(B_2)$ 时，则此反应（　　）。

A. 一定是基元反应　　　　　　　　　B. 一定是非基元反应

C. 不能肯定是否是基元反应　　　　　D. 三级反应为一级反应

3. 对于反应 $2A + 2B = C$，下列所示的速率表达式正确的是（　　）。

A. $\dfrac{\Delta c(A)}{\Delta t} = \dfrac{2}{3} \dfrac{\Delta c(B)}{\Delta t}$　　　　　　　　B. $\dfrac{\Delta c(C)}{\Delta t} = \dfrac{1}{3} \dfrac{\Delta c(A)}{\Delta t}$

C. $\dfrac{\Delta c(C)}{\Delta t} = \dfrac{1}{2} \dfrac{\Delta c(B)}{\Delta t}$　　　　　　　　D. $\dfrac{\Delta c(B)}{\Delta t} = \dfrac{\Delta c(A)}{\Delta t}$。

4. 升高温度可以增加反应速率，主要是因为（　　）。

A. 分子的碰撞加剧　　　　　　　　　B. 降低了反应活化能

C. 活化分子百分数增加　　　　　　　D. 使平衡向吸热方向进行

5. 某一级化学反应的速率常数为 $9.5 \times 10^{-2}\ \text{min}^{-1}$，则此反应的半衰期为（　　）。

A. 3.65 min　　　　B. 7.29 min　　　　C. 0.27 min　　　　D. 0.55 min

三、填空题

1. 已知 $A + B = 2C$ 为简单反应，则该反应的反应速率单位是 ＿＿＿＿＿＿，k 的单位是 ＿＿＿＿＿＿，反应级数为 ＿＿＿＿。

2. 在复杂反应中，反应速率主要决定于 ＿＿＿＿＿＿＿＿＿＿＿，这一步骤叫作 ＿＿＿＿＿。

3. 正反应的活化能 ＿＿＿ 逆反应的活化能，则反应热效应 $\Delta H < 0$。

4. 催化剂改变了 ＿＿＿＿＿，降低了 ＿＿＿＿＿＿＿＿＿＿＿＿＿，从而增加了 ＿＿＿＿＿＿＿＿，使反应速率增大。

5. 利用阿伦尼乌斯公式将 $\lg k$ 对 $1/T$ 作图，可得一直线，其斜率为_____，在纵坐标上的截距为_____。

四、计算题

1. 在某温度时，对化合物 A 分解成 B 和 C 的反应进行实验研究，获得如下数据：

时间/s	0	184	319	526	867	1 198	1 877	2 315	3 144
A 的浓度/mol·L^{-1}	2.33	2.08	1.91	1.67	1.36	1.11	0.72	0.53	0.34

试求(1)1 198 s 内的反应平均速率；(2)1 198 s 时的反应瞬时速率。

2. 已知在 1 073 K 时反应 $2H_2+2NO=2H_2O+N_2$ 的反应物浓度和反应速率的数据如下：

实验序号	起始浓度/mol·L^{-1}		形成 N_2 的反应速率/mol·L^{-1}·s^{-1}
	$c(NO)$	$c(H_2)$	
1	6.00×10^{-3}	1.00×10^{-3}	3.18×10^{-3}
2	6.00×10^{-3}	2.00×10^{-3}	6.36×10^{-3}
3	1.00×10^{-3}	6.00×10^{-3}	0.48×10^{-3}
4	2.00×10^{-3}	6.00×10^{-3}	1.92×10^{-3}

(1)写出该反应的速率方程，并求出反应级数；(2)反应的速率常数 k 是多少？

3. 气体 A 的反应 A(g)—→产物，当浓度为 0.5 mol·L^{-1} 时，反应速率为 0.014 mol·L^{-1}·s^{-1}，如该反应分别为(1)零级反应，(2)一级反应，(3)二级反应，当 A 的浓度均为 1.0 mol·L^{-1} 时反应速率分别为多少？

4. 丙酮二羧酸在水溶液中的分解反应，在 283 K 时的 $k=1.08\times10^{-4}$ s^{-1}，在 333 K 时 $k=5.48\times10^{-2}$ s^{-1}，试计算该反应的活化能。

5. 反应 $C_2H_5I+OH^-\longrightarrow C_2H_5OH+I^-$ 在 298 K 时的 $k=5.03\times10^{-2}$ mol·L^{-1}·s^{-1}，在 333 K 时的 $k=6.71\times10^{-1}$ mol·L^{-1}·s^{-1}，试计算该反应在 305 K 时的速率常数。

4.3.2 同步练习答案

一、判断题

1.× 2.× 3.× 4.× 5.√

二、选择题

1.B 2.C 3.D 4.C 5.B

三、填空题

1. mol·L^{-1}·s^{-1}，mol^{-1}·L·s，二级

2. 反应速率最慢的一步，决速步或速控步

3. 小于

4. 反应历程，活化能，活化分子组数

5. $-\dfrac{E_a}{2.303\,R}$，$\lg A$

四、计算题

1. **解：**（1）根据平均速率公式 $\bar{v}=\pm\dfrac{\Delta c}{\Delta t}=\pm\dfrac{c_2-c_1}{t_2-t_1}$，代入数据 0 s 和 1 198 s 时 A 的浓度，

得：$\bar{v}=\dfrac{\Delta c}{\Delta t}=-\dfrac{1.11-2.33}{1\,198-0}=1.02\times10^{-3}\ \text{mol}\cdot\text{L}^{-1}\cdot\text{s}^{-1}$

（2）根据数据作图，得到

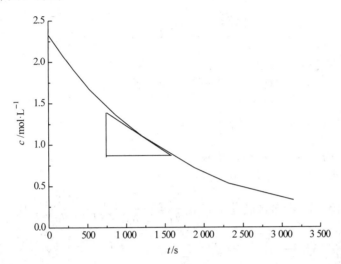

以 $t=1\,198$ s 所对应点作切线，该切线的斜率为：$k=\dfrac{0.876\,8-1.387\,9}{1\,599-742}=-5.96\times10^{-4}$，
则其该时刻的反应速率为 $5.96\times10^{-4}\ \text{mol}\cdot\text{L}^{-1}\cdot\text{s}^{-1}$。

2. **解：**假设速率方程为：$v=kc^m(\text{H}_2)\cdot c^n(\text{NO})$

（1）由表中第一、二行数据可以看出，当 H_2 浓度增加 1 倍时，化学反应速率也增加 1 倍，由此可知 $m=1$；由表中第三、四行数据可以看出，当 NO 浓度增加 1 倍时，化学反应速率增加 4 倍，由此可知 $n=2$；由此可知该反应的反应级数为 $m+n=1+2=3$，该反应属于三级反应。

反应的速率方程为：$v=kc(\text{H}_2)\cdot c^2(\text{NO})$

（2）将第一行数据代入速率方程，得

$3.18\times10^{-3}=k\times(1.00\times10^{-3})(6.00\times10^{-3})^2$

$k=8.83\times10^4\ \text{mol}^{-2}\cdot\text{L}^2\cdot\text{s}^{-1}$

3. **解：**（1）当反应为零级反应时，由于反应速率与浓度无关，所以反应速率仍为 $0.014\ \text{mol}\cdot\text{L}^{-1}\cdot\text{s}^{-1}$。

（2）当反应级数为一级反应时，$v=kc(\text{A})$，当 $c(\text{A})=0.5\ \text{mol}\cdot\text{L}^{-1}$ 时，$v=0.014\ \text{mol}\cdot\text{L}^{-1}\cdot\text{s}^{-1}$，代入速率方程，则

$k=\dfrac{v}{c(\text{A})}=\dfrac{0.014}{0.5}=0.028\ \text{s}^{-1}$

当 $c(\text{A})=1.0\ \text{mol}\cdot\text{L}^{-1}$ 时，代入速率方程，则

$v=0.028\times1.0=0.028\ \text{mol}\cdot\text{L}^{-1}\cdot\text{s}^{-1}$

（3）当反应级数为二级反应时，$v=kc^2(\text{A})$，当 $c(\text{A})=0.5\ \text{mol}\cdot\text{L}^{-1}$ 时，$v=0.014\ \text{mol}\cdot$

$L^{-1} \cdot s^{-1}$，代入速率方程，则

$$k = \frac{v}{c^2(A)} = \frac{0.014}{(0.5)^2} = 0.056 \ mol^{-1} \cdot L \cdot s^{-1}$$

当 $c(A) = 1.0 \ mol \cdot L^{-1}$ 时，代入速率方程，则

$$v = kc^2(A) = 0.056 \times (1.0)^2 = 0.056 \ mol \cdot L^{-1} \cdot s^{-1}$$

4. **解**：根据阿伦尼乌斯公式转化形式

$$\lg \frac{k_2}{k_1} = \frac{E_a}{2.303R} \left(\frac{1}{T_1} - \frac{1}{T_2} \right)$$

代入数据，得

$$E_a = \frac{2.303RT_1T_2}{T_2 - T_1} \lg \frac{k_2}{k_1}$$

$$= \frac{2.303 \times 8.314 \times 283 \times 333}{333 - 283} \lg \frac{5.48 \times 10^{-2}}{1.08 \times 10^{-4}}$$

$$= 97 \ 631 \ J \cdot mol^{-1} = 97.631 \ kJ \cdot mol^{-1}$$

反应的活化能为 97.631 $kJ \cdot mol^{-1}$。

5. **解**：根据阿伦尼乌斯公式转化形式 $\lg \dfrac{k_2}{k_1} = \dfrac{E_a}{2.303R} \left(\dfrac{1}{T_1} - \dfrac{1}{T_2} \right)$，代入数据，得

$$E_a = \frac{2.303RT_1T_2}{T_2 - T_1} \lg \frac{k_2}{k_1}$$

$$= \frac{2.303 \times 8.314 \times 298 \times 333}{333 - 298} \lg \frac{6.71 \times 10^{-1}}{5.03 \times 10^{-2}}$$

$$= 61 \ 081 \ J \cdot mol^{-1} = 61.081 \ kJ \cdot mol^{-1}$$

代入 $T_1 = 298$ K 时的 $k_1 = 5.03 \times 10^{-2} \ mol \cdot L^{-1} \cdot s^{-1}$，温度 $T_3 = 305$ K 及活化能 E_a，得

$$\lg \frac{k_3}{k_1} = \frac{E_a}{2.303R} \left(\frac{1}{T_1} - \frac{1}{T_3} \right) = \frac{61 \ 081}{2.303 \times 8.314} \left(\frac{305 - 298}{305 \times 298} \right) = 0.245 \ 7$$

$$\frac{k_3}{k_1} = 1.76$$

所以 $k_3 = 1.76k_1 = 1.76 \times 5.03 \times 10^{-2} = 8.85 \times 10^{-2} \ mol \cdot L^{-1} \cdot s^{-1}$

或先进行公式转换，假定 $T_1 = 298$ K，k_1；$T_2 = 333$ K，k_2；$T_3 = 305$ K，k_3；

则 $\lg \dfrac{k_3}{k_1} = \dfrac{E_a}{2.303R} \times \dfrac{(T_3 - T_1)}{T_1T_3}$

将 $E_a = \dfrac{2.303RT_1T_2}{T_2 - T_1} \lg \dfrac{k_2}{k_1}$ 代入上式，得

$$\lg \frac{k_3}{k_1} = \frac{E_a}{2.303R} \times \frac{(T_3 - T_1)}{T_1T_3} = \frac{\frac{2.303RT_1T_2}{(T_2 - T_1)} \lg \frac{k_2}{k_1}}{2.303R} \times \frac{(T_3 - T_1)}{T_1T_3} = \frac{(T_3 - T_1)}{(T_2 - T_1)} \times \frac{T_2}{T_3} \lg \frac{k_2}{k_1}$$

代入数据，得

$$\lg \frac{k_3}{k_1} = \frac{(T_3 - T_1)}{(T_2 - T_1)} \times \frac{T_2}{T_3} \lg \frac{k_2}{k_1} = \frac{(305 - 298)}{(333 - 298)} \times \frac{333}{305} \lg \frac{k_2}{k_1} = 0.21 \lg \frac{k_2}{k_1}$$

$$k_3 = \left(\frac{k_2}{k_1}\right)^{0.21} k_1 = \left(\frac{6.71 \times 10^{-1}}{5.03 \times 10^{-2}}\right)^{0.21} \times 5.03 \times 10^{-2}$$
$$= 1.76 \times 5.03 \times 10^{-2} = 8.85 \times 10^{-2} \text{ mol} \cdot \text{L}^{-1} \cdot \text{s}^{-1}$$

4.4　《普通化学》教材思考题与习题答案

1. 什么叫化学反应速率？怎么区分平均速率和瞬时速率？

答： 化学反应速率是指单位时间内反应物浓度的减少量或生成物浓度的增加量。

在时间间隔 $\Delta t = t_2 - t_1$ 内，用单位时间内化合物浓度的变化来表示的为平均反应速率。

某一时刻的化学反应速率称为瞬时速率。瞬时速率是平均速率的时间间隔趋于零的极限值。

2. 反应物浓度如何影响化学反应速率？什么是基元反应？它有何特点？速率方程是如何得到的？如何理解反应级数、速率常数等概念？各有什么特点？

答： 反应物浓度对化学反应速率的影响可用速率方程或质量作用定律得到体现，即基元反应的速率与各反应物物质的量浓度方次的乘积成正比。

$$v = kc^m(\text{A}) \cdot c^n(\text{B})$$

上述规律既适用于基元反应，也适用于非基元反应中的基元步骤。

基元反应是指反应物分子一步直接转为产物的反应，也称为简单反应。由两步或多步完成的反应称为非基元反应或复杂反应。非基元反应的反应速度是由各基元反应步骤中最慢的一步决定的，这一步被称为速度控制步骤，或简称决速步。基元反应和非基元反应是从微观角度讨论的，而简单反应和复杂反应则是从宏观的角度说的。

速率方程是根据各反应物浓度变化通过实验测定得出来的。式中 k 称为速率常数；m、n 分别为反应物 A、B 的浓度的幂指数，分别表示上述反应对 A 是 m 级反应，对 B 是 n 级反应。速率方程中幂指数之和 $(m+n)$ 称为反应的级数。k、m、n 均可由实验测得。它可以是零，整数或分数。

反应级数是应用于宏观化学反应的，它表明的反应速度与浓度几次方成正比。它不仅是用于基元反应，也适用于复杂反应。反应级数不同于反应分子数。

速率常数是在给定温度下，当各物质浓度都为 1 mol·L^{-1} 时的化学反应速率。速率常数的单位与反应级数有关。因此，可根据给出的反应速率常数的单位判断反应的级数。在相同浓度条件下，可用速率常数的大小比较化学反应的反应速率。在给定条件下，k 值越大，反应速率越大。对于同一反应，速率常数与反应物浓度无关，但与温度、溶剂、催化剂、反应面积等因素有关。其中，速率常数与温度的关系可由阿伦尼乌斯公式推出：

$$\lg k = -\frac{E_a}{2.303RT} + \lg A$$

对于任一个化学反应 $a\text{A} + b\text{B} = g\text{G} + h\text{H}$，用不同物质的浓度变化表示反应速率时，速率方程中的速率常数的数值是不同的，不同的速率常数之比等于反应方程式中各物质的化学计量数之比。

$$\frac{1}{a}k_\text{A} = \frac{1}{b}k_\text{B} = \frac{1}{g}k_\text{G} = \frac{1}{h}k_\text{H}$$

3. 反应的活化能如何影响反应速率？

答：由阿伦尼乌斯公式 $\lg k = -\dfrac{E_a}{2.303RT} + \lg A$ 可以看出，在一定温度下，活化能越大，反应速率常数越小，而反应速率常数与反应速率成正比，所以反应速率也将变小。

4. 如何理解半衰期的概念？级数不同，其半衰期公式有何不同？

答：半衰期是指反应物消耗一半所需要的时间，用 $t_{1/2}$ 表示。不同级数的基元反应半衰期公式不同。

零级反应：$t_{1/2} = \dfrac{c_0}{2k}$，与速率常数 k 和反应物初始浓度 c_0 有关。

一级反应：$t_{1/2} = \dfrac{\ln 2}{k} = \dfrac{0.693}{k}$，半衰期与反应物浓度无关，而仅与速率常数有关，且成反比。

5. 如何理解催化剂的概念，催化剂的特点是什么？催化反应有哪些类型？

答：在反应体系中，凡能改变化学反应速率，而本身的组成、质量和化学性质在反应前后保持不变的物质，称为催化剂。一般能使反应速度加快的叫正催化剂；能使反应速度减慢的叫负催化剂，也叫阻化剂。通常所说的催化剂，一般是指正催化剂。催化剂改变反应速度的作用叫作催化作用。

催化剂能加快反应速率，是由于它改变了反应历程，降低了反应的活化能。

催化反应有多种类型，一般分为均相催化和多相催化两类。均相催化反应是指催化剂与反应物均处于同一相的反应。多相催化反应是指反应物和催化剂处于不同相的反应。在多相催化反应中，催化剂常为固体，反应物是气体或液体，反应是在催化剂的表面进行的，所以多相催化又叫做表面催化反应。酶催化是生物体内利用酶进行催化的一类特殊化学反应。酶是一种特殊的蛋白质，是生物体内的有机催化剂，兼具均相催化和多相催化的特点。

催化剂具有的共同特征：

(1)催化剂只能改变反应速度，缩短使反应达到化学平衡的时间，但不能影响化学平衡，也不能改变反应的可能性，即不可能使原来不能发生的反应得以进行。

(2)反应前后催化剂的组成、质量和化学性质保持不变。但因为它参与了反应的进行，所以物理性质方面可能发生变化。

(3)催化剂具有高效的选择性。不同的反应有不同的催化剂，即某一反应有自己独特的催化剂。而且同样的反应物有许多平行反应时，选用某种催化剂，可以专一地提高所需反应的速率。

(4)催化剂的效率高。少量的催化剂可使反应速率发生极大变化，其效率远远超过浓度、温度对反应速率的影响。

6. 已知反应 $2A + B \rightleftharpoons C$ 是基元反应，A 的起始浓度是 $2\ \text{mol} \cdot \text{L}^{-1}$，B 的起始浓度是 $4\ \text{mol} \cdot \text{L}^{-1}$，反应的初速率为 $1.80 \times 10^{-2}\ \text{mol} \cdot \text{L}^{-1} \cdot \text{s}^{-1}$。$t$ 时刻，A 的浓度下降到 $1\ \text{mol} \cdot \text{L}^{-1}$，求该时刻的反应速率。

解：当 A 的浓度下降到 $1\ \text{mol} \cdot \text{L}^{-1}$ 时，根据方程式可知 B 的浓度下降到 $3.5\ \text{mol} \cdot \text{L}^{-1}$，

$$2A + B \rightleftharpoons C$$

$$t_0 \quad 2\ \text{mol} \cdot \text{L}^{-1} \quad 4\ \text{mol} \cdot \text{L}^{-1}$$

$$t \qquad 1 \ mol \cdot L^{-1} \qquad 3.5 \ mol \cdot L^{-1}$$

由于已知反应为基元反应，所以根据质量作用定律可写出其速率方程

$$v = kc^2(A) \cdot c(B)$$

代入已知数据，得

$$v_0 = k2^2 \times 4 = 1.8 \times 10^{-2} \ mol \cdot L^{-1} \cdot s^{-1}$$

$$v_t = k1^2 \times 3.5$$

$$= \frac{1.8 \times 10^{-2}}{2^2 \times 4} \times 1^2 \times 3.5$$

$$= 3.94 \times 10^{-3} \ mol \cdot L^{-1} \cdot s^{-1}$$

也可以将二者相除，得到

$$\frac{v_t}{v_0} = \frac{1^2 \times 3.5}{2^2 \times 4} = 0.219$$

所以 $v_t = 0.219 v_0 = 0.219 \times 1.8 \times 10^{-2} = 3.94 \times 10^{-3} \ mol \cdot L^{-1}$

7. 一个反应的活化能为 48 kJ·mol^{-1}，另一个反应的活化能为 200 kJ·mol^{-1}，在相似的条件下哪个反应进行的快些？为什么？

解：根据碰撞理论理论，可知反应的活化能越高，则反应越难进行。所以，活化能为 48 kJ·mol^{-1} 的反应更容易进行。

这是因为如果在某一温度下，E_a 越高，则生成满足能量要求的碰撞次数占碰撞总次数的比例越小，反应速率越小；反之，反应的活化能越小，活化分子总数越多，单位时间内有效碰撞的次数越多，则反应速率越快。

8. 在一定温度下，某反应 2A+B $\Longrightarrow$ 2C 的实验数据如下：

实验编号	起始浓度/mol·L^{-1}		生成 C 的速率/mol·L^{-1}·min^{-1}
	$c(A)$	$c(B)$	
1	0.1	0.1	0.18
2	0.1	0.2	0.35
3	0.2	0.2	1.45

请问：(1)确定该反应的级数；(2)写出该反应的速率方程；(3)计算该反应的速率常数。

解：假设该反应速率方程为：$v = kc^m(A) \cdot c^n(B)$

(1)根据表中数据可以看出，当 A 浓度不变，B 浓度增加 1 倍时，化学反应速率也增加 1 倍，由此可知 $n=1$；当 B 浓度不变，A 浓度增加 1 倍时，化学反应速率增加 4 倍，由此可知 $m=2$；由此可知该反应的反应级数为，该反应属于三级反应。

(2)所以反应的速率方程为：$v = kc^2(A) \cdot c(B)$

(3)将第一行数据代入速率方程，得

$$0.18 = k0.1^2 \times 0.1$$

$$k = 1.8 \times 10^2 \ mol^{-2} \cdot L^2 \cdot s^{-1}$$

9. 某反应在 310 K 时的反应速率是 300 K 时的 2 倍，则该反应的活化能是多少？

解：由于反应的活化能受温度变化较小，可认为是一个常数。并且反应速率常数可以看作

是物质浓度为单位浓度时的反应速率。所以，该反应在不同温度下反应速率的比值等于反应速率常数的比值，即：由 $v(310\ K)=2v(300\ K)$ 可推出 $k(310\ K)=2k(300\ K)$。

根据阿伦尼乌斯公式可知

$$\lg\frac{k(310\ K)}{k(300\ K)}=\frac{E_a}{2.303R}\left(\frac{310-300}{310\times300}\right)=\lg2$$

$$E_a=53\ 603\ J\cdot mol^{-1}\cdot K^{-1}=53.6\ kJ\cdot mol^{-1}\cdot K^{-1}$$

10. 已知 CH_3CHO 的热分解反应 $CH_3CHO(g)\Longrightarrow CH_4(g)+CO(g)$，在 700 K 时的反应速率常数是 $0.010\ 5\ mol^{-1}\cdot L\cdot s^{-1}$，已知活化能为 $188\ kJ\cdot mol^{-1}$，试求 900 K 时的反应速率常数。

解：已知 $T_1=700\ K$，$k_1=0.5\ mol^{-1}\cdot L\cdot s^{-1}$，$E_a=188\ kJ\cdot mol^{-1}$，$T_2=900\ K$

根据阿伦尼乌斯公式代入数据，得

$$\lg\frac{k_2}{k_1}=\frac{E_a}{2.303R}\times\frac{(T_2-T_1)}{T_1T_1}=\frac{188\times10^3}{2.303\times8.314}\times\frac{900-700}{700\times900}=3.12$$

$$\frac{k_2}{k_1}=1\ 318.3$$

所以 $k_2=1\ 318.2k_1=1\ 318.2\times0.5=659.1\ mol^{-1}\cdot L\cdot s^{-1}$

11. 已知 $HCl(g)$ 在 1 个标准大气压和 25 ℃时的生成热为 $88.3\ kJ\cdot mol^{-1}$，反应 $H_2(g)+Cl_2(g)\Longrightarrow2HCl$ 的活化能为 $113\ kJ\cdot mol^{-1}$，试计算逆反应的活化能。

解：已知生成热 $\Delta_rH_m=88.3\ kJ\cdot mol^{-1}$，反应的活化能 $E_a=113\ kJ\cdot mol^{-1}$。

由于生成热与化学正逆反应活化能存在以下关系：

$$\Delta_rH_m=E_a-E_a{}'$$

代入数据，得

$$88.3=113-E_a{}'$$

所以逆反应的活化能 $E_a{}'=24.7\ kJ\cdot mol^{-1}$

12. 某一级反应 400 K 时的半衰期是 500 K 时的 100 倍，估算反应的活化能。

解：已知 $\dfrac{t_{1/2}(400\ K)}{t_{1/2}(500\ K)}=100$

令 $T_1=400\ K$，$T_2=500\ K$，根据一级反应半衰期公式 $t_{1/2}=\dfrac{\ln2}{k}=\dfrac{0.693}{k}$，可知

$$\frac{t_{1/2}(400\ K)}{t_{1/2}(500\ K)}=\frac{\dfrac{0.693}{k_1}}{\dfrac{0.693}{k_2}}=\frac{k_2}{k_1}=100$$

根据阿伦尼乌斯公式代入数据，得

$$\frac{E_a}{2.303\ R}\times\frac{(T_2-T_1)}{T_1T_2}=\lg\frac{k_2}{k_1}=\lg100=2$$

$$E_a=\frac{2\times2.303\times8.314\times400\times500}{500-400}$$

$$=76\ 588\ J\cdot mol^{-1}=76.588\ kJ\cdot mol^{-1}$$

13. 合成氨反应一般在 773 K 下进行，没有催化剂时反应的活化能约为 326 kJ·mol^{-1}，使用铁粉作催化剂时，活化能降低至 175 kJ·mol^{-1}，计算加入催化剂后反应速率扩大了多少倍？

解：根据阿伦斯乌斯公式

$$\lg k = -\frac{E_a}{2.303RT} + \lg A$$

当温度一定，活化能不同时，速率常数不同。

$$\lg k_1 = -\frac{E_a(1)}{2.303RT} + \lg A，\quad \lg k_2 = -\frac{E_a(2)}{2.303RT} + \lg A$$

两式相减，得

$$\lg \frac{k_2}{k_1} = \frac{E_a(1) - E_a(2)}{2.303RT}$$

因速率常数 k 与反应速率 v 成正比，故

$$\frac{k_2}{k_1} = \frac{v_2}{v_1}$$

则公式变为

$$\lg \frac{v_2}{v_1} = \frac{E_a(1) - E_a(2)}{2.303RT} = \frac{(326 - 175) \times 1\,000}{2.303 \times 8.314 \times 773} = 10.2$$

故　$\dfrac{v_2}{v_1} = 1.6 \times 10^{10}$

即加入催化剂后，速率扩大了 1.6×10^{10} 倍。

14. 蔗糖催化水解 $C_{12}H_{22}O_{11} + H_2O \xrightarrow{\text{催化剂}} 2C_6H_{12}O_6$ 是一级反应。在 298 K 时，其速率常数为 5.7×10^{-5} s^{-1}，活化能为 110 kJ·mol^{-1}，问：(1)浓度为 1 mol·L^{-1} 的蔗糖溶液分解 20% 需要多少时间？(2)在什么温度时反应速率是 298 K 时的 1/10。

解：(1)由一级反应的速率方程积分得到

$$\lg \frac{c}{c_0} = -\frac{k}{2.303} t$$

当浓度为 $c_0 = 1$ mol·L^{-1} 的蔗糖溶液分解 20% 时，蔗糖的浓度 c = 0.8 mol·L^{-1}。298 K 时，其速率常数 $k = 5.7 \times 10^{-5}$ s^{-1}。

将题设的数据代入，得

$$\lg \frac{c}{c_0} = \lg \frac{0.8}{1} = -0.096\,9 = -\frac{k}{2.303} t$$

$$t = 0.096\,9 \times \frac{2.303}{k} = 0.096\,9 \times \frac{2.303}{5.7 \times 10^{-5}} = 3.9 \times 10^3 \text{ s}$$

(2)因速率常数 k 与反应速率 v 成正比，故

$$\frac{k_2}{k_1} = \frac{v_2}{v_1}$$

根据阿伦尼乌斯公式

$$\lg \frac{k_2}{k_1} = \frac{E_a}{2.303R} \times \frac{(T_2 - T_1)}{T_1 T_1},$$

代入题设数据得

$$\lg 0.1 = \frac{110 \times 1\,000}{2.303 \times 8.314} \times \left(\frac{1}{298} - \frac{1}{T_2} \right)$$

$$T_2 = 283 \text{ K}$$

可知在 283 K 时反应速率是 298 K 时的 1/10。

第 5 章

酸碱平衡

5.1 内容提要

5.1.1 酸碱质子理论

5.1.1.1 定义

酸碱质子理论认为：在一定条件下，凡是能给出质子（H^+）的任何分子或离子都是酸（acid）；凡是能结合质子（H^+）的任何分子或离子都是碱（base）。既能给出质子又能接受质子称为酸碱两性化合物或酸碱两性离子。酸和碱的共轭关系以如下简式为例：

$$HB \Longleftrightarrow H^+ + B^-$$

HB 称为 B^- 的共轭酸，B^- 称为 HB 的共轭碱，HB 和 B^- 称为共轭酸碱对。在一个共轭酸碱对中，它们的相对强弱特征如下：酸的酸性越强其共轭碱的碱性越弱；碱的碱性越强其共轭酸的酸性越弱。在水溶液体系中，共轭酸碱的标准离解常数 $K_a^\ominus$ 和 $K_b^\ominus$ 之间的关系为

$$K_a^\ominus \cdot K_b^\ominus = K_w^\ominus$$

5.1.1.2 酸碱反应

酸碱质子理论认为：两个共轭酸碱对之间的质子转移反应均属于酸碱反应，所以中和反应，酸、碱的电离，盐的水解等均为酸碱反应。

5.1.2 弱酸弱碱的离解平衡

5.1.2.1 一元弱酸(碱)的离解平衡

一元弱酸 HB 在水中的离解平衡如下：

$$HB + H_2O \Longleftrightarrow H_3O^+ + B^-$$

可简写为
$$HB \Longleftrightarrow H^+ + B^-$$

标准离解常数表达式为

$$K_a^\ominus = \frac{[c(H^+)/c^\ominus] \cdot [c(B^-)/c^\ominus]}{c(HB)/c^\ominus}$$

浓度为 $c(HB)$ 的某一元弱酸的酸度，可以根据其离解常数 $K_a^\ominus$ 计算。

$$c(H^+)/c^\ominus = \frac{-K_a^\ominus + \sqrt{(K_a^\ominus)^2 + 4K_a^\ominus \cdot (c/c^\ominus)}}{2}$$

若一元弱酸的离解度很小，即 $\alpha \leqslant 5\%$ 或 $\dfrac{c/c^\ominus}{K_a^\ominus} \geqslant 400$ 时，$c - x \approx c$，则得出 H^+ 浓度的最简式为

$$c(H^+)/c^\ominus = \sqrt{K_a^\ominus \cdot (c/c^\ominus)}$$

处理一元弱碱的方法与一元弱酸类似，只需将以上各计算一元弱酸溶液中 $c(H^+)$ 浓度的有关公式中的 $K_a^\ominus$ 换成 $K_b^\ominus$，$c(H^+)$ 换成 $c(OH^-)$ 即可。

一元弱碱溶液 $c(OH^-)$ 浓度的计算公式为

$$c(OH^-)/c^\ominus = \frac{-K_b^\ominus + \sqrt{(K_b^\ominus)^2 + 4K_b^\ominus \cdot (c/c^\ominus)}}{2}$$

若一元弱碱的 $\alpha \leqslant 5\%$ 或 $(c/c^\ominus)/K_b^\ominus \geqslant 400$ 时，最简式为

$$c(OH^-)/c^\ominus = \sqrt{K_b^\ominus \cdot (c/c^\ominus)}$$

5.1.2.2 多元弱酸(碱)的离解平衡

多元弱酸(碱)离解平衡的特点为：

①分步进行，总反应的离解常数等于各级离解常数的乘积。举例如下：

$$H_2S = 2H^+ + S^{2-}$$

$$K_a^\ominus = \frac{[c(H^+)/c^\ominus]^2 \cdot [c(S^{2-})/c^\ominus]}{c(H_2S)/c^\ominus} = K_{a1}^\ominus \cdot K_{a2}^\ominus$$

②多元弱酸(碱)水溶液是多重平衡系统，各物种的平衡浓度可同时满足所有平衡。

③一般多元弱酸(碱)的各级离解常数相差较大。对于 $H_2S = 2H^+ + S^{2-}$，则有

$$c(H^+)/c^\ominus \approx c(HS^-)/c^\ominus = \sqrt{K_{a1}^\ominus \cdot (c/c^\ominus)}$$

$$c(S^{2-})/c^\ominus = K_{a2}^\ominus$$

5.1.2.3 两性物质的离解平衡

两性物质，包含多元弱酸酸式盐、弱酸弱碱盐和氨基酸等，如 NaH_2PO_4、Na_2HPO_4、CH_3COONH_4。

NaH_2PO_4 型溶液 $c(H^+)$ 计算的最简式为

$$c(H^+)c^\ominus = \sqrt{K_{a1}^\ominus \cdot K_{a2}^\ominus}$$

Na_2HPO_4 型溶液 $c(H^+)$ 计算的最简式为

$$c(H^+)/c^\ominus = \sqrt{K_{a2}^\ominus \cdot K_{a3}^\ominus}$$

CH_3COONH_4 型溶液 $c(H^+)$ 计算的最简式为

$$c(H^+)/c^\ominus = \sqrt{K_a^\ominus(NH_4^+) \cdot K_a^\ominus(CH_3COOH)}$$

5.1.3　酸碱离解平衡的移动

5.1.3.1　稀释定律

首先，离解度 α 与酸（碱）离解常数 $K_a^{\ominus}(K_b^{\ominus})$ 都能反映弱酸（弱碱）离解能力的大小，一定温度下，$K_a^{\ominus}(K_b^{\ominus})$ 是与浓度无关的常数，而离解度随浓度变化而变化。那么，在一定温度下，对于同一弱电解质，随着溶液的稀释，其离解度 α 增大，此规律称为稀释定律。离解度与浓度的关系近似如下：

$$\alpha=\sqrt{\frac{K_a^{\ominus}}{c/c^{\ominus}}} \text{ 或 } \alpha=\sqrt{\frac{K_b^{\ominus}}{c/c^{\ominus}}}$$

5.1.3.2　同离子效应

在弱酸或弱碱溶液中，加入具有与弱酸或弱碱相同离子的强电解质后，弱酸或弱碱的离解平衡向左移动，其离解度降低，这就是同离子效应。化学工作中，可以通过调节共轭酸碱对的浓度比例控制溶液的 pH 值。对于具有同离子效应的溶液，一定条件下，酸度可依下式计算：

$$pH=pK_a^{\ominus}-\lg\frac{c(HB)}{c(B^-)}$$

式中，酸、碱浓度一般均可用初始浓度代替。

5.1.3.3　介质酸度的影响

介质酸度影响弱酸弱碱的离解平衡，所以可通过调节 pH 值控制溶液中共轭酸碱浓度的比例。

5.1.4　缓冲溶液

5.1.4.1　缓冲溶液及其缓冲原理

能够抵抗少量外加强酸、强碱或一定范围内稀释的影响，而保持自身的 pH 值基本不变的溶液称为缓冲溶液。通常，缓冲溶液是由弱酸和它的共轭碱，或者弱碱和它的共轭酸所组成。如 CH_3COOH - CH_3COO^-，NH_3 - NH_4^+，$H_2PO_4^-$ - HPO_4^{2-}，HCO_3^- - CO_3^{2-} 等。

在缓冲溶液 HB - B$^-$ 中加入少量的强酸（或强碱）时，虽然它能与弱酸的共轭碱 B$^-$（或弱酸 HB）反应，使 $c(HB)$ 和 (B^-) 稍有变化，但由于 $c(HB)/c(B^-)$ 变化不大，所以溶液的 pH 值基本保持不变。

5.1.4.2　缓冲溶液 pH 值的计算

缓冲溶液 pH 值的计算，一定程度上，就是有同离子效应时弱酸或弱碱平衡组成的计算。例如，对于弱酸及其共轭碱组成的缓冲溶液 HB - B$^-$：

$$c(H^+)/c^{\ominus}=K_a^{\ominus}(HB)\cdot\frac{c(HB)/c^{\ominus}}{c(B^-)/c^{\ominus}}$$

由此可以得出：

$$pH = pK_a^{\ominus}(HB) - \lg \frac{c(HB)/c^{\ominus}}{c(B^-)/c^{\ominus}}$$

或

$$pOH = pK_b^{\ominus}(B^-) - \lg \frac{c(B^-)/c^{\ominus}}{c(HB)/c^{\ominus}}$$

缓冲溶液的 pH 主要取决于 $pK_a^{\ominus}(HB)$，其次还与 $\frac{c(HB)/c^{\ominus}}{c(B^-)/c^{\ominus}}$ 有关。当弱酸及其共轭碱浓度较大时，缓冲能力较强；当 $\frac{c(HB)/c^{\ominus}}{c(B^-)/c^{\ominus}}$ 接近于 1 时，缓冲能力最大，此时 $pH = pK_a^{\ominus}(HB)$。当缓冲对的浓度比值相差较大时，缓冲能力较低。缓冲溶液的缓冲范围为 $pK_a^{\ominus}(HB) \pm 1$，这是选择缓冲溶液 pH 值的依据。选择和配制一定 pH 值的缓冲溶液时，应根据 $pH \approx pK_a^{\ominus}(HB)$ 或 $pOH \approx pK_b^{\ominus}(B^-)$ 的原则选择合适的缓冲对才具有缓冲效果。

5.2 典型例题解析

【例 5-1】试找出下列物质中的共轭酸碱对：NH_4^+、CH_3COO^-、H_2O、HSO_4^-、NH_3、SO_4^{2-}、HNO_3、OH^-、H_2SO_4、CO_3^{2-}、NO_3^-、H_3O^+、H_2CO_3、CH_3COOH、HCO_3^-。

答：NH_4^+ - NH_3、CH_3COOH - CH_3COO^-、H_3O^+ - H_2O、H_2O - OH^-、HSO_4^- - SO_4^{2-}、HNO_3 - NO_3^-、H_2SO_4 - HSO_4^-、HCO_3^- - CO_3^{2-}、H_2CO_3 - HCO_3^-。

【例 5-2】判断下列物质在水溶液中，哪些为质子酸？哪些为质子碱？哪些是两性物质？$[Al(H_2O)_4]^{3+}$、HSO_4^-、HS^-、HCO_3^-、$H_2PO_4^-$、NH_3、SO_4^{2-}、NO_3^-、HCl、CH_3COO^-、H_2O、OH^-

答：质子酸：HCl；质子碱：NH_3、SO_4^{2-}、NO_3^-、CH_3COO^-、OH^-；两性物质：$[Al(H_2O)_4]^{3+}$、HSO_4^-、HS^-、HCO_3^-、$H_2PO_4^-$、H_2O。

【例 5-3】将 pH=4.0 的 HCl 水溶液稀释一倍后，其 pH 值为（　　）。

A. 8　　　　　　B. 2　　　　　　C. 5.4　　　　　　D. 4.3

解：设原溶液中氢离子浓度为 $c(H^+)_1$，酸度为 pH_1，稀释后氢离子浓度为 $c(H^+)_2$，酸度为 pH_2。

$$c(H^+)_2 = \frac{1}{2}c(H^+)_1$$

$$pH_2 = -\lg \frac{c(H^+)_2}{c^{\ominus}} = -\lg \frac{c(H^+)_1}{2c^{\ominus}} = \lg 2 + pH_1 = 4.3$$

故答案 D 正确。

【例 5-4】将 $c(CH_3COOH) = 0.20 \ mol \cdot L^{-1}$ 的乙酸溶液和 $c(CH_3COONa) = 0.20 \ mol \cdot L^{-1}$ 的乙酸钠溶液等体积混合，溶液的 pH=4.8，若将此混合溶液再与等体积的水混合，则稀释后溶液的 pH 值为（　　）。

A. 2.4　　　　　　B. 4.8　　　　　　C. 7.0　　　　　　D. 9.6

解：由题意可知，该两种溶液混合后形成缓冲溶液，缓冲溶液具有能够抵抗少量外加强酸、强碱或稀释作用而保持溶液 pH 值相对稳定的特性，所以溶液的 pH 值不变。故答案 B 正确。或者根据缓冲溶液的计算公式推导，也可发现稀释前后，pH 值并不发生变化。

【例 5-5】计算下列水溶液的 pH 值：(1)0.1 mol·L^{-1} CH_3COOH；(2)0.1 mol·L^{-1} Na_2S；(3)0.1 mol·L^{-1} CH_3COONH_4；(4)0.1 mol·L^{-1} Na_2CO_3；(5)0.2 mol·L^{-1} Na_2HPO_4；(6)0.1 mol·L^{-1} NH_4Cl。

解：(1) $\dfrac{c/c^{\ominus}}{K_a^{\ominus}}>400$，$c(H^+)/c^{\ominus}=\sqrt{K_a^{\ominus}\cdot(c/c^{\ominus})}=\sqrt{1.76\times10^{-5}\times0.1}=1.3\times10^{-3}$

$$pH=2.89$$

(2)S^{2-} 是二元碱

$$K_{b1}^{\ominus}(S^{2-})=K_w^{\ominus}/K_{a2}^{\ominus}(H_2S)=1.4$$
$$K_{b2}^{\ominus}(S^{2-})=K_w^{\ominus}/K_{a1}^{\ominus}(H_2S)=7.7\times10^{-8}$$

$K_{b1}^{\ominus}\gg K_{b2}^{\ominus}$，因此可以忽略第二步离解，但 $\dfrac{c/c^{\ominus}}{K_{b1}^{\ominus}}<400$，需依精确式计算

$$S^{2-}+H_2O=HS^-+OH^-$$

| $c^{eq}/c^{\ominus}$ | $0.1-x$ | x | x |

$$K_{b1}^{\ominus}=\frac{x^2}{0.1-x}=1.4$$

解得
$$c(OH^-)=0.094\ mol\cdot L^{-1}$$
$$pH=14-pOH=12.97$$

(3)CH_3COONH_4 为两性物质，则

$$c(H^+)/c^{\ominus}=\sqrt{K_a^{\ominus}(CH_3COOH)\cdot K_a^{\ominus}(NH_4^+)}$$
$$=\sqrt{K_a^{\ominus}(CH_3COOH)\cdot\frac{K_w^{\ominus}}{K_b^{\ominus}(NH_3\cdot H_2O)}}=1.0\times10^{-7}$$
$$pH=7.00$$

(4)$K_{b1}^{\ominus}(CO_3^{2-})\gg K_{b2}^{\ominus}(CO_3^{2-})$，故可按一元弱碱进行计算。

$\dfrac{c/c^{\ominus}}{K_{b1}^{\ominus}(CO_3^{2-})}>400$，$c(OH^-)/c^{\ominus}=\sqrt{K_{b1}^{\ominus}(CO_3^{2-})\cdot\dfrac{c}{c^{\ominus}}}=\sqrt{1.78\times10^{-4}\times0.10}=4.2\times10^{-3}$

$$pH=14-2.38=11.62$$

(5)Na_2HPO_4 为两性物质，则

$$c(H^+)/c^{\ominus}=\sqrt{K_{a2}^{\ominus}(H_3PO_4)\cdot K_{a3}^{\ominus}(H_3PO_4)}=1.2\times10^{-10}$$
$$pH=9.92$$

(6)$K_b^{\ominus}(NH_3\cdot H_2O)=1.77\times10^{-5}$，

$$K_a^{\ominus}(NH_4^+)=\frac{K_w^{\ominus}}{K_b^{\ominus}(NH_3\cdot H_2O)}=5.6\times10^{-10}$$

$\dfrac{c/c^{\ominus}}{K_a^{\ominus}(NH_4^+)}>400$，$c(H^+)/c^{\ominus}=\sqrt{K_a^{\ominus}(NH_4^+)\cdot\dfrac{c}{c^{\ominus}}}=\sqrt{5.6\times10^{-10}\times0.10}=7.5\times10^{-6}$

$$pH = 5.12$$

【例 5-6】 由总浓度一定的 $H_2PO_4^- - HPO_4^{2-}$ 缓冲对组成的缓冲溶液，缓冲能力最大时的 pH 值为（　　）。（$K_{a1}^\ominus = 7.5 \times 10^{-3}$，$K_{a2}^\ominus = 6.2 \times 10^{-8}$，$K_{a3}^\ominus = 2.2 \times 10^{-13}$）

A. 2.1 　　　　 B. 7.2 　　　　 C. 7.2±1 　　　　 D. 2.2

解： 由缓冲溶液的酸度计算公式可知，当缓冲比为 1 时，缓冲溶液缓冲能力最大，故

$$pH = pK_{a2}^\ominus - \lg \frac{c(HB)}{c(B^-)} = pK_{a2}^\ominus$$

$$= -\lg 6.2 \times 10^{-8} = 7.2$$

故答案 B 正确。

【例 5-7】 在 $c(H^+) = 0.010 \text{ mol} \cdot L^{-1}$、$c(H_2CO_3) = 0.010 \text{ mol} \cdot L^{-1}$ 的碳酸水溶液中，$c(CO_3^{2-})$ 约为（　　）。（H_2CO_3：$K_{a1}^\ominus = 4.3 \times 10^{-7}$，$K_{a2}^\ominus = 5.6 \times 10^{-11}$）

A. $2.4 \times 10^{-15} \text{ mol} \cdot L^{-1}$ 　　　　　　　 B. $5.6 \times 10^{-11} \text{ mol} \cdot L^{-1}$

C. $2.4 \times 10^{-8} \text{ mol} \cdot L^{-1}$ 　　　　　　　 D. $2.4 \times 10^{-6} \text{ mol} \cdot L^{-1}$

解： 根据 $H_2CO_3 \rightleftharpoons 2H^+ + CO_3^{2-}$

$$K_a^\ominus = \frac{[c(H^+)/c^\ominus]^2 \cdot [c(CO_3^{2-})/c^\ominus]}{c(H_2CO_3)/c^\ominus} = K_{a1}^\ominus \cdot K_{a2}^\ominus$$

$$c(CO_3^{2-}) = 2.4 \times 10^{-15}$$

故答案 A 正确。

【例 5-8】 298 K，某一元弱酸（HA），浓度为 $0.010 \text{ mol} \cdot L^{-1}$，该水溶液的 pH=4，求：(1) 该弱酸的解离常数 $K_a^\ominus$ 值及解离度值；(2) 溶液稀释一倍后，$K_a^\ominus$ 值及解离度值。

解： (1) 由 pH=4 可知 $c(H^+) = c(A^-) = 10^{-4} \text{ mol} \cdot L^{-1}$，根据公式可得

$$K_a^\ominus = \frac{[c(H^+)/c^\ominus] \cdot [c(A^-)/c^\ominus]}{c(HA)/c^\ominus} = \frac{10^{-4} \times 10^{-4}}{0.01 - 10^{-4}} = 1 \times 10^{-6}$$

$$\alpha = \frac{HA_{\text{已解离浓度}}}{HA_{\text{原始浓度}}} \times 100\% = \frac{10^{-4}}{0.01} \times 100\% = 1\%$$

(2) 溶液稀释一倍后，弱酸初始浓度减半，$c(HA) = 5 \times 10^{-3} \text{ mol} \cdot L^{-1}$；但 $K_a^\ominus$ 值不变，$K_a^\ominus = 1 \times 10^{-6}$。

因 $c/K_a^\ominus = 5 \times 10^{-3}/1 \times 10^{-6} = 1\,000 > 400$，采用最简式

$$c(H^+)/c^\ominus = \sqrt{K_a^\ominus \cdot (c/c^\ominus)} = \sqrt{1 \times 10^{-6} \times 5 \times 10^{-3}} = 7.1 \times 10^{-5} \text{ mol} \cdot L^{-1}$$

故 $c(H^+) = 7.1 \times 10^{-5} \text{ mol} \cdot L^{-1}$

$$\alpha = \frac{7.1 \times 10^{-5}}{0.005} \times 100\% = 1.42\%$$

【例 5-9】 $c(NH_3) = 2 \text{ mol} \cdot L^{-1}$ 的氨水的 pH 值为_____，将它与 $c(HCl) = 2 \text{ mol} \cdot L^{-1}$ 的盐酸等体积混合后，溶液的 pH 值为_____，若将它与 $c(HCl) = 1 \text{ mol} \cdot L^{-1}$ 的氨水等体积混合后，溶液的 pH 值为_____。

解： $NH_3 \cdot H_2O$ 为一元弱碱，且符合最简式法则，故

$$c(OH^-)/c^\ominus = \sqrt{K_b^\ominus \cdot (c/c^\ominus)} = \sqrt{1.77 \times 10^{-5} \times 2} = 5.9 \times 10^{-3}$$

$$pH = 14 - pOH = 14 + \lg(5.9 \times 10^{-3}) = 11.77$$

将它与 $c(HCl) = 2 \text{ mol} \cdot L^{-1}$ 的盐酸等体积混合后，就变化为 $1 \text{ mol} \cdot L^{-1}$ 的 NH_4Cl 溶液，由于 Cl^- 碱性极弱，几乎不与水进行质子传递反应，因此不影响水的 pH 值，NH_4Cl 水溶液 pH 值取决于 NH_4^+，该酸性溶液依然符合最简式法则，故

$$c(H^+)/c^\ominus = \sqrt{K_a^\ominus \cdot (c/c^\ominus)} = \sqrt{\frac{K_w^\ominus}{K_b^\ominus(NH_3 \cdot H_2O)} \cdot (c/c^\ominus)} = \sqrt{\frac{1.0 \times 10^{-14}}{1.77 \times 10^{-5}} \times \frac{2}{2}} = 2.38 \times 10^{-5}$$

$$pH = -\lg 2.38 \times 10^{-5} = 4.62$$

若将它与 $c(HCl) = 1 \text{ mol} \cdot L^{-1}$ 的氨水等体积混合后，所得溶液为 $NH_3 \cdot H_2O$ - NH_4Cl 缓冲溶液，故

$$pOH = pK_b^\ominus(NH_3 \cdot H_2O) - \lg \frac{c(NH_3 \cdot H_2O)}{c(NH_4Cl)} = -\lg(1.77 \times 10^{-5}) - \lg \frac{0.5}{0.5} = 4.75$$

$$pH = 14 - pOH = 14 - 4.75 = 9.25$$

【例 5-10】用 $0.020 \text{ mol} \cdot L^{-1}$ 的 H_3PO_4 溶液和 $0.020 \text{ mol} \cdot L^{-1}$ 的 NaOH 溶液配制 pH = 7.40 的缓冲溶液 100 mL，计算所需 H_3PO_4 和 NaOH 体积。（已知 H_3PO_4 的 $pK_{a1}^\ominus = 2.12$，$pK_{a2}^\ominus = 7.21$，$pK_{a3}^\ominus = 12.66$）

解： 根据缓冲溶液 pH 值和磷酸的 $pK_a^\ominus$ 值，可知最终配制的缓冲体系为 $H_2PO_4^-$ - HPO_4^{2-} 混合溶液。

$pH = pK_{a2}^\ominus + \lg[c(HPO_4^{2-})/c(H_2PO_4^-)]$，即 $7.40 = 7.21 + \lg[c(HPO_4^{2-})/c(H_2PO_4^-)]$

可得 $c(HPO_4^{2-})/c(H_2PO_4^-) = 1.55$，$c(HPO_4^{2-}) = 1.55c(H_2PO_4^-)$

由物质的量守恒和反应守恒可知：

$$c(HPO_4^{2-}) \times 0.1 + c(H_2PO_4^-) \times 0.1 = 0.02 \times V(H_3PO_4);$$

$$2c(HPO_4^{2-}) \times 0.1 + c(H_2PO_4^-) \times 0.1 = 0.02 \times V(NaOH)$$

将两式相比，并把 $c(HPO_4^{2-}) = 1.55c(H_2PO_4^-)$ 代入可得

$$V(H_3PO_4) = 0.62V(NaOH)$$

再由 $V(H_3PO_4) + V(NaOH) = 100$ 解得

$$V(H_3PO_4) = 38 \text{ mL}, \quad V(NaOH) = 62 \text{ mL}$$

5.3　同步练习及答案

5.3.1　同步练习

一、是非题

1. 按酸碱质子理论考虑，H_2O、$H_2PO_4^-$ 和 HS^- 既是酸又是碱。（　　）

2. 将 NaOH 溶液和 $NH_3 \cdot H_2O$ 分别稀释 1 倍，则两溶液中的 OH^- 浓度都减小到原来的 1/2。（　　）

3. 一定温度下，弱电解质的浓度越大，其离解度越大。（　　）

4. 在水溶液中可能电离的物质都能达到电离平衡。（　　）

5. pH＝7 的盐的水溶液，表明该盐不发生水解。（　　）

6. 对于二元弱酸，其酸根的浓度总是近似等于其二级电离常数。（　　）

7. 同离子效应可以使溶液的 pH 值增大，也可以使 pH 值减小，但一定会使电解质的电离度降低。（　　）

8. 溶液中若不存在同离子效应，也就不会构成缓冲溶液。（　　）

9. 已知 H_3PO_4 的 $K_{a1}^{\ominus}=7.5\times10^{-3}$，$K_{a2}^{\ominus}=6.2\times10^{-8}$，$K_{a3}^{\ominus}=2.2\times10^{-13}$，由总浓度一定的 HPO_4^{2-} － PO_4^{3-} 缓冲对组成的缓冲溶液，缓冲能力最大的 pH 值为 12.2±1。（　　）

10. 浓度很大的酸或浓度很大的碱溶液也有缓冲作用。（　　）

二、选择题

1. 按酸碱质子理论考虑，在水溶液中既可作酸也可作碱的物质是（　　）。

A. Cl^- 　　　　　B. NH_4^+ 　　　　　C. HCO_3^- 　　　　　D. H_3O^+

2. 下列离子中，碱性最强的是（　　）。

A. NH_4^+ 　　　　　B. CN^- 　　　　　C. CH_3COO^- 　　　　　D. NO_2^-

3. 对于弱电解质，下列说法中正确的是（　　）。

A. 弱电解质的解离常数只与温度有关而与浓度无关

B. 溶液的浓度越大，达平衡时解离出的离子浓度越高，它的解离度越大

C. 两弱酸，解离常数越小的，达平衡时其 pH 值越大酸性越弱

D. 一元弱电解质的任何系统均可利用稀释定律计算其解离度

4. 有下列水溶液：(1)0.01 mol·L^{-1} CH_3COOH；(2)0.01 mol·L^{-1} CH_3COOH 溶液和等体积 0.01 mol·L^{-1} HCl 溶液混合；(3)0.01 mol·L^{-1} CH_3COOH 溶液和等体积 0.01 mol·L^{-1} NaOH 溶液混合；(4)0.01 mol·L^{-1} CH_3COOH 溶液和等体积 0.01 mol·L^{-1} CH_3COONa 溶液混合。则它们的 pH 值由大到小的正确次序是（　　）。

A. (1)＞(2)＞(3)＞(4) 　　　　　B. (1)＞(3)＞(2)＞(4)

C. (4)＞(3)＞(2)＞(1) 　　　　　D. (3)＞(4)＞(1)＞(2)

5. 已知：$K_a^{\ominus}(CH_3COOH)=1.8\times10^{-5}$，$K_a^{\ominus}(HCN)=4.9\times10^{-10}$，$K_b^{\ominus}(NH_3)=1.8\times10^{-5}$，浓度相同的 NaCl、$NH_4Cl$、$CH_3COONa$ 和 NaCN 溶液中，它们的 OH^- 浓度，从大到小排列的顺序为：（　　）。

A. NaCl＞CH_3COONa＞NH_4Cl＞NaCN

B. CH_3COONa＞NaCl＞NH_4Cl＞NaCN

C. NaCl＞NH_4Cl＞CH_3COONa＞NaCN

D. NaCN＞CH_3COONa＞NaCl＞NH_4Cl

6. pH＝3 和 pH＝5 的两种 HCl 溶液，以等体积混合后，溶液的 pH 值是（　　）。

A. 3.0 　　　　　B. 3.3 　　　　　C. 4.0 　　　　　D. 8.0

7. 0.10mol·L^{-1} HCl 和 1.0×10^{-3} mol·L^{-1} CH_3COOH($K_a^{\ominus}=1.8\times10^{-5}$)等体积混合，溶液的 pH 值为（　　）。

A. 1.20 　　　　　B. 1.30 　　　　　C. 1.00 　　　　　D. 1.40

8. 将 2.5 g 纯一元弱酸 HA[$M(HA)=50.0$ g·mol^{-1}]溶于水并稀释至 500.0 mL。已知

该溶液的 pH 值为 3.15，计算弱酸 HA 的离解常数 $K_a^{\ominus}$（　　）。

　　A. 4.0×10^{-6}　　　B. 5.0×10^{-7}　　　C. 7.0×10^{-5}　　　D. 5.0×10^{-6}

9. 欲使 $0.1 \ mol \cdot L^{-1}$ 的 CH_3COOH 溶液解离度减小，pH 值增大，可加入（　　）。

　　A. $0.1 \ mol \cdot L^{-1} \ HCl$　　　　　　　B. 固体 CH_3COONa

　　C. 固体 $NaCl$　　　　　　　　　　　　D. H_2O

10. 已知 CH_3COOH 的 $K_a^{\ominus} = 1.76 \times 10^{-5}$，$NH_3$ 的 $K_b^{\ominus} = 1.77 \times 10^{-5}$，$H_3PO_4$ 的 $K_{a1}^{\ominus} = 7.6 \times 10^{-3}$、$K_{a2}^{\ominus} = 6.3 \times 10^{-8}$、$K_{a3}^{\ominus} = 4.4 \times 10^{-13}$，为了配制 pH＝7.5 的缓冲溶液，最好选用下列试剂中的（　　）。

　　A. KH_2PO_4 与 K_2HPO_4　　　　　　　B. CH_3COOH 与 CH_3COONa

　　C. NH_4Cl 与 NH_3　　　　　　　　　　D. CH_3COONa 与 HCl

11. 将 $1.0 \ mol \cdot L^{-1}$ 的 $NH_3 \cdot H_2O$ 与 $0.10 \ mol \cdot L^{-1}$ 的 NH_4Cl 水溶液，按 $V(NH_3):V(NH_4Cl)$ 为（　　）体积比混合，可配得缓冲能力最强的缓冲溶液。

　　A. 1 : 1　　　　　　B. 2 : 1　　　　　　C. 10 : 1　　　　　　D. 1 : 10

12. 已知 H_3PO_4 的 $pK_{a1}^{\ominus} = 2.12$、$pK_{a2}^{\ominus} = 7.20$、$pK_{a3}^{\ominus} = 12.36$，配制 $0.10 \ mol \cdot L^{-1}$ 的 Na_2HPO_4 溶液，其 pH 值约为（　　）。

　　A. 4.7　　　　　　　B. 7.3　　　　　　C. 10.1　　　　　　D. 9.8

13. 向 $0.1 \ mol \cdot L^{-1}$ 的 HCl 溶液中通入 H_2S 气体至饱和（$0.1 \ mol \cdot L^{-1}$），溶液中 S^{2-} 浓度为（　　）。（H_2S：$K_{a1}^{\ominus} = 9.1 \times 10^{-8}$，$K_{a2}^{\ominus} = 1.1 \times 10^{-12}$）

　　A. $1.0 \times 10^{-18} \ mol \cdot L^{-1}$　　　　　　　B. $1.1 \times 10^{-12} \ mol \cdot L^{-1}$

　　C. $1.0 \times 10^{-19} \ mol \cdot L^{-1}$　　　　　　　D. $9.5 \times 10^{-5} \ mol \cdot L^{-1}$

14. 用 $0.20 \ mol \cdot L^{-1} \ CH_3COOH$ 和 $0.20 \ mol \cdot L^{-1} \ CH_3COONa$ 溶液直接混合（不加水），配制 1.0 L pH＝5.00 的缓冲溶液，需取 $0.20 \ mol \cdot L^{-1} \ CH_3COOH$ 溶液体积为（　　）。$[pK_a^{\ominus}(CH_3COOH) = 4.75]$

　　A. $6.4 \times 10^2 \ mL$　　B. $6.5 \times 10^2 \ mL$　　C. $3.5 \times 10^2 \ mL$　　D. $3.6 \times 10^2 \ mL$

15. 向 HCO_3^- 溶液中加入适量 Na_2CO_3，则（　　）。

　　A. 溶液 pH 值不变　　　　　　　　　B. $K_a^{\ominus}(H_2CO_3)$ 变小

　　C. 溶液 pH 值减小　　　　　　　　　D. HCO_3^- 离解度减小

16. 恒温下，某种弱酸溶液的一级电离常数约为 1.7×10^{-5}，并有 1.3% 电离成离子，该溶液弱酸的浓度是（　　）。

　　A. $0.10 \ mol \cdot L^{-1}$　　B. $0.13 \ mol \cdot L^{-1}$　　C. $1.3 \ mol \cdot L^{-1}$　　D. $2.0 \ mol \cdot L^{-1}$

17. 已知 $K_a^{\ominus}(HF) = 6.7 \times 10^{-4}$，$K_a^{\ominus}(HCN) = 7.2 \times 10^{-10}$，$K_a^{\ominus}(CH_3COOH) = 1.8 \times 10^{-5}$。可配成 pH＝9 的缓冲溶液的为（　　）。

　　A. HF 和 NaF　　　　　　　　　　B. HCN 和 $NaCN$

　　C. CH_3COOH 和 CH_3COONa　　　　D. 都可以

18. 在 CH_3COOH-CH_3COONa 组成的缓冲溶液中，若 $c(CH_3COOH) > c(CH_3COO^-)$，则缓冲溶液抵抗酸或碱的能力为（　　）。

　　A. 抗酸能力＞抗碱能力　　　　　　　B. 抗酸能力＜抗碱能力

C. 抗酸碱能力相同   D. 无法判断

19. 已知 H_3PO_4 的 $pK_{a1}^{\ominus}=2.12$、$pK_{a2}^{\ominus}=7.20$、$pK_{a3}^{\ominus}=12.36$，现有 0.10 mol·L^{-1} 的 H_3PO_4 0.20 L 和 0.10 mol·L^{-1} 的 NaOH 溶液 2.0 L，最多能配置多少升 pH=7.21 的缓冲溶液（   ）。

     A. 0.40 L   B. 0.50 L   C. 0.60 L   D. 0.80 L

20. 把 0.2 mol·L^{-1} 的 CH_3COOH 溶液 300 mL 稀释到多大体积时，其解离度 α 增大一倍（   ）。（$K_a^{\ominus}=1.8\times10^{-5}$）

     A. 600 mL   B. 1 200 mL   C. 1 800 mL   D. 2 400 mL

三、填空题

1. 在 0.10 mol·L^{-1} 的 $NH_3·H_2O$ 溶液中，除水外，浓度最大的分子(离子)是_____，浓度最小的分子(离子)是_____。加入少量 $NH_4Cl(s)$ 后，$NH_3·H_2O$ 的解离度将_____，溶液的 pH 值将_____，H^+ 的浓度将_____。

2. 下列分子或离子：HS^-、CO_3^{2-}、$H_2PO_4^-$、NH_3、H_2S、NO_2^-、HCl、CH_3COO^-、OH^-、H_2O，根据酸碱质子理论，仅属于酸的是_____，仅属于碱的是_____，既是酸又是碱的有_____。$[Fe(H_2O)_5(OH)]^{2+}$ 的共轭酸是_____，其共轭碱是_____。

3. 对比 HF、H_2S、HI 和 H_2Se 的酸性，其中最强的酸是_____，最弱的酸是_____。

4. 成人胃液(pH=1.4)的 H^+ 浓度是婴儿胃液(pH=5.0)H^+ 浓度的_____倍。

5. 已知：$K_a^{\ominus}(HNO_2)=7.2\times10^{-4}$，当 HNO_2 溶液的解离度为 20% 时，其浓度为_____mol·L^{-1}，$c(H^+)=$_____mol·L^{-1}。

6. 取 50 mL 浓度为 0.1 mol·L^{-1} 的某一元弱酸和 25 mL 浓度为 0.1 mol·L^{-1} 的 KOH 混合，并稀释至 100 mL，此时该溶液 pH 值为 3.75，则该溶液 $c(H^+)$ 为_____；c_a/c_b 为_____；此酸的离解常数为_____。

7. $H_2C_2O_4$ 的 $pK_{a1}^{\ominus}=1.2$，$pK_{a2}^{\ominus}=4.2$。当溶液 pH=1.2 时，$H_2C_2O_4$ 的主要存在型体是_____，当 $c(HC_2O_4^-)$ 达到最大时，溶液 pH=_____。

8. 欲配制 1.0 L 的 pH=5.0 的缓冲溶液，其中 $c(CH_3COOH)=0.20$ mol·L^{-1}，需要 $c(CH_3COOH)=1.0$ mol·L^{-1} 的 CH_3COOH 溶液_____mL，需要 $c(CH_3COONa)=1.0$ mol·L^{-1} 的 CH_3COONa 溶液_____mL。（$pK_a^{\ominus}=4.75$）

9. 浓度为 0.010 mol·L^{-1} 的某一元弱碱($K_b^{\ominus}=1.0\times10^{-8}$)溶液，其 pH=_____，此碱的溶液与等体积的水混合后，pH=_____。

10. 现有浓度相同的四种溶液 HCl、CH_3COOH($K_a^{\ominus}=1.8\times10^{-5}$)、NaOH 和 CH_3COONa，欲使用其中任意两种溶液来配制 pH=4.44 的缓冲溶液，可有三种配法，每种配法所用的两种溶液及其体积比分别为：_____、_____、_____。

四、简答题

1. H_2SO_4 的 $K_{a2}^{\ominus}=1.2\times10^{-2}$，因此有人说 $KHSO_4$ 是强碱弱酸盐，所以其水溶液显碱性。此说法是否正确？

2. 在稀氨水中加入 1 滴酚酞指示剂，溶液显红色，如果向其中加入少量晶体

CH_3COONH_4，则颜色变浅(或消退)，为什么?

3. 在氨溶液中分别加入下列各物质后，对氨的离解度及溶液的 pH 值有何影响? 试用化学平衡原理加以说明。

NH_4Cl　　$NaCl$　　H_2O　　$NaOH$　　HCl

4. 何为缓冲容量? 决定缓冲容量大小的主要因素是什么?

五、计算题

1. 烧杯中盛有 0.2 mol·L^{-1} 乳酸溶液 20 mL(分子式 $C_3H_6O_3$，常用 HLac 表示，$K_a^\ominus = 1.4 \times 10^{-4}$)，向该烧杯中逐步加入 0.20 mol·$L^{-1}$ NaOH 溶液，试计算：(1)未加 NaOH 溶液前溶液的 pH 值；(2)加入 10.0 mL NaOH 后溶液的 pH 值；(3)加入 20.0 mL NaOH 后溶液的 pH 值；(4)加入 30.0 mL NaOH 后溶液的 pH 值。

2. 欲配制 pH = 4.70 的缓冲溶液 450 mL，需取 0.10 mol·L^{-1} 的 CH_3COOH 溶液和 0.10 mol·L^{-1} 的 NaOH 溶液各多少毫升? ($pK_a^\ominus = 4.74$)

3. 已知，浓度为 0.1 mol·L^{-1} 的某一元酸溶液的 pH = 3.0，计算：(1)该酸的电离常数；(2)若将该酸稀释到原浓度的一半，求该酸的电离常数、电离度和 pH 值；(3)若将 0.01 mol·L^{-1} 的该酸与 0.01 mol·L^{-1} 的 NaOH 溶液等体积混合，求混合溶液的 pH 值；(4)若将 0.01 mol·L^{-1} 的该酸 50 mL 与 0.01 mol·L^{-1} 的 NaOH 溶液 25 mL 混合，求混合溶液的 pH 值。

4. 在 1.0 L 某溶液中，含有 CH_3COOH 和 HCN 各 0.10 moL，试计算该溶液中 H^+、CH_3COO^- 和 CN^- 浓度各为多少? 〔已知：$K_a^\ominus(CH_3COOH) = 1.76 \times 10^{-5}$，$K_a^\ominus(HCN) = 4.9 \times 10^{-10}$〕

5. 在 10 mL 浓度为 0.30 mol·L^{-1} 的 $NaHCO_3$ 溶液中，需加入 0.20 mol·L^{-1} 的 Na_2CO_3 溶液多少毫升，才能使得溶液的 pH = 10.00。(H_2CO_3 的 $K_{a1}^\ominus = 4.3 \times 10^{-7}$，$K_{a2}^\ominus = 5.6 \times 10^{-11}$)

6. 有 0.10 mol·L^{-1} 的氨水 1.0 L，计算：(1)该氨水的 H^+ 浓度是多少；(2)加入 5.35 g 的 $NH_4Cl(s)$ 后，H^+ 浓度是多少(忽略体积变化)；(3)加入 $NH_4Cl(s)$ 前后，氨水的电离度各为多少? 〔$K_b^\ominus(NH_3) = 1.8 \times 10^{-5}$〕

5.3.2　同步练习答案

一、是非题

1.√　2.×　3.×　4.×　5.×　6.×　7.√　8.√　9.×　10.√

二、选择题

1.C　2.B　3.A　4.D　5.D　6.B　7.B　8.D　9.B　10.A　11.D　12.D　13.A 14.D　15.D　16.A　17.B　18.B　19.B　20.B

三、填空题

1. $NH_3 \cdot H_2O$，H^+，减小，减小，增大。

2. H_2S，HCl；CO_3^{2-}，NO_2^-，Ac^-，OH^-；HS^-，$H_2PO_4^-$；NH_3，H_2O；$[Fe(H_2O)_6]^{3+}$；$[Fe(H_2O)_4(OH)_2]^+$

3. HI，H_2S

4. 3 980

5. $1.4×10^{-2}$，$2.8×10^{-3}$

6. $1.78×10^{-4}$ mol·L^{-1}，1，$1.78×10^{-4}$

7. $H_2C_2O_4$ 和 $HC_2O_4^-$，2.7

8. 200，356

9. 9.0，8.85

10. CH_3COOH-CH_3COONa，2∶1；HCl-CH_3COONa，2∶3；CH_3COOH-$NaOH$，3∶1

四、简答题

1. **答：** H_2SO_4 的第一步电离为100%离解，所以 HSO_4^- 接受质子能力极弱，可认为 $KHSO_4$ 是弱酸，不是强碱弱酸盐，其水溶液应显酸性。

2. **答：** 稀氨水中加入少量晶体 NH_4Ac，会产生同离子效应，氨水解离度减小，颜色变浅（或消退）。

3. **答：** 加入 NH_4Cl，$NaOH$ 同离子效应使氨的离解度下降，pH 值下降；$NaCl$ 盐效应使氨的离解度升高，pH 值升高；H_2O 稀释效应使氨的离解度升高，pH 值略微升高；HCl 中和反应使氨的离解度升高，pH 值下降。

4. **答：** 缓冲容量是指在 1 L 的缓冲溶液中，pH 值改变 1 个单位所需加入的强酸或强碱的物质的量。其大小主要取决于：①缓冲体系中两组分的浓度，其总浓度越大，抗酸抗碱成分越多，加入少量强酸强碱后引起缓冲比的变化越小，缓冲溶液的缓冲容量则越大；②当总浓度一定时，两组分的缓冲比等于1时，缓冲容量最大。

五、计算题

1. **解：** (1)未加 $NaOH$ 溶液前，乳酸是一元弱酸。

因 $c/K_a^\ominus(HLac)=0.2/(1.4×10^{-4})=1\,429>400$，采用最简式

$$c(H^+)=\sqrt{K_a^\ominus·c(HLac)}=\sqrt{1.4×10^{-4}×0.2}=5.29×10^{-3}\text{ mol·L}^{-1}$$

故 $\qquad\qquad\qquad pH=2.28$

(2)加入 10.0 mL $NaOH$ 溶液后，

溶液中剩余的乳酸的浓度为 $c(HLac)=\dfrac{0.2×10×10^{-3}}{30×10^{-3}}=0.067$ mol·L^{-1}

生成的乳酸钠浓度为 $c(NaLac)=\dfrac{0.2×10×10^{-3}}{30×10^{-3}}=0.067$ mol·L^{-1}

组成一个乳酸-乳酸钠缓冲溶液体系，因溶液中乳酸和乳酸钠浓度相等，故

$$pH=pK_a^\ominus=3.85$$

(3)加入 20.0 mL $NaOH$ 溶液后，溶液中的乳酸刚好完全被转化为乳酸钠，其浓度为 $c(NaLac)=0.10$ mol·L^{-1}。

$$K_b^\ominus(Lac^-)=K_w^\ominus/K_a^\ominus(HLac)=10^{-14}/(1.4×10^{-4})=7.14×10^{-11}$$

因 $c/K_b^\ominus(Lac^-)=0.10/(7.14×10^{-11})=1.4×10^9≫400$，采用最简式

$$c(OH^-)=\sqrt{K_b^\ominus(Lac^-)·[c(Lac^-)/c^\ominus]}·c^\ominus=\sqrt{7.14×10^{-11}×0.10}=2.67×10^{-6}\text{ mol·L}^{-1}$$

$$pOH=5.57，故\ pH=8.43$$

(4)加入 30.0 mL NaOH 后，溶液中的乳酸不但被反应完，NaOH 还有剩余。

生成的乳酸钠浓度为 $c(\text{NaLac})=0.08\ \text{mol}\cdot\text{L}^{-1}$

剩余的 NaOH 浓度为 $c(\text{NaOH})=0.04\ \text{mol}\cdot\text{L}^{-1}$

乳酸钠是一个非常弱的碱，当有相当量 NaOH 存在时，可忽略乳酸钠对溶液 OH^- 浓度的贡献。因此，溶液的 $c(\text{OH}^-)=c(\text{NaOH})=0.04\ \text{mol}\cdot\text{L}^{-1}$

$$\text{pOH}=1.40，故\ \text{pH}=12.60$$

2. 解： 设 CH_3COOH 溶液和 NaOH 溶液各需 V_1 mL 和 V_2 mL

$$c(CH_3COOH)=0.1\times\frac{V_1-V_2}{450}\qquad c(CH_3COO^-)=0.1\times\frac{V_2}{450}$$

则　$\dfrac{c(CH_3COOH)}{c(CH_3COO^-)}=\dfrac{V_1-V_2}{V_2}$

由　$\text{pH}=\text{p}K_a^{\ominus}-\lg\dfrac{c(\text{a})}{c(\text{s})}$　得

$\lg[(V_1-V_2)/V_2]=4.74-4.70=0.04$

即　$(V_1-V_2)/V_2=1.1$，可得　$V_1=2.1V_2$

再由 $V_1+V_2=450$ 联立后解得

$$V_1=305\ \text{mL};\ V_2=145\ \text{mL}$$

3. 解： (1) $c(H^+)/c^{\ominus}=10^{-\text{pH}}=10^{-3.0}=0.001$，可知电离度为 1%，小于 5%

由一元弱酸酸度计算公式　$c(H^+)/c^{\ominus}=\sqrt{K_a^{\ominus}\cdot(c/c^{\ominus})}$，可得

$$K_a^{\ominus}=\frac{[c(H^+)/c^{\ominus}]^2}{c/c^{\ominus}}=\frac{0.001^2}{0.1}=1.0\times10^{-5}$$

(2)电离常数只与温度有关，而与浓度无关，故电离常数不变，$K_a^{\ominus}=1.0\times10^{-5}$。

$$\alpha=\sqrt{\frac{K_a^{\ominus}}{c/c^{\ominus}}}=\sqrt{\frac{1.0\times10^{-5}}{0.1/2}}=1.41\times10^{-2}=1.41\%$$

$$c(H^+)/c^{\ominus}=\sqrt{K_a^{\ominus}\cdot(c/c^{\ominus})}=\sqrt{1.0\times10^{-5}\times0.1/2}=7.07\times10^{-4}$$

$$\text{pH}=-\lg[c(H^+)/c^{\ominus}]=-\lg(7.07\times10^{-4})=3.15$$

(3)两种溶液混合后得到该酸的共轭碱，则

$$c(OH^-)/c^{\ominus}=\sqrt{K_b^{\ominus}\cdot(c/c^{\ominus})}=\sqrt{\frac{K_w^{\ominus}}{K_a^{\ominus}}\cdot(c/c^{\ominus})}=\sqrt{\frac{1.0\times10^{-14}}{1.0\times10^{-5}}\times\frac{0.01}{2}}=2.24\times10^{-6}$$

$$\text{pH}=14-\text{pOH}=14+\lg(2.24\times10^{-6})=8.35$$

(4)由题意可知，所得溶液为缓冲溶液，故

$$\text{pH}=\text{p}K_a^{\ominus}(\text{HB})-\lg\frac{c(\text{HB})/c^{\ominus}}{c(\text{B}^-)/c^{\ominus}}$$

$$=-\lg(1.0\times10^{-5})-\lg\frac{\dfrac{0.01\times50-0.01\times25}{75}}{\dfrac{0.01\times25}{75}}=5$$

4. 解： 初始时，$c(CH_3COOH)=c(HCN)=0.1\ \text{mol}\cdot\text{L}^{-1}$

虽然溶液中 CH_3COOH 和 HCN 都能产生电离生成 H^+ 离子，但由于 HCN 的电离常数远远小于 CH_3COOH 的电离常数，所以溶液中的 H^+ 可看作只由 CH_3COOH 电离产生，忽略 HCN 的电离。

$$c(H^+)=c(CH_3COO^-)=\sqrt{K_a^\ominus \cdot c_{酸}}=\sqrt{1.76\times10^{-5}\times0.10}=1.33\times10^{-3}\ mol \cdot L^{-1}$$

对于 $c(CN^-)$，可根据离解常数表达式计算。

$$\frac{[c(H^+)/c^\ominus]\cdot[c(CN^-)/c^\ominus]}{c(HCN)/c^\ominus}=K_a^\ominus(HCN)$$

$$c(CN^-)=4.9\times10^{-10}\times0.10/(1.33\times10^{-3})=3.68\times10^{-8}\ mol \cdot L^{-1}$$

5. **解：** $NaHCO_3$ 溶液与 Na_2CO_3 溶液混合后形成弱酸-弱酸盐缓冲溶液

弱酸型缓冲溶液：$pH=pK_a^\ominus-lg\dfrac{c_{酸}}{c_{盐}}$，将条件数值代入

$$10.00=-lg(5.6\times10^{-11})-lg\frac{c_{酸}}{c_{盐}}，可得$$

$$lg\frac{c_{酸}}{c_{盐}}=0.25，即\frac{c_{酸}}{c_{盐}}=1.8$$

设需要加入浓度为 $0.20\ mol \cdot L^{-1}$ 的 Na_2CO_3 溶液 x mL，

则 $\dfrac{10\times0.30}{x\times0.20}=1.8$　　解得　$x=8.3$ mL

6. **解：** (1)因为 $K_b^\ominus(NH_3)=1.8\times10^{-5}$，且 $(c/c^\ominus)/K_b^\ominus>400$，

故　$c(OH^-)=\sqrt{K_b^\ominus \cdot (c_{碱}/c^\ominus)\cdot c^\ominus}=\sqrt{1.8\times10^{-5}\times0.10}=1.3\times10^{-3}\ mol \cdot L^{-1}$

则　$c(H^+)=\dfrac{1.0\times10^{-14}}{1.3\times10^{-3}}=7.7\times10^{-12}\ mol \cdot L^{-1}$

(2)加入 $NH_4Cl(s)$ 的物质的量　$n=\dfrac{5.35}{53.5}=0.10$ mol

0.10 mol NH_4Cl 对应的 NH_4^+ 离子浓度 $c(NH_4^+)=0.10\ mol \cdot L^{-1}$

$$c(OH^-)=1.8\times10^{-5}\times\frac{0.10}{0.10}=1.8\times10^{-5}\ mol \cdot L^{-1}$$

$$c(H^+)=\frac{1.0\times10^{-14}}{1.8\times10^{-5}}=5.6\times10^{-10}\ mol \cdot L^{-1}$$

(3)加入 $NH_4Cl(s)$ 前氨水的离解度

$$\alpha=\frac{1.3\times10^{-3}}{0.10}\times100\ \%=1.3\ \%$$

加入 $NH_4Cl(s)$ 后氨水的离解度

$$\alpha'=\frac{1.8\times10^{-5}}{0.10}\times100\ \%=0.018\ \%$$

5.4 《普通化学》教材思考题与习题答案

1. 根据酸碱质子理论，下列分子或离子哪些是酸？哪些是碱？哪些是酸碱两性物质？并

写出其共轭酸或共轭碱。

NH_4^+　CO_3^{2-}　NaOH　HNO_3　CH_3COO^-　HS^-　H_2O　$H_2PO_4^-$　$[Fe(H_2O)_6]^{3+}$

解：酸：NH_4^+，HNO_3，$[Fe(H_2O)_6]^{3+}$　　共轭碱：NH_3，Cl^-，$[Fe(H_2O)_5(OH)]^{2+}$

碱：CO_3^{2-}，NaOH，CH_3COO^-　　共轭酸：HCO_3^-，H_2O，CH_3COOH

酸碱两性物质：HS^-，H_2O，$H_2PO_4^-$

2. 浓度为 $0.01\ mol \cdot L^{-1}$ 的某一元弱酸(HB)水溶液的 pH 值为 4.0，计算该一元弱酸的离解常数和电离度。若加入等体积 $0.006\ mol \cdot L^{-1}$ 的 NaOH 溶液，溶液的 pH 值为多少。

解：$c(HB)=0.01\ mol \cdot L^{-1}$，pH$=4.0$，则 $c(H^+)=1.0 \times 10^{-4}\ mol \cdot L^{-1}$

$$HB \rightleftharpoons H^+ + B^-$$

平衡浓度/$mol \cdot L^{-1}$　　　$0.01-1.0 \times 10^{-4}$　　1.0×10^{-4}　　1.0×10^{-4}

$$K_a^\ominus = \frac{[c(H^+)/c^\ominus] \cdot [c(B^-)/c^\ominus]}{c(HB)/c^\ominus} = \frac{(1.0 \times 10^{-4})^2}{0.01-1.0 \times 10^{-4}} = 1.0 \times 10^{-6}$$

$$\alpha = \frac{[c(H^+)/c^\ominus]}{c(HB)/c^\ominus} = \frac{1.0 \times 10^{-4}}{0.01} \times 100\% = 1\%$$

加入等体积 $0.006\ mol \cdot L^{-1}$ NaOH 溶液，形成缓冲溶液。

混合后：$c(NaOH)=0.003\ mol \cdot L^{-1}$，$c(HB)=0.005\ mol \cdot L^{-1}$

$$HB+NaOH=NaB+H_2O$$

起始浓度/$mol \cdot L^{-1}$　　　0.005　　0.003

平衡浓度/$mol \cdot L^{-1}$　　　0.002　　　　　　0.003

$$pH = pK_a^\ominus - \lg \frac{c(HB)/c^\ominus}{c(B^-)/c^\ominus} = 6 - \lg \frac{0.002}{0.003} = 6.18$$

3. 某一元弱酸 HA 在 $0.10\ mol \cdot L^{-1}$ 溶液中有 2.0% 电离，试计算：(1)电离常数 $K_a^\ominus$；(2)在 $0.05\ mol \cdot L^{-1}$ 溶液中的离解度；(3)在多大浓度时电离度为 1.0%。

解：(1)因为 $\alpha=2.0\% < 5\%$，可用近似计算公式 $\alpha = \sqrt{\dfrac{K_a^\ominus}{c}}$

即　$2.0\% = \sqrt{\dfrac{K_a^\ominus}{0.10}} \cdot K_a^\ominus = 4.0 \times 10^{-5}$

(2)因为 $\dfrac{c/c^\ominus}{K_a^\ominus} \geq 400$，可用近似计算公式 $\alpha = \sqrt{\dfrac{K_a^\ominus}{c}}$

故　$\alpha = \sqrt{\dfrac{4.0 \times 10^{-5}}{0.05}} = 2.83\%$

(3)因为 $\alpha=1.0\% < 5\%$，可用近似计算公式 $\alpha = \sqrt{\dfrac{K_a^\ominus}{c}}$

即　$0.01 = \sqrt{\dfrac{4.0 \times 10^{-5}}{c}}$，$c=0.40\ mol \cdot L^{-1}$

注：若不作近似计算，计算方法如下：

(1)将条件代入公式　$\dfrac{[c(H^+)/c^\ominus] \cdot [c(CH_3COO^-)/c^\ominus]}{c(CH_3COOH)/c^\ominus} = K_a^\ominus$　可得

$$K_a^\ominus = \frac{0.10 \times 0.020 \times 0.10 \times 0.020}{0.10 - 0.020} = 5.0 \times 10^{-5}$$

(2)设 $0.05\ \text{mol} \cdot \text{L}^{-1}$ 的一元弱酸 HA 溶液中的 H^+ 离子浓度为 $x\ \text{mol} \cdot \text{L}^{-1}$

则有
$$\frac{x^2}{0.05 - x} = 5.0 \times 10^{-5}$$

解得 $x = 1.56 \times 10^{-3}\ \text{mol} \cdot \text{L}^{-1}$

$$\alpha = \frac{1.56 \times 10^{-3}}{0.05} \times 100\% = 3.11\%$$

(3)将条件代入公式 $\dfrac{[c(H^+)/c^\ominus] \cdot [c(CH_3COO^-)/c^\ominus]}{c(CH_3COOH)/c^\ominus} = K_a^\ominus$ 可得

$$\frac{(c \times 0.01)^2}{c(1.0 - 0.01)} = 5.0 \times 10^{-5}$$

$$c = 0.495\ \text{mol} \cdot \text{L}^{-1}$$

4. 将浓度为 $1.00\ \text{mol} \cdot \text{L}^{-1}$ 的 NaOH 溶液加入到 $100\ \text{mL}$ 浓度为 $1.00\ \text{mol} \cdot \text{L}^{-1}$ 的 H_2SO_4 中,加多少体积可使所得溶液的 pH=1.90。(H_2SO_4 的 $K_{a2}^\ominus = 1.26 \times 10^{-2}$)

解:根据题意,pH=1.90,说明 NaOH 加入到 H_2SO_4 后形成 $HSO_4^- - SO_4^{2-}$ 的缓冲体系,则

$$pH = pK_{a2}^\ominus - \lg \frac{c_{酸}}{c_{盐}} \quad 或 \quad 1.90 = -\lg 1.26 \times 10^{-2} - \lg \frac{c(HSO_4^-)}{c(SO_4^{2-})}$$

可得 $c(HSO_4^-) = c(SO_4^{2-})$

根据中和反应规则
$$\begin{array}{cccc} OH^- & + & H_2SO_4 & = & HSO_4^- + H_2O \\ 0.1\ \text{mol} & & 0.1\ \text{mol} & & 0.1\ \text{mol} \end{array}$$

$$\begin{array}{cccc} OH^- & + & HSO_4^- & = & SO_4^{2-} + H_2O \\ 0.05\ \text{mol} & & 0.05\ \text{mol} & & 0.05\ \text{mol} \end{array}$$

NaOH 中和完第一级 H^+ 需要 $0.1\ \text{mol}$,同时生成 $0.1\ \text{mol}$ 的 HSO_4^- 离子。然后中和一半 HSO_4^- 离子还需要 $0.05\ \text{mol}$ 的 NaOH,共需消耗 NaOH 为 $0.15\ \text{mol}$。故需要加入 $1.00\ \text{mol} \cdot \text{L}^{-1}$ 的 NaOH 溶液 $150\ \text{mL}$。

5. 计算在室温下饱和 CO_2 水溶液[即 $c(H_2CO_3) = 0.040\ \text{mol} \cdot \text{L}^{-1}$]中 $c(H^+)$、$c(HCO_3^-)$ 及 $c(CO_3^{2-})$。

解:因为 $K_{a1}^\ominus \gg K_{a2}^\ominus$

且 $\dfrac{c/c^\ominus}{K_{a1}^\ominus} = 0.040/4.3 \times 10^{-7} > 400$

$$c(H^+) = \sqrt{K_{a1}^\ominus \cdot (c/c^\ominus)} \cdot c^\ominus = 1.3 \times 10^{-4}\ \text{mol} \cdot \text{L}^{-1}$$

$$c(HCO_3^-) = 1.3 \times 10^{-4}\ \text{mol} \cdot \text{L}^{-1}$$

$$c(CO_3^{2-}) = K_{a2}^\ominus \cdot c^\ominus = 5.6 \times 10^{-11}\ \text{mol} \cdot \text{L}^{-1}$$

6. 若要使 S^{2-} 浓度为 $8.4 \times 10^{-5}\ \text{mol} \cdot \text{L}^{-1}$,饱和 H_2S 溶液的 pH 值应控制在什么数值?($K_{a1}^\ominus = 1.3 \times 10^{-7}$,$K_{a2}^\ominus = 7.1 \times 10^{-15}$)

解:饱和 H_2S 溶液中 $c(H_2S) = 0.1\ \text{mol} \cdot \text{L}^{-1}$

$$c(S^{2-})/c^{\ominus} = \frac{K_{a1}^{\ominus} \cdot K_{a2}^{\ominus} \cdot [c(H_2S)/c^{\ominus}]}{[c(H^+)/c^{\ominus}]^2}$$

$$c(H^+)/c^{\ominus} = \frac{K_{a1}^{\ominus} \cdot K_{a2}^{\ominus} \cdot [c(H_2S)/c^{\ominus}]}{[c(S^{2-})/c^{\ominus}]^2} = \sqrt{\frac{1.3 \times 10^{-7} \times 7.1 \times 10^{-15} \times 0.1}{8.4 \times 10^{-5}}} = 1.05 \times 10^{-9}$$

$$pH = 8.98$$

7. 试计算 0.20 mol·L^{-1} 的 Na_2CO_3 溶液中 $c(Na^+)$，$c(CO_3^{2-})$，$c(HCO_3^-)$，$c(H_2CO_3)$，$c(H^+)$，$c(OH^-)$ 各为多少？（H_2CO_3 的 $K_{a1}^{\ominus} = 4.3 \times 10^{-7}$，$K_{a2}^{\ominus} = 5.6 \times 10^{-11}$）

解：Na_2CO_3 是强碱弱酸盐，所以 $c(Na^+) = 0.20 \times 2 = 0.40$ mol·L^{-1}

对于 $c(HCO_3^-)$，假设为 x mol·L^{-1}

$$CO_3^{2-} \quad + \quad H_2O \quad = \quad HCO_3^- \quad + \quad OH^-$$

平衡浓度/mol·L^{-1}　　0.20－x　　　　　　　　x　　　　　x

$$\frac{x^2}{0.20-x} = K_{b1}^{\ominus} = \frac{K_w^{\ominus}}{K_{a2}^{\ominus}} = \frac{1.0 \times 10^{-14}}{5.6 \times 10^{-11}} = 1.8 \times 10^{-4}$$

可得　$x = 0.006$ mol·L^{-1}

$$HCO_3^- + H_2O = H_2CO_3 + OH^-$$

因为　$K_{b2}^{\ominus} = \dfrac{K_w^{\ominus}}{K_{a1}^{\ominus}} = \dfrac{1.0 \times 10^{-14}}{4.3 \times 10^{-7}} = 2.3 \times 10^{-8}$

所以相对于第一级水解，第二级水解可以忽略。

故　$c(HCO_3^-) = c(OH^-) = 0.006$ mol·L^{-1}

$c(H_2CO_3) = K_{b2}^{\ominus} = 2.3 \times 10^{-8}$ mol·L^{-1}

$c(CO_3^{2-}) = 0.20 - 0.005\,9 = 0.194$ mol·L^{-1}

$$c(H^+) = \frac{K_w^{\ominus}}{c(OH^-)/c^{\ominus}} = \frac{1.0 \times 10^{-14}}{0.006} = 1.7 \times 10^{-12} \text{ mol·}L^{-1}$$

注：此题也可按简化公式进行计算。

8. 将 0.10 mol·L^{-1} 的 H_3PO_4 与 0.15 mol·L^{-1} 的 NaOH 溶液等体积混合后，溶液中 H_3PO_4 的主要存在型体是什么？此时溶液 pH 值为多少？（$K_{a1}^{\ominus} = 7.5 \times 10^{-3}$，$K_{a2}^{\ominus} = 6.2 \times 10^{-8}$，$K_{a3}^{\ominus} = 2.2 \times 10^{-13}$）

解：由题意可知，等量混合后，首先，H_3PO_4 与 NaOH 全部中和生成 NaH_2PO_4，此时，NaOH 剩余 1/3，可继续与 NaH_2PO_4 反应生成 Na_2HPO_4。最终溶液中，$c(NaH_2PO_4) = c(Na_2HPO_4)$。故此时溶液中的主要型体为 NaH_2PO_4 和 Na_2HPO_4。

$$pH = pK_{a2}^{\ominus}(H_3PO_4) - \lg \frac{c(H_2PO_4^-)}{c(HPO_4^{2-})} = pK_{a2}^{\ominus}(H_3PO_4) = 7.20$$

9. 将 100 mL 浓度为 0.25 mol·L^{-1} 的 NaH_2PO_4 溶液和 50 mL 浓度为 0.35 mol·L^{-1} Na_2HPO_4 的溶液混合。求：(1)混合后的 pH 值；(2)若向混合溶液中加入 50 mL 浓度为 0.1 mol·L^{-1} 的 NaOH 后，溶液的 pH 值又是多少？（H_3PO_4 的 $pK_{a1}^{\ominus} = 2.12$，$pK_{a2}^{\ominus} = 7.21$，$pK_{a3}^{\ominus} = 12.66$）

解：(1)混合后形成缓冲溶液。

$$c(H_2PO_4^-)=\frac{0.25\times100\times10^{-3}}{150\times10^{-3}}=0.167\ mol\cdot L^{-1}$$

$$c(HPO_4^{2-})=\frac{0.35\times50\times10^{-3}}{150\times10^{-3}}=0.117\ mol\cdot L^{-1}$$

$$pH=pK_{a2}^{\ominus}-lg\frac{c(HB)/c^{\ominus}}{c(B^-)/c^{\ominus}}=7.21-lg\frac{0.167}{0.117}=7.06$$

$$(2)pH=pK_{a2}^{\ominus}-lg\frac{c(HB)/c^{\ominus}}{c(B^-)/c^{\ominus}}$$

$$=7.21-lg\frac{\dfrac{0.25\times100\times10^{-3}-0.1\times50\times10^{-3}}{200\times10^{-3}}}{\dfrac{0.35\times50\times10^{-3}+0.1\times50\times10^{-3}}{200\times10^{-3}}}=7.26$$

10. 将 $0.20\ mol\cdot L^{-1}$ 的 CH_3COOH 和 $0.20\ mol\cdot L^{-1}$ 的 CH_3COONa 溶液等体积混合,试计算:(1)缓冲溶液的 pH 值;(2)往 50 mL 上述溶液中加入 0.50 mL 的 $1.0\ mol\cdot L^{-1}$ HCl 溶液后,混合溶液的 pH 值。

解:(1)等体积混合后,CH_3COOH 和 CH_3COONa 浓度均为 $0.10\ mol\cdot L^{-1}$

$$pH=pK_a^{\ominus}-lg\frac{c_a/c^{\ominus}}{c_b/c^{\ominus}}=4.74-lg\frac{0.10}{0.10}=4.74$$

(2)50 mL 缓冲溶液中加入浓度为 $1.0\ mol\cdot L^{-1}$ 的 HCl 溶液 0.50 mL 后,溶液的体积为 50.5 mL,加入的 HCl 完全解离所产生的 H^+ 离子浓度为 $0.01\ mol\cdot L^{-1}$,可认为加入的 H^+ 离子与溶液中的 CH_3COO^- 离子结合成 CH_3COOH 分子,使溶液中的 CH_3COO^- 离子浓度减少,CH_3COOH 分子浓度增加,即

$$\frac{0.10\times50-0.50\times1.0}{50+0.50}=0.089\ mol\cdot L^{-1}$$

$$c(CH_2COOH)=\frac{0.10\times50+0.50\times1.0}{50+0.50}=0.11\ mol\cdot L^{-1}$$

$$pH=pK_a^{\ominus}-lg\frac{c_a/c^{\ominus}}{c_b/c^{\ominus}}=4.74-lg\frac{0.11}{0.089}=4.65$$

11. 将 10 mL $0.20\ mol\cdot L^{-1}$ 的 NaOH 溶液与 10 mL $0.40\ mol\cdot L^{-1}$ 的 CH_3COOH 溶液混合(设混合后总体积为混合前的体积之和),求:(1)计算该溶液的 pH 值;(2)若向此溶液中加入 5 mL $0.010\ mol\cdot L^{-1}$ 的 NaOH 溶液,则溶液的 pH 值又为多少?

解:(1)混合后,溶液中的 OH^- 与 CH_3COOH 发生酸碱反应生成 CH_3COO^-,CH_3COO^- 与溶液中剩余的 CH_3COOH 构成缓冲溶液。溶液中

$$c(CH_3COOH)=\frac{10\times0.40-10\times0.20}{10+10}=0.10\ mol\cdot L^{-1}$$

$$c(CH_3COO^-)\approx c(NaOH)=\frac{10\times0.20}{10+10}=0.10\ mol\cdot L^{-1}$$

$$pH=pK_a^{\ominus}-lg\frac{c_a/c^{\ominus}}{c_b/c^{\ominus}}=4.75-lg\frac{0.10}{0.10}=4.75$$

（2）加入 NaOH 之后，OH^- 将与 CH_3COOH 反应生成 CH_3COO^-，反应完成之后溶液中

$$c(CH_3COOH)=\frac{20\times0.10-5\times0.010}{20+5}=0.078\ mol\cdot L^{-1}$$

$$c(CH_3COO^-)=\frac{20\times0.10+5\times0.010}{20+5}=0.082\ mol\cdot L^{-1}$$

$$pH=pK_a^\ominus-\lg\frac{c_a/c^\ominus}{c_b/c^\ominus}=4.75-\lg\frac{0.078}{0.082}=4.77$$

12. 现有下列四种溶液：① $0.20\ mol\cdot L^{-1}$ HCl；② $0.20\ mol\cdot L^{-1}$ $NH_3\cdot H_2O$；③ $0.20\ mol\cdot L^{-1}$ CH_3COOH；④ $0.20\ mol\cdot L^{-1}$ CH_3COONH_4。分别计算：（1）①②③④溶液的 pH 值；（2）把③和④等体积混合后的 pH 值。$[$已知 $K_b^\ominus(NH_3)=1.8\times10^{-5}$；$K_a^\ominus(CH_3COOH)=1.8\times10^{-5}]$

解：（1）① $c(H^+)=0.2\ mol\cdot L^{-1}$ $pH=0.70$

② $c(OH^-)=\sqrt{K_b^\ominus\cdot(c_{碱}/c^\ominus)}\cdot c^\ominus=\sqrt{1.8\times10^{-5}\times0.20}=1.9\times10^{-3}\ mol\cdot L^{-1}$

$$pOH=2.72\qquad pH=11.28$$

③ $c(H^+)=\sqrt{K_a^\ominus\cdot(c_{酸}/c^\ominus)}\cdot c^\ominus=\sqrt{1.8\times10^{-5}\times0.20}=1.9\times10^{-3}\ mol\cdot L^{-1}$

$$pH=2.72$$

④ CH_3COONa 是弱酸弱碱盐

$$pH=7+\frac{1}{2}pK_a^\ominus-\frac{1}{2}pK_b^\ominus=7.0$$

（2）③与④等体积混合后生成 $0.10\ mol\cdot L^{-1}$ CH_3COOH-CH_3COONH_4 缓冲溶液，

$$pH=pK_a^\ominus-\lg\frac{c_{酸}}{c_{盐}}=-\lg(1.8\times10^{-5})-\lg\frac{0.10}{0.10}=4.74$$

13. 下列四种溶液组成缓冲溶液，其抗酸成分和抗碱成分各是什么？（1）CH_3COOH-CH_3COONa；（2）HCl 与过量 $NH_3\cdot H_2O$；（3）$NaHCO_3$-Na_2CO_3；（4）NaH_2PO_4 与少量 NaOH（NaOH 量比 NaH_2PO_4 量少）。

解：CH_3COOH-CH_3COONa 缓冲溶液中抗酸成分为 CH_3COO^-，抗碱成分为 CH_3COOH；HCl 与过量 $NH_3\cdot H_2O$ 缓冲溶液中抗酸成为 NH_3，抗碱成分为 NH_4^+；$NaHCO_3$-Na_2CO_3 缓冲溶液中抗酸成分为 CO_3^{2-}，抗碱成分为 HCO_3^-；NaH_2PO_4 与少量 NaOH 缓冲溶液中抗酸成分为 HPO_4^{2-}，抗碱成分为 $H_2PO_4^-$。

14. 下列三种缓冲对，最适合配制 pH=3.2 的缓冲溶液的是哪一个？（1）CH_3COOH-CH_3COONa，（2）HCOOH-HCOONa，（3）$NaHSO_3$-Na_2SO_3。

解：因为 HCOOH 的 $pK_a^\ominus$ 最接近欲配制的 pH 值，所以最适合选择 HCOOH-HCOONa 缓冲对。

15. 欲配制 pH=9.00 $1.0\ mol\cdot L^{-1}$ 的缓冲溶液 500 mL，需要固体 $(NH_4)_2SO_4$ 多少克？需要 $15\ mol\cdot L^{-1}$ 的浓氨水多少毫升？

解：根据题意 $pOH=14.00-9.00=5.00$

$$pOH=pK_b^\ominus-\lg\frac{c_b}{c_a}$$

即 $5.00=4.74-\lg \dfrac{1.0}{c(NH_4^+)}$

可得 $c(NH_4^+)=1.8\ mol\cdot L^{-1}$

$(NH_4)_2SO_4$ 的摩尔质量为 $132g\cdot mol^{-1}$，则需要固体 $(NH_4)_2SO_4$ 的质量为

$$m=0.50\times\dfrac{1}{2}\times1.8\times132=59\ g$$

需要浓氨水的体积为

$$V=\dfrac{1.0\times0.5}{15}=33\ mL$$

配制方法：称取 59 g 固体 $(NH_4)_2SO_4$ 溶于少量水中，加入 33 mL 浓氨水，然后加水稀释至 500 mL 即可。

16. 在 10 mL 0.30 mol·L^{-1} 的 $NaHCO_3$ 溶液中，需加入多少毫升 0.20 mol·L^{-1} 的 Na_2CO_3 溶液，才会使混合溶液的 pH=10？

解：假设需加入 Na_2CO_3 溶液的体积为 x mL，则混合液中

$$c(NaHCO_3)=c(HCO_3^-)=c(a)=\dfrac{10\times0.30}{(10+x)}=\dfrac{3}{10+x}\ mol\cdot L^{-1}$$

$$c(Na_2CO_3)=c(CO_3^{2-})=c(b)=\dfrac{x\times0.20}{(10+x)}=\dfrac{0.20x}{10+x}\ mol\cdot L^{-1}$$

查表可知 H_2CO_3 的 $K_{a2}^{\ominus}=4.7\times10^{-11}$，结合 $pH=pK_a^{\ominus}-\lg\dfrac{c_a}{c_b}$ 可得

$$10=-\lg(4.7\times10^{-11})-\lg\dfrac{\dfrac{3}{10+x}}{\dfrac{0.20x}{10+x}}$$

即 $10=10.33-\lg\dfrac{3}{0.20x}$

可得 $x=7$

故需加入 Na_2CO_3 溶液的体积为 7 mL。

第6章
沉淀溶解平衡

6.1 内容提要

6.1.1 溶度积常数

一定温度下，难溶电解质沉淀溶解平衡的平衡常数称为溶度积常数，简称溶度积，记作 $K_{sp}^{\ominus}$。

$$A_m B_n(s) \rightleftharpoons m A^{n+}(aq) + n B^{m-}(aq)$$

$$K_{sp}^{\ominus}(A_m B_n) = [c(A^{n+})/c^{\ominus}]^m \cdot [c(B^{m-})/c^{\ominus}]^n$$

$K_{sp}^{\ominus}$ 值反映了同类型的难溶电解质溶解度的大小，$K_{sp}^{\ominus}$ 值越小，溶解度也越小。不同类型的难溶电解质不能直接用 $K_{sp}^{\ominus}$ 值比较其溶解度的大小，只能通过计算其溶解度进行比较。溶度积与溶解度的关系式为：

$$K_{sp}^{\ominus}(A_m B_n) = n^n \cdot m^m \cdot s^{n+m}$$

6.1.2 溶度积规则

在难溶电解质 $A_m B_n$ 的溶液中，如果任意状态时的离子浓度幂的乘积（简称为离子积）以 Q 表示，则 Q 与 $K_{sp}^{\ominus}$ 之间可能存在的三种情况：

①$Q < K_{sp}^{\ominus}$ 时，无沉淀析出；若原来有沉淀存在，则沉淀溶解，直至 $Q = K_{sp}^{\ominus}$。

②$Q = K_{sp}^{\ominus}$ 时，溶液中离子与沉淀之间处于动态平衡，为饱和溶液。

③$Q > K_{sp}^{\ominus}$ 时，沉淀从溶液析出，直至 $Q = K_{sp}^{\ominus}$。

上述 Q 与 $K_{sp}^{\ominus}$ 之间的关系及其结论称为溶度积规则。

6.1.3 沉淀的生成与溶解

①沉淀的生成与同离子效应。根据溶度积规则，$Q > K_{sp}^{\ominus}$，则会生成沉淀。

②根据溶度积规则，$Q < K_{sp}^{\ominus}$，沉淀溶解。常用的方法包括：利用酸碱反应生成弱电解质、利用氧化还原反应、利用配位反应或者氧化还原和配位反应同时降低溶液中的离子浓度。

6.1.4 分步沉淀

溶液中的几种离子都可与同一种沉淀剂生成难溶电解质时，沉淀的顺序遵循 $Q > K_{sp}^{\ominus}$ 的规则。若沉淀类型相同则可由 $K_{sp}^{\ominus}$ 判断沉淀的先后顺序。

利用分步沉淀分离离子的原则是：先沉淀的离子应完全沉淀，其离子残留浓度 $\leqslant 1.0 \times 10^{-5}$ mol·L^{-1}，后沉淀的离子则不沉淀，其离子浓度应保持为初始浓度。

6.1.5 沉淀的转化

由一种沉淀转化为另一种沉淀的过程称为沉淀的转化。沉淀的转化能否实现，取决于转化反应的平衡常数。由溶解度大的沉淀转化为溶解度小的沉淀比较容易；此外，也可以通过加入过量的沉淀剂或者使沉淀的离子生成弱电解质、氧化还原反应实现沉淀的转化。

$$BaSO_4(s) + CO_3^{2-} \rightleftharpoons BaCO_3(s) + SO_4^{2-}$$
$$PbS(s) + 4H_2O_2 \rightleftharpoons PbSO_4(s) + 4H_2O$$

6.2 典型例题解析

【例 6-1】查表给出下列物质的 $K_{sp}^{\ominus}$ 数据，通过计算比较其溶解度的大小。

CaF_2、$CaCO_3$、$BaCrO_4$、Ag_2CrO_4、$AgBr$、Ag_3PO_4。

答： 根据 $K_{sp}^{\ominus}(A_mB_n) = n^n \cdot m^m \cdot s^{n+m}$，查表得出 $K_{sp}^{\ominus}$ 数据可以算出物质的 s。

	CaF_2	$CaCO_3$	$BaCrO_4$	Ag_2CrO_4	$AgBr$	Ag_3PO_4
$K_{sp}^{\ominus}$	1.46×10^{-10}	4.96×10^{-9}	1.17×10^{-10}	1.12×10^{-12}	5.35×10^{-13}	8.88×10^{-17}
s	3.3×10^{-4}	7.0×10^{-5}	1.1×10^{-5}	1.3×10^{-4}	7.3×10^{-7}	4.3×10^{-5}

溶解度的大小关系为

$$s(CaF_2) > s(Ag_2CrO_4) > s(CaCO_3) > s(Ag_3PO_4) > s(BaCrO_4) > s(AgBr)$$

【例 6-2】下列说法是否正确？(1)PbI_2 和 $CaCO_3$ 的溶度积均近似为 10^{-9}，所以在它们的饱和溶液中，前者的 Pb^{2+} 浓度和后者的 Ca^{2+} 浓度近似相等。(2)$PbSO_4$ 的溶度积 $K_{sp}^{\ominus} = 1.82 \times 10^{-8}$，因此所有含 $PbSO_4$ 固体的溶液中，$c(Pb^{2+}) = c(SO_4^{2-})$，而且 $c(Pb^{2+}) \cdot c(SO_4^{2-}) = 1.6 \times 10^{-8}$。

解： (1)不正确，二者为不同类型的难溶电解质，虽然它们的溶度积均近似为 10^{-9}，但 Pb^{2+} 浓度和 Ca^{2+} 浓度并不相等。

(2)不正确，一定温度下所有含 $PbSO_4$ 固体的溶液中，$c(Pb^{2+}) \cdot c(SO_4^{2-}) = 1.6 \times 10^{-8}$，但 $c(Pb^{2+})$ 和 $c(SO_4^{2-})$ 不一定相等。

【例 6-3】假定 $Mg(OH)_2$ 的饱和溶液完全解离，计算：(1)$Mg(OH)_2$ 在水中的溶解度；(2)$Mg(OH)_2$ 饱和溶液中 OH^- 浓度；(3)$Mg(OH)_2$ 饱和溶液中 Mg^{2+} 的浓度；(4)$Mg(OH)_2$ 在 0.010 mol·L^{-1} NaOH 溶液中的溶解度；(5)$Mg(OH)_2$ 在 0.010 mol·L^{-1} $MgCl_2$ 溶液中的溶解度。

解：已知 $K_{sp}^{\ominus}[Mg(OH)_2] = 5.61 \times 10^{-12}$

(1)设 $Mg(OH)_2$ 在水中的溶解度为 s

$$K_{sp}^{\ominus}[Mg(OH)_2] = [c(Mg^{2+})/c^{\ominus}] \cdot [c(OH^-)/c^{\ominus}]^2 = s \cdot (2s)^2 = 4s^3$$

所以　$s = \{K_{sp}^{\ominus}[Mg(OH)_2]/4\}^{1/3} = (5.61 \times 10^{-12}/4)^{1/3} = 1.12 \times 10^{-4}\ mol \cdot L^{-1}$

(2)$c(OH)^- = 2 \times 1.12 \times 10^{-4}\ mol \cdot L^{-1} = 2.24 \times 10^{-4}\ mol \cdot L^{-1}$

(3)$c(Mg)^{2+} = 1.12 \times 10^{-4}\ mol \cdot L^{-1}$

(4)设 $Mg(OH)_2$ 在 $0.010\ mol \cdot L^{-1}$ NaOH 溶液中的溶解度为 x

$$c(Mg^{2+}) = x$$
$$c(OH^-) = 2x + 0.010 \approx 0.010\ mol \cdot L^{-1}$$
$$x(0.010)^2 = 5.61 \times 10^{-12}$$

所以　　　　　　　　　　　$s = x = 5.61 \times 10^{-8}\ mol \cdot L^{-1}$

(5)设 $Mg(OH)_2$ 在 $0.010\ mol \cdot L^{-1}$ $MgCl_2$ 溶液中的溶解度为 y

$$c(Mg^{2+}) = y + 0.010 \approx 0.010\ mol \cdot L^{-1}$$
$$c(OH^-) = 2y$$
$$0.010 \times (2y)^2 = 5.61 \times 10^{-12}$$

所以　　　　　　　　　　　$s = y = 1.18 \times 10^{-5}\ mol \cdot L^{-1}$

【例 6-4】 在下列溶液中不断通入 H_2S 使之饱和：(1) $0.10\ mol \cdot L^{-1}$ $CuSO_4$ 溶液；(2)$0.10\ mol \cdot L^{-1}$ $CuSO_4$ 与 $1.0\ mol \cdot L^{-1}$ HCl 的混合溶液。分别计算在这两种溶液中残留的 Cu^{2+} 浓度。

解：查得 $K_{sp}^{\ominus}(CuS) = 1.27 \times 10^{-36}$，$H_2S$ 的 $K_1^{\ominus} = 1.3 \times 10^{-7}$，$K_2^{\ominus} = 7.1 \times 10^{-15}$

(1)由于 $K_{sp}^{\ominus}(CuS)$ 极小，可以认为通入 H_2S 后全部生成了 CuS，此时溶液中的 H^+ 浓度为 $0.2\ mol \cdot L^{-1}$。

$$H_2S \rightleftharpoons 2H^+(aq) + S^{2-}(aq)$$
$$\quad\quad 0.1 \quad\quad 0.2 \quad\quad x$$

$$x = c(S^{2-}) = \frac{K_1^{\ominus} \cdot K_2^{\ominus} \cdot [c(H_2S)/c^{\ominus}]}{[c(H^+)/c^{\ominus}]^2} = \frac{1.3 \times 10^{-7} \times 7.1 \times 10^{-15} \times 0.1}{0.2^2} = 2.3 \times 10^{-21}\ mol \cdot L^{-1}$$

$$c(Cu^{2+}) = \frac{K_{sp}^{\ominus}(CuS)}{c(S^{2-})/c^{\ominus}} \cdot c^{\ominus} = 1.27 \times 10^{-36}/2.3 \times 10^{-21} = 5.5 \times 10^{-16}\ mol \cdot L^{-1}$$

(2)H_2S 通入 $0.10\ mol \cdot L^{-1}$ $CuSO_4$ 与 $1.0\ mol \cdot L^{-1}$ HCl 的混合溶液中，假定溶液中的 Cu^{2+} 与 H_2S 完全作用生成 CuS，反应中生成的 H^+ 浓度为 $0.2\ mol \cdot L^{-1}$，还要加上混合溶液中 $1.0\ mol \cdot L^{-1}$ 的 HCl 离解出的 H^+ 浓度，此时溶液中的 H^+ 浓度为 $0.2\ mol \cdot L^{-1}$。

$$H_2S \rightleftharpoons 2H^+(aq) + S^{2-}(aq)$$
$$\quad\quad 0.1 \quad\quad 1.2 \quad\quad x$$

$$x = c(S^{2-}) = \frac{K_1^{\ominus} \cdot K_2^{\ominus} \cdot [c(H_2S)/c^{\ominus}]}{[c(H^+)/c^{\ominus}]^2} = \frac{1.3 \times 10^{-7} \times 7.1 \times 10^{-15} \times 0.1}{1.2^2} = 6.4 \times 10^{-23}\ mol \cdot L^{-1}$$

$$c(Cu^{2+}) = \frac{K_{sp}^{\ominus}(CuS)}{c(S^{2-})/c^{\ominus}} \cdot c^{\ominus} = 1.27 \times 10^{-36}/6.4 \times 10^{-23} = 2.0 \times 10^{-14}\ mol \cdot L^{-1}$$

根据计算结果可知溶液中残留的 Cu^{2+} 浓度很低，所以假定 Cu^{2+} 与 H_2S 完全作用生成 CuS 进行计算是合理的。

【例 6-5】 向 $0.1\ mol\cdot L^{-1}$ 的 $ZnCl_2$ 溶液中通 H_2S，当 H_2S 饱和时（饱和 H_2S 的浓度为 $0.1\ mol\cdot L^{-1}$），刚好有 ZnS 沉淀生成。求生成沉淀时溶液的 pH 值。$[K_{sp}^{\ominus}(ZnS)=2.93\times 10^{-25}$，$H_2S$ 的 $K_1^{\ominus}=1.3\times 10^{-7}$，$K_2^{\ominus}=7.1\times 10^{-15}]$

解： ZnS 沉淀刚刚生成时

$$ZnS(s)\rightleftharpoons Zn^{2+}(aq)+S^{2-}(aq)$$
$$\qquad\qquad\ 0.1\qquad\qquad x$$

$$K_{sp}^{\ominus}=[c(Zn^{2+})/c^{\ominus}]\cdot[c(S^{2-})/c^{\ominus}]$$

$$x=c(S^{2-})=\frac{2.93\times 10^{-25}}{0.1}=2.93\times 10^{-24}\ mol\cdot L^{-1}$$

S^{2-} 浓度同样满足 H_2S 饱和时的平衡

$$H_2S\rightleftharpoons 2H^+(aq)+S^{2-}(aq)$$
$$0.1\qquad\quad y\qquad\qquad 2.93\times 10^{-24}$$

$$y=c(H^+)=\sqrt{\frac{K_1\cdot K_2\cdot[c(H_2S)/c^{\ominus}]}{c(S^{2-})/c^{\ominus}}}=\sqrt{\frac{1.3\times 10^{-13}\times 7.1\times 10^{-13}\times 0.1}{2.93\times 10^{-24}}}=5.61\ mol\cdot L^{-1}$$

$$pH=-0.75$$

【例 6-6】 如何利用生成难溶氢氧化物的方法，将溶液中浓度均为 $0.1\ mol\cdot L^{-1}$ 的 Fe^{3+} 和 Mg^{2+} 分离开。

解： 查得 $K_{sp}^{\ominus}[Mg(OH)_2]=5.61\times 10^{-12}$；$K_{sp}^{\ominus}[Fe(OH)_3]=2.64\times 10^{-39}$

(1)分别计算使 Mg^{2+}、Fe^{3+} 开始沉淀时所需的最低 OH^- 浓度。

对于 Mg^{2+}：

$$K_{sp}^{\ominus}[Mg(OH)_2]=[c(Mg^{2+})/c^{\ominus}]\cdot[c(OH^-)/c^{\ominus}]^2$$

$$c(OH^-)=\sqrt{\frac{K_{sp}^{\ominus}}{c(Mg^{2+})/c^{\ominus}}}\cdot c^{\ominus}=\sqrt{\frac{5.61\times 10^{-12}}{0.1}}=7.49\times 10^{-6}\ mol\cdot L^{-1}$$

对于 Fe^{3+}：$K_{sp}^{\ominus}[Fe(OH)_3]=[c(Fe^{3+})/c^{\ominus}]\cdot[c(OH^-)/c^{\ominus}]^3$

$$c(OH^-)=\sqrt[3]{\frac{K_{sp}^{\ominus}}{c(Fe^{3+})/c^{\ominus}}}\cdot c^{\ominus}=\sqrt[3]{\frac{2.64\times 10^{-39}}{0.1}}=2.98\times 10^{-13}\ mol\cdot L^{-1}$$

逐渐加碱，Fe^{3+} 先沉淀，Mg^{2+} 后沉淀，当 Mg^{2+} 即将开始沉淀时：

$$c(Fe^{3+})=\frac{K_{sp}^{\ominus}}{[c(OH^-)/c^{\ominus}]^3}\cdot c^{\ominus}=\frac{2.64\times 10^{-39}}{(7.49\times 10^{-6})^3}=6.28\times 10^{-24}\ mol\cdot L^{-1}$$

可见，Fe^{3+} 沉淀极其完全，而 Mg^{2+} 仍然全部留在溶液中。用控制 pH 值的方法可以使这两种离子分离开。

(2)计算 Fe^{3+} 沉淀完全时，溶液的 pH 值。

因为 $c(Fe^{3+})\leqslant 1.0\times 10^{-5}\ mol\cdot L^{-1}$ 即可认为 Fe^{3+} 已沉淀完全，所以此时

$$c(OH^-)=\sqrt[3]{\frac{K_{sp}^{\ominus}}{c(Fe^{3+})/c^{\ominus}}}\cdot c^{\ominus}=\sqrt[3]{\frac{2.64\times 10^{-39}}{1.0\times 10^{-5}}}=6.42\times 10^{-12}$$

$$pH = 14 - pOH = 14 + lg(6.42 \times 10^{-12}) = 2.81$$

（3）计算 Mg^{2+} 不能生成 $Mg(OH)_2$ 沉淀时溶液的最高 pH 值。

Mg^{2+} 开始沉淀时：

$$c(OH^-) = 7.49 \times 10^{-6}$$

$$pH = 14 - pOH = 14 + lg(7.49 \times 10^{-6}) = 8.87$$

可见，只要控制溶液 2.81＜pH＜8.87，就可以达到使两种离子分开的目的。

6.3 同步练习及答案

6.3.1 同步练习

一、选择题

1. 难溶强电解质 A_2B 在水溶液中达到溶解平衡，设平衡时 $c(A^+) = x$ mol·L^{-1}，$c(B^{2-}) = y$ mol·L^{-1}，则其 $K_{sp}^{\ominus}$ 可表达为（   ）。

    A. $K_{sp}^{\ominus} = x^2 \cdot y$ B. $K_{sp}^{\ominus} = x \cdot y$ C. $K_{sp}^{\ominus} = (2x)^2 \cdot y$ D. $K_{sp}^{\ominus} = x^2 \cdot 1/2y$

2. CaF_2 的饱和溶液浓度为 2.0×10^{-4} mol·L^{-1}，它的 $K_{sp}^{\ominus}$ 为（   ）。

    A. 2.6×10^{-9} B. 4×10^{-8} C. 8×10^{-10} D. 3.2×10^{-11}

3. 某温度下，$K_{sp}^{\ominus}[Mg(OH)_2] = 8.39 \times 10^{-12}$，则 $Mg(OH)_2$ 的溶解度为（   ）mol·L^{-1}。

    A. 2.05×10^{-6} B. 2.03×10^{-4} C. 1.28×10^{-4} D. 2.90×10^{-6}

4. 从原来含有 0.10 mol·L^{-1} Ag^+ 溶液中除去 90% 的 Ag^+，溶液中 $c(CrO_4^{2-})$ 应该是（   ）。[已知 $K_{sp}^{\ominus}(Ag_2CrO_4) = 9.0 \times 10^{-12}$]

    A. 9×10^{-12} B. 9×10^{-11} C. 9×10^{-10} D. 9×10^{-8}

5. $Mg(OH)_2$ 的溶度积是 1.2×10^{-11}（291 K），在该温度下，下列 pH 值中，（   ）是 $Mg(OH)_2$ 饱和溶液的 pH 值。

    A. 10.2   B. 7   C. 5   D. 3.2

6. $Mg(OH)_2$ 在下列四种情况下，其溶解度最大的是（   ）。

    A. 在纯水中

    B. 在 0.1 mol·L^{-1} 的 CH_3COOH 溶液中

    C. 在 0.1 mol·L^{-1} 的 $NH_3 \cdot H_2O$ 溶液中

    D. 在 0.1 mol·L^{-1} 的 $MgCl_2$ 溶液中

7. CaC_2O_4 的 $K_{sp}^{\ominus}$ 为 2.6×10^{-9}，要使 0.020 mol·L^{-1} $CaCl_2$ 溶液生成沉淀，需要的 $C_2O_4^{2-}$ 浓度是（   ）。

    A. 1.3×10^{-7} mol·L^{-1} B. 1.0×10^{-9} mol·L^{-1}

    C. 5.2×10^{-10} mol·L^{-1} D. 2.2×10^{-5} mol·L^{-1}

8. 已知在室温下 $AgCl$ 的 $K_{sp}^{\ominus} = 1.8 \times 10^{-10}$，$Ag_2CrO_4$ 的 $K_{sp}^{\ominus} = 1.1 \times 10^{-12}$，$Mg(OH)_2$ 的 $K_{sp}^{\ominus} = 7.04 \times 10^{-11}$，$Al(OH)_3$ 的 $K_{sp}^{\ominus} = 2.0 \times 10^{-32}$ 那么溶解度最大的是（不考虑水解）（   ）。

A. AgCl   B. Ag_2CrO_4 C. $Mg(OH)_2$ D. $Al(OH)_3$

9. 已知 $K_{sp}^{\ominus}(CaF_2)=1.5\times10^{-10}$，在 1 L 0.250 mol·$L^{-1}$ 的 $Ca(NO_3)_2$ 溶液中能溶解 CaF_2（ ）。

A. 1.0×10^{-5} g   B. 3.8×10^{-4} g   C. 2.0×10^{-5} g   D. 1.0×10^{-4} g

10. 已知 $K_{sp}^{\ominus}(Ag_2SO_4)=1.8\times10^{-5}$，$K_{sp}^{\ominus}(AgCl)=1.8\times10^{-10}$，$K_{sp}^{\ominus}(BaSO_4)=1.8\times10^{-10}$，将等体积的 0.002 mol·$L^{-1}$ Ag_2SO_4 与 2.0×10^{-6} mol·L^{-1} 的 $BaCl_2$ 的溶液混合，将会出现（ ）。

A. $BaSO_4$ 沉淀   B. AgCl 沉淀   C. AgCl 和 $BaSO_4$ 沉淀   D. 无沉淀

11. 下列有关分步沉淀的叙述中正确的是（ ）。

A. 溶度积小者一定先沉淀出来   B. 沉淀时所需沉淀试剂浓度小者先沉淀出来
C. 溶解度小的物质先沉淀出来   D. 被沉淀离子浓度大的先沉淀

12. 欲使 $CaCO_3$ 在水溶液中溶解度增大，可以采用的方法是（ ）。

A. 1.0 mol·L^{-1} Na_2CO_3 B. 加入 2.0 mol·L^{-1} NaOH
C. 0.10 mol·L^{-1} $CaCl_2$ D. 降低溶液的 pH 值

13. 向饱和 AgCl 溶液中加水，下列叙述中正确的是（ ）。

A. AgCl 的溶解度增大，$K_{sp}^{\ominus}$ 不变   B. AgCl 的溶解度、$K_{sp}^{\ominus}$ 均不变
C. AgCl 的 $K_{sp}^{\ominus}$ 增大   D. AgCl 溶解度增大、$K_{sp}^{\ominus}$ 均增大

14. 已知 $K_{sp}^{\ominus}(ZnS)=2\times10^{-2}$，$K_{a1}^{\ominus}(H_2S)=1.3\times10^{-7}$，$K_{a2}^{\ominus}(H_2S)=7.1\times10^{-15}$。在某溶液中 Zn^{2+} 的浓度为 0.10 mol·L^{-1}，通入 H_2S 气体，达到饱和 $c(H_2S)=0.10$ mol·L^{-1}，则 ZnS 开始析出时，溶液的 pH 值为（ ）。

A. 0.51   B. 0.15   C. 0.13   D. 0.45

15. 将等体积的 0.20 mol·L^{-1} 的 $MgCl_2$ 溶液与浓度为 4.0 mol·L^{-1} 的氨水混合，混合后溶液中 $c(Mg^{2+})$ 为混合前浓度的多少倍？｛已知 $K_{sp}^{\ominus}[Mg(OH)_2]=5.1\times10^{-12}$｝（ ）

A. 1.54×10^{-3} B. 9.7×10^{-4} C. 1.54×10^{-4} D. 6.86×10^{-4}

二、填空题

1. $PbSO_4$ 的 $K_{sp}^{\ominus}$ 为 1.8×10^{-8}，在纯水中其溶解度为_____ mol·L^{-1}；在浓度为 1.0×10^{-2} mol·L^{-1} 的 Na_2SO_4 溶液中达到饱和时其溶解度为_____ mol·L^{-1}。

2. 在 AgCl、$CaCO_3$、$Fe(OH)_3$、MgF_2、ZnS 这些物质中，溶解度不随 pH 值变化的是_____。

3. AgCl、AgBr、AgI 在 2.0 mol·L^{-1} $NH_3·H_2O$ 的溶解度由大到小的顺序为_____。

4. (1) Ag^+、Pb^{2+}、Ba^{2+} 混合溶液中，各离子浓度均为 0.10 mol·L^{-1}，往溶液中逐滴加入 K_2CrO_4 试剂，则上面各离子开始沉淀的顺序为_____。

(2) 有 Ni^{2+}、Cd^{2+} 浓度相同的两溶液，分别通入 H_2S 至饱和，_____开始沉淀所需酸度大，而_____开始沉淀所需酸度小。[已知：$K_{sp}^{\ominus}(PbCrO_4)=1.77\times10^{-14}$，$K_{sp}^{\ominus}(BaCrO_4)=1.17\times10^{-10}$，$K_{sp}^{\ominus}(Ag_2CrO_4)=1.12\times10^{-12}$，$K_{sp}^{\ominus}(NiS)=1.07\times10^{-21}$，$K_{sp}^{\ominus}(CdS)=1.4\times10^{-29}$]

5. 由 $Ag_2C_2O_4$ 转化为 $AgBr$ 反应的平衡常数 $K^{\ominus}$ 与 $K_{sp}^{\ominus}(Ag_2C_2O_4)$ 和 $K_{sp}^{\ominus}(AgBr)$ 的关系式为＿＿＿＿＿＿＿＿＿＿＿＿。

6. 同离子效应使难溶电解质的溶解度＿＿＿＿＿＿＿＿＿＿；同离子效应使弱电解质的电离度＿＿＿＿＿＿＿＿＿。

三、计算题

1. 将 50 mL 含 0.95 g $MgCl_2$ 的溶液与等体积的 1.80 mol·L^{-1} 氨水混合。问在所得的溶液中应加入多少克固体 NH_4Cl 才可防止 $Mg(OH)_2$ 沉淀生成？{已知 $K_{sp}^{\ominus}[Mg(OH)_2] = 5.61 \times 10^{-12}$，$K_b^{\ominus}(NH_3·H_2O) = 1.77 \times 10^{-5}$，$M(MgCl_2) = 95$，$M(NH_4Cl) = 53.5$}

2. 在 1.0 mol·L^{-1} $NiSO_4$ 溶液中，Fe^{3+} 浓度为 0.10 mol·L^{-1}，应如何将 Fe^{3+} 除去？{已知 $K_{sp}^{\ominus}[Fe(OH)_3] = 2.64 \times 10^{-39}$，$K_{sp}^{\ominus}[Ni(OH)_2] = 5.47 \times 10^{-16}$}

3. 某工厂废液中含有 Cd^{2+} 和 Al^{3+}，经测定 Cd^{2+} 浓度为 3.0×10^{-2} mol·L^{-1}，Al^{3+} 浓度为 2.0×10^{-2} mol·L^{-1}，若向其中逐渐加入 NaOH(忽略体积变化)将其分离，试计算说明：(1)哪种离子先被沉淀？(2)若分离这两种离子，溶液的 pH 值应控制在什么范围？{已知：$K_{sp}^{\ominus}[Cd(OH)_2] = 5.27 \times 10^{-15}$，$K_{sp}^{\ominus}[Al(OH)_3] = 1.1 \times 10^{-33}$}

6.3.2　同步练习答案

一、选择题

1. A　2. D　3. C　4. D　5. A　6. B　7. A　8. C　9. B　10. C　11. B　12. D　13. B　14. B　15. B

二、填空题

1. 1.3×10^{-4} mol·L^{-1}，2.68 mol·L^{-1}

2. AgCl

3. AgCl，AgBr，AgI

4. (1)Pb^{2+}、Ba^{2+}、Ag^+

(2)Ni^{2+}，Cd^{2+}

5. $K_{sp}^{\ominus}(Ag_2C_2O_4)/[K_{sp}^{\ominus}(AgBr)]^2$

6. 减小，减小

三、计算题

1. **解**：$Mg(OH)_2(s) \rightleftharpoons Mg^{2+}(aq) + 2OH^-(aq)$

$$K_{sp}^{\ominus}[Mg(OH)_2] = [c(Mg^{2+})/c^{\ominus}] \cdot [c(OH^-)/c^{\ominus}]^2$$

混合后，总体积变为 100 mL，则

$$c(Mg^{2+}) = \frac{0.95}{95 \times 0.1} = 0.1 \text{ mol·}L^{-1}$$

$$c(NH_3·H_2O) = \frac{1.8 \times 0.05}{0.1} = 0.9 \text{ mol·}L^{-1}$$

要使 $Mg(OH)_2$ 沉淀生成所需的 $c(OH^-)$ 为：

$$c(OH^-) = \sqrt{\frac{K_{sp}^{\ominus}}{c(Mg^{2+})/c^{\ominus}}} \cdot c^{\ominus} = \sqrt{\frac{5.61 \times 10^{-12}}{0.1}} = 7.49 \times 10^{-6} \text{ mol·}L^{-1}$$

$$NH_3 \cdot H_2O \Longrightarrow NH_4^+ + OH^-$$

$$\frac{[c(NH_4^+)/c^\ominus] \cdot [c(OH^-)/c^\ominus]}{c(NH_3 \cdot H_2O)/c^\ominus} = K_{sp}^\ominus(NH_3 \cdot H_2O) = 1.77 \times 10^{-5}$$

$$c(NH_4^+) = \frac{1.77 \times 10^{-5} \times 0.9}{7.49 \times 10^{-6}} = 2.13 \text{ mol} \cdot L^{-1}$$

为防止 $Mg(OH)_2$ 沉淀生成应加入固体 NH_4Cl 的量为：

$$2.13 \text{ mol} \cdot L^{-1} \times 0.100 \text{ L} \times 53.5 \text{ g} \cdot \text{mol}^{-1} = 11.4 \text{ g}$$

2. **解**：因为 $K_{sp}^\ominus[Fe(OH)_3] = 2.64 \times 10^{-39}$，$K_{sp}^\ominus[Ni(OH)_2] = 5.47 \times 10^{-16}$，相差较大，可以用控制 pH 值的方法除去 Fe^{3+}。

计算 Fe^{3+} 完全沉淀（$<10^{-5}$ mol $\cdot L^{-1}$）的 pH 值。

$$Fe^{3+}(aq) + 3OH^-(aq) = Fe(OH)_3(s)$$
$$10^{-5} \qquad x$$
$$[c(Fe^{3+})/c^\ominus] \cdot [c(OH^-)/c^\ominus]^3 = K_{sp}^\ominus[Fe(OH)_3]$$
$$10^{-5} x^3 = 2.64 \times 10^{-39}$$
$$x = c(OH^-) = 2.98 \times 10^{-11} \text{ mol} \cdot L^{-1}$$
$$pOH = 10.53; \quad pH = 3.47$$

即 $pH > 3.47$ 时 Fe^{3+} 就可以完全沉淀。

再计算 Ni^{2+} 开始沉淀时的 pH 值，当 $[c(Ni^{2+})/c^\ominus] \cdot [c(OH^-)/c^\ominus]^2 = K_{sp}^\ominus[Ni(OH)_2]$ 时 Ni^{2+} 开始沉淀，所以

$$c(OH^-) = \sqrt{\frac{K_{sp}^\ominus}{c(Ni^{2+})/c^\ominus}} \cdot c^\ominus = \sqrt{\frac{5.47 \times 10^{-16}}{1.0}} = 2.34 \times 10^{-8} \text{ mol} \cdot L^{-1}$$
$$pOH = 7.63; \quad pH = 6.37$$

因此，将溶液的 pH 值控制在 $3.47 \sim 6.37$ 即可除去 Fe^{3+}。

3. **解**：(1) Cd^{2+} 开始沉淀时需要的 OH^- 浓度

$$c(OH^-) = \sqrt{\frac{K_{sp}^\ominus[Cd(OH)_2]}{c(Cd^{2+})/c^\ominus}} \cdot c^\ominus = \sqrt{\frac{5.27 \times 10^{-15}}{3.0 \times 10^{-2}}} = 4.19 \times 10^{-7} \text{ mol} \cdot L^{-1}$$
$$pOH = 6.38; \quad pH = 7.62$$

Al^{3+} 开始沉淀时需要的 OH^- 浓度

$$c(OH^-) = \sqrt[3]{\frac{K_{sp}^\ominus[Al(OH)_3]}{c(Al^{3+})/c^\ominus}} \cdot c^\ominus = \sqrt[3]{\frac{1.1 \times 10^{-33}}{2.0 \times 10^{-2}}} = 3.80 \times 10^{-11} \text{ mol} \cdot L^{-1}$$
$$pOH = 10.42; \quad pH = 3.58$$

所以，Al^{3+} 先沉淀。

(2) Al^{3+} 完全沉淀时，溶液的 pH 值

$$c(OH^-) = \sqrt[3]{\frac{K_{sp}^\ominus[Al(OH)_3]}{c(Al^{3+})/c^\ominus}} \cdot c^\ominus = \sqrt[3]{\frac{1.1 \times 10^{-33}}{10^{-5}}} = 2.22 \times 10^{-9} \text{ mol} \cdot L^{-1}$$
$$pOH = 8.65; \quad pH = 5.35$$

Cd^{2+} 开始沉淀时的 pH 值：$pH = 7.62$

所以，若分离这两种离子，溶液的 pH 值应控制在 5.35～7.62。

6.4　《普通化学》教材思考题与习题答案

1. 什么叫溶度积常数？溶度积小的物质，其溶解度是否小？试举例说明。

解：溶度积常数是一定温度下，在难溶电解质的饱和溶液中，离子浓度系数次方的乘积。对相同类型的难溶电解质，溶度积小的物质，其溶解度也小；对不同类型的难溶电解质，需要计算其溶解度进行比较。比如 $K_{sp}^{\ominus}(CaF_2)=1.46\times10^{-10}<K_{sp}^{\ominus}(CaCO_3)=4.96\times10^{-9}$，但是 CaF_2 为 AB_2 型，$CaCO_3$ 为 AB 型，计算得 $s(CaF_2)=3.3\times10^{-4}>s(CaCO_3)=7.0\times10^{-5}$。

2. 下列关于 MgF_2 的溶度积 $K_{sp}^{\ominus}$ 与溶解度 s 之间的关系式中哪一个正确？(1) $K_{sp}^{\ominus}=2s$；(2) $K_{sp}^{\ominus}=s^2$；(3) $K_{sp}^{\ominus}=2s^2$；(4) $K_{sp}^{\ominus}=s^3$；(5) $K_{sp}^{\ominus}=4s^3$。

解：MgF_2 是 AB_2 型的难溶电解质，根据 $K_{sp}^{\ominus}(A_nB_m)=n^n\cdot m^m\cdot s^{n+m}$，得准确表达式为：(5) $K_{sp}^{\ominus}=4s^3$。

3. 如何从化学平衡观点来理解溶度积规则？试用溶度积规则解释下列事实。(1) $CaCO_3$ 溶于稀 HCl 溶液中；(2) $Mg(OH)_2$ 溶于 NH_4Cl 溶液中；(3) ZnS 能溶于 HCl 和 H_2SO_4 中，而 CuS 不溶于 HCl 和 H_2SO_4 中，却能溶于 HNO_3 中；(4) $BaSO_4$ 不溶于 HCl 中。

解：根据溶度积规则，$Q<K_{sp}^{\ominus}$，沉淀溶解。

(1) $CaCO_3$ 在水中达到沉淀溶解平衡

$$CaCO_3(s) \Longrightarrow Ca^{2+}+CO_3^{2-}$$
$$+$$
$$2H^+$$
$$\downarrow$$
$$H_2O+CO_2\uparrow$$

在稀 HCl 溶液中，CO_3^{2-} 和 H^+ 生成弱电解质 H_2O 和气体 CO_2，降低了 $Q(CaCO_3)$，所以 $CaCO_3$ 溶于稀 HCl 溶液。

(2) 同理，

$$Mg(OH)_2(s) \Longrightarrow Mg^{2+}+2OH^-$$
$$NH_4Cl \Longrightarrow NH_4^{+}+Cl^-$$
$$NH_4^{+}+H_2O \Longrightarrow NH_3\cdot H_2O+H^+$$
$$H^++OH^- \Longrightarrow H_2O$$

可见，NH_4Cl 水解生成 H^+ 离子和 $Mg(OH)_2$ 溶解的 OH^- 离子反应生成弱电解质 H_2O，降低了 $Q[Mg(OH)_2]$，所以 $Mg(OH)_2$ 溶于 NH_4Cl 溶液。

(3) $K_{sp}^{\ominus}(ZnS)$ 大，在 HCl 和 H_2SO_4 中，可与 H^+ 离子反应生成弱电解质 H_2S，使 $Q(ZnS)<K_{sp}^{\ominus}(ZnS)$，ZnS 沉淀溶解。

$K_{sp}^{\ominus}(CuS)$ 小，在 HCl 和 H_2SO_4 中，可与 H^+ 离子反应生成弱电解质 H_2S，不足以使 $Q(CuS)<K_{sp}^{\ominus}(CuS)$，CuS 不能溶解在 HCl 和 H_2SO_4 中。要使 $Q(CuS)<K_{sp}^{\ominus}(CuS)$，需要

加入氧化性酸 HNO_3 使 S^{2-} 离子转化为其他形式，降低 S^{2-} 离子浓度，才能让 CuS 沉淀溶解。

（4）$BaSO_4$ 到沉淀溶解平衡时，

$$BaSO_4(s) \Longrightarrow Ba^{2+} + SO_4^{2-}$$

加入盐酸是强电解质，与 $BaSO_4$ 溶解生成的 Ba^{2+} 离子和 SO_4^{2-} 离子都是生成强电解质，无法改变 $Q(BaSO_4)$，所以 $BaSO_4$ 不溶于盐酸中。

4. 往草酸（$H_2C_2O_4$）溶液中加入 $CaCl_2$ 溶液，得到 CaC_2O_4 沉淀。将沉淀过滤后，往滤液中加入氨水，又有 CaC_2O_4 沉淀产生。试从离子平衡观点予以说明。

解： $H_2C_2O_4 \Longrightarrow 2H^+(aq) + C_2O_4^{2-}(aq)$，草酸溶液中加入 $CaCl_2$ 溶液后，溶液中 $C_2O_4^{2-}$ 离子与 Ca^{2+} 离子结合生成 CaC_2O_4 沉淀。但由于 $H_2C_2O_4$ 解离不完全，沉淀生成后，溶液中还有较多的 $H_2C_2O_4$ 和少量 $C_2O_4^{2-}$ 离子。将沉淀过滤加入氨水后，$H_2C_2O_4$ 的解离平衡向右移动，产生大量的 $C_2O_4^{2-}$ 离子，离子积又达到了 CaC_2O_4 的溶度积，故又有 CaC_2O_4 沉淀产生。

5. 解释为何在氨水中 AgCl 能溶解，AgBr 仅稍溶解，而在 $Na_2S_2O_3$ 溶液中 AgCl 和 AgBr 均能溶解。

解： 已知 $K_{sp}^{\ominus}(AgBr) < K_{sp}^{\ominus}(AgCl)$，$K_f^{\ominus}[Ag(NH_3)_2]^+ < K_f^{\ominus}[Ag(S_2O_3)_2]^{3-}$。在氨水中，

$$AgCl(s) \Longrightarrow Ag^+(aq) + Cl^-(aq) \quad Ag^+(aq) + 2NH_3(aq) \Longrightarrow [Ag(NH_3)_2]^+(aq)$$

Ag^+ 离子与 NH_3 分子的配位反应可使得 $Q(AgCl) < K_{sp}^{\ominus}(AgCl)$，AgCl 沉淀溶解。由于 $K_{sp}^{\ominus}(AgBr)$ 很小，Ag^+ 离子与 NH_3 分子的配位反应只能使 $Q(AgBr)$ 稍微降低，AgBr 在氨水中仅稍溶解。

在 $Na_2S_2O_3$ 溶液中，

$$Ag^+(aq) + 2S_2O_3^{2-}(aq) \Longrightarrow [Ag(S_2O_3)_2]^{3-}(aq)$$

由于 $K_f^{\ominus}[Ag(S_2O_3)_2]^{3-}$ 很大，无论是 AgCl 还是 AgBr，都能使 $Q < K_{sp}^{\ominus}$，所以在 $Na_2S_2O_3$ 溶液中 AgCl 和 AgBr 均能溶解。

6. 根据 $PbCl_2$ 和 $BaCrO_4$ 的 $K_{sp}^{\ominus}$ 数据，计算它们的溶解度（s）（不考虑阴、阳离子的副反应）。（s 用 $mol \cdot L^{-1}$ 表示）

解： 查表得：$K_{sp}^{\ominus}(PbCl_2) = 1.17 \times 10^{-5}$；$K_{sp}^{\ominus}(BaCrO_4) = 1.17 \times 10^{-10}$

$$s(PbCl_2) = \sqrt[3]{\frac{K_{sp}^{\ominus}}{4}} = \sqrt[3]{\frac{1.17 \times 10^{-5}}{4}} = 1.43 \times 10^{-2} \ mol \cdot L^{-1}$$

$$s(BaCrO_4) = \sqrt{K_{sp}^{\ominus}} = \sqrt{1.17 \times 10^{-10}} = 1.1 \times 10^{-5} \ mol \cdot L^{-1}$$

7. 在 18 ℃时，CaF_2 的溶解度为 $0.055 \ g \cdot L^{-1}$，求此温度下 CaF_2 的溶度积。

解： 稀溶液做近似处理，

$$s(CaF_2) = 0.055/78 = 7.1 \times 10^{-4} \ mol \cdot L^{-1}$$

$$K_{sp}^{\ominus}(CaF_2) = 4s^3 = 4 \times (7.1 \times 10^{-4})^3 = 1.43 \times 10^{-9}$$

8. 根据 PbI_2 的溶度积，计算（在 25 ℃时）：

(1) PbI_2 在水的溶解度（$mol \cdot L^{-1}$）；

(2) PbI_2 饱和溶液中的 Pb^{2+} 和 I^- 离子的浓度；

(3)PbI_2 在 $0.010\ mol \cdot L^{-1}KI$ 溶液中的溶解度；

(4)PbI_2 在 $0.010\ mol \cdot L^{-1}Pb(NO_3)_2$ 溶液中的溶解度。

解： (1)查表得：$K_{sp}^{\ominus}(PbI_2) = 8.49 \times 10^{-9}$

$$PbI_2(s) \Longrightarrow Pb^{2+}(aq) + 2I^-(aq)$$
$$\qquad\qquad s \qquad\qquad 2s$$

$$s(PbI_2) = \sqrt[3]{\frac{K_{sp}^{\ominus}}{4}} = \sqrt[3]{\frac{8.49 \times 10^{-9}}{4}} = 1.29 \times 10^{-3}\ mol \cdot L^{-1}$$

(2)PbI_2 饱和溶液中，

$$c(Pb^{2+}) = s = 1.29 \times 10^{-3}\ mol \cdot L^{-1}$$
$$c(I^-) = 2s = 2.58 \times 10^{-3}\ mol \cdot L^{-1}$$

(3)在 $0.010\ mol \cdot L^{-1}KI$ 溶液中，

$$PbI_2(s) \Longrightarrow Pb^{2+}(aq) + 2I^-(aq)$$
$$\qquad\qquad s \qquad\qquad 2s + 0.01$$

$$K_{sp}^{\ominus}(PbI_2) = [c(Pb^{2+})/c^{\ominus}] \cdot [c(I^-)/c^{\ominus}]^2 = s(2s+0.01)^2 = 8.49 \times 10^{-9}$$

$$2s + 0.01 \approx 0.01\ mol \cdot L^{-1}$$
$$s = 8.49 \times 10^{-5}\ mol \cdot L^{-1}$$

(4)在 $0.010\ mol \cdot L^{-1}Pb(NO_3)_2$ 溶液中，

$$PbI_2(s) \Longrightarrow Pb^{2+}(aq) + 2I^-(aq)$$
$$\qquad\qquad s + 0.01 \qquad\qquad 2s$$

$$K_{sp}^{\ominus}(PbI_2) = [c(Pb^{2+})/c^{\ominus}] \cdot [c(I^-)/c^{\ominus}]^2 = (s+0.01)(2s)^2 = 8.49 \times 10^{-9}$$

$$s + 0.01 \approx 0.01\ mol \cdot L^{-1}$$
$$s = 4.61 \times 10^{-4}\ mol \cdot L^{-1}$$

9. 将浓度为 $4 \times 10^{-3}\ mol \cdot L^{-1}$ 的 $AgNO_3$ 溶液与浓度为 $4 \times 10^{-6}\ mol \cdot L^{-1}$ 的 KI 溶液等体积混合，有无 AgI 沉淀产生？

解： 两种溶液等体积混合，则溶液中的离子浓度

$$c(Ag^+) = \frac{1}{2} \times 4 \times 10^{-3} = 2 \times 10^{-3}\ mol \cdot L^{-1}$$

$$c(I^-) = \frac{1}{2} \times 4 \times 10^{-6} = 2 \times 10^{-6}\ mol \cdot L^{-1}$$

$$Q = [c(Ag^+)/c^{\ominus}] \cdot [c(Cl^-)/c^{\ominus}] = 2 \times 10^{-3} \times 2 \times 10^{-6} = 4 \times 10^{-9} > K_{sp}^{\ominus}(AgI) = 8.51 \times 10^{-17}$$

有 AgI 沉淀产生。

10. 分别向 $5.0\ mL\ 0.02\ mol \cdot L^{-1}$ $CaCl_2$ 溶液和 $5.0\ mL\ 0.02\ mol \cdot L^{-1}$ $BaCl_2$ 溶液中加入 $5.0\ mL\ 0.02\ mol \cdot L^{-1}$ Na_2SO_4 溶液，是否都有沉淀产生？（以计算说明）

解： 向 $5.0\ mL\ 0.02\ mol \cdot L^{-1}$ $CaCl_2$ 溶液加入 $5.0\ mL\ 0.02\ mol \cdot L^{-1}Na_2SO_4$ 溶液

$$c(Ca^{2+}) = c(SO_4^{2-}) = \frac{1}{2} \times 0.02 = 0.01\ mol \cdot L^{-1}$$

$$Q = [c(Ca^{2+})/c^{\ominus}] \cdot [c(SO_4^{2-})/c^{\ominus}] = (0.01)^2 = 1 \times 10^{-4} > K_{sp}^{\ominus}(CaSO_4) = 7.10 \times 10^{-5}$$

所以，有 $CaSO_4$ 沉淀产生。

向 5.0 mL 0.02 mol·L^{-1} $BaCl_2$ 溶液加入 5.0 mL 0.02 mol·L^{-1} Na_2SO_4 溶液

$$c(Ba^{2+})=c(SO_4^{2-})=\frac{1}{2}\times0.02=0.01\ mol\cdot L^{-1}$$

$Q=[c(Ba^{2+})/c^\ominus]\cdot[c(SO_4^{2-})/c^\ominus]=(0.01)^2=1\times10^{-4}>K_{sp}^\ominus(BaSO_4)=1.07\times10^{-10}$

所以，有 $BaSO_4$ 沉淀产生。

11. 工业废水的排放标准规定 Cd^{2+} 降到 0.10 mg·L^{-1} 以下即可排放。若用加消石灰中和沉淀法除 Cd^{2+}，按理论计算，废水溶液中的 pH 值至少应为多少？

解： $K_{sp}^\ominus[Cd(OH)_2]=5.27\times10^{-15}$

$$c(Cd^{2+})=0.10\times10^{-3}/112.4=8.9\times10^{-7}\ mol\cdot L^{-1}$$

$$c(OH^-)=\sqrt{\frac{K_{sp}^\ominus[Cd(OH)_2]}{c(Cd^{2+})/c^\ominus}}\cdot c^\ominus=(5.27\times10^{-15}/8.9\times10^{-7})^{1/2}=7.7\times10^{-5}\ mol\cdot L^{-1}$$

$$pH=14+lg7.7\times10^{-5}=9.89$$

废水溶液中的 pH 值至少不低于 9.89。

12. 将 Cl^- 缓慢加入到 0.20 mol·L^{-1} 的 Pb^{2+} 溶液中，试计算：（1）当 $c(Cl^-)=5.0\times10^{-3}$ mol·L^{-1} 时，是否有沉淀生成？（2）Cl^- 浓度多大时开始生成沉淀？（3）当 $c(Cl^-)=6.0\times10^{-2}$ mol·L^{-1} 时，残留的 Pb^{2+} 的百分数是多少？

解： 查表得：$K_{sp}^\ominus(PbCl_2)=1.17\times10^{-5}$

（1）当 $c(Cl^-)=5.0\times10^{-3}$ mol·L^{-1} 时，

$Q(PbCl_2)=[c(Pb^{2+})/c^\ominus]\cdot[c(Cl^-)/c^\ominus]^2=0.2\times(5.0\times10^{-3})^2=5.0\times10^{-6}<K_{sp}^\ominus(PbCl_2)=1.17\times10^{-5}$

无 $PbCl_2$ 沉淀生成。

（2）$c(Cl^-)=\sqrt{\dfrac{K_{sp}^\ominus}{0.2}}\cdot c^\ominus=\sqrt{\dfrac{1.17\times10^{-5}}{0.2}}=7.65\times10^{-3}$ mol·L^{-1}

Cl^- 离子的浓度为 7.65×10^{-3} mol·L^{-1} 时开始生成沉淀。

（3）当 $c(Cl^-)=6.0\times10^{-2}$ mol·L^{-1} 时，

$c(Pb^{2+})=\dfrac{K_{sp}^\ominus(PbCl_2)}{[c(Cl^-)/c^\ominus]^2}\cdot c^\ominus=1.17\times10^{-5}/(6.0\times10^{-2})^2=3.25\times10^{-3}$ mol·L^{-1}

残留的 Pb^{2+} 百分数 $\dfrac{3.25\times10^{-3}}{0.2}\times100\%=1.63\%$

13. 一溶液中含有 Fe^{3+} 和 Fe^{2+} 离子，它们的浓度都是 0.05 mol·L^{-1}。如果要求 $Fe(OH)_3$ 沉淀完全而 Fe^{2+} 离子不生成 $Fe(OH)_2$ 沉淀，问溶液的 pH 值应如何控制？

解： $Fe(OH)_3$ 沉淀完全时 $c(Fe^{3+})=1.0\times10^{-6}$ mol·L^{-1}，此时溶液的 pH 值

$$c(OH^-)/c^\ominus=\{K_{sp}^\ominus[Fe(OH)_3]/[c(Fe^{3+})/c^\ominus]\}^{1/3}$$
$$=(2.64\times10^{-39}/1.0\times10^{-6})^{1/3}=1.38\times10^{-11}$$
$$pH=3.1$$

不生成 $Fe(OH)_2$ 沉淀时的 pH 值

$c(OH^-)/c^\ominus=\{K_{sp}^\ominus[Fe(OH)_2]/[c(Fe^{2+})/c^\ominus]\}^{1/2}=(4.87\times10^{-17}/0.05)^{1/2}=2.47\times10^{-8}$

$$pH=7.6$$

所以，应控制 pH 值在 3.1～7.6。

14. 在 0.5 mol·L^{-1} MgCl$_2$ 溶液中加入等体积的 0.10 mol·L^{-1} 氨水，若此氨水溶液中同时含有 0.02 mol·L^{-1} NH$_4$Cl，问：(1) Mg(OH)$_2$ 能否沉淀？(2)如有 Mg(OH)$_2$ 沉淀产生，需要在每升这样的氨水中再加入多少克 NH$_4$Cl 才能使 Mg(OH)$_2$ 恰好不沉淀？

解： 两种溶液混合，发生的反应如下：

$$NH_3 \cdot H_2O \rightleftharpoons NH_4{}^+ + OH^- \quad 查表得\ K_b^{\ominus} = \frac{[c(NH_4{}^+)/c^{\ominus}] \cdot [c(OH^-)/c^{\ominus}]}{c(NH_3)/c^{\ominus}} = 1.77 \times 10^{-5}$$

$$Mg^{2+} + 2OH^- \rightleftharpoons Mg(OH)_2(s) \quad 查表得\ K_{sp}^{\ominus} = 5.61 \times 10^{-12}$$

(1)根据题意，溶液中的离子浓度为

$$c(OH^-) = \frac{K_b^{\ominus} \cdot [c(NH_3)/c^{\ominus}]}{c(NH_4{}^+)/c^{\ominus}} \cdot c^{\ominus} = \frac{1.77 \times 10^{-5} \times 0.05}{0.01} = 8.85 \times 10^{-5}\ mol \cdot L^{-1}$$

$$Q = [c(Mg^{2+})/c^{\ominus}] \cdot [c(OH^-)/c^{\ominus}]^2 = 0.25 \times (8.85 \times 10^{-5})^2 = 1.96 \times 10^{-9} > K_{sp}^{\ominus}$$

所以，有 Mg(OH)$_2$ 沉淀产生。

(2)若要不产生 Mg(OH)$_2$ 沉淀

$$c(OH^-) = \sqrt{\frac{K_{sp}^{\ominus}[Mg(OH)_2]}{c(Mg^{2+})/c^{\ominus}}} \cdot c^{\ominus} = \sqrt{\frac{5.61 \times 10^{-12}}{0.25}} = 4.74 \times 10^{-6}\ mol \cdot L^{-1}$$

$$c(OH^-) = \frac{K_b^{\ominus}[c(NH_3)/c^{\ominus}]}{c(NH_4{}^+)/c^{\ominus}} \cdot c^{\ominus} = \frac{1.77 \times 10^{-5} \times 0.05}{c(NH_4{}^+)} = 4.74 \times 10^{-6}\ mol \cdot L^{-1}$$

$$c(NH_4{}^+) = 0.19\ mol \cdot L^{-1} = c(NH_4Cl)$$

需要在每升这样的氨水中再加入 NH$_4$Cl 的质量为

$$m(NH_4Cl) = n \cdot M_r = (0.19 - 0.01) \times 53.5 = 9.63\ g \cdot L^{-1}$$

15. 求 0.01 mol·L^{-1} 的 Pb^{2+} 开始生成 Pb(OH)$_2$ 沉淀时的 pH 值和 Pb^{2+} 沉淀完全时的 pH 值。

解： $K_{sp}^{\ominus}[Pb(OH)_2] = 1.42 \times 10^{-20}$，Pb(OH)$_2$ 开始沉淀的 pH 值为：

$$c(OH^-)_{(开始沉淀)} = \sqrt{\frac{K_{sp}^{\ominus}[Pb(OH)_2]}{c(Pb^{2+})/c^{\ominus}}} \cdot c^{\ominus} = \sqrt{\frac{1.42 \times 10^{-20}}{0.01}} = 1.19 \times 10^{-9}\ mol \cdot L^{-1}$$

$$c(OH^-)_{(开始沉淀)} = 1.19 \times 10^{-9}\ mol \cdot L^{-1}$$

$$pH_{(开始沉淀)} = 14 - pOH = 14 + \lg(1.19 \times 10^{-9}) = 5.08$$

沉淀完全时 Pb^{2+} 离子的浓度假定为 10^{-5} mol·L^{-1}，同样可以得出沉淀完全时的 pH 值：

$$c(OH^-)_{(沉淀完全)} = \sqrt{\frac{K_{sp}^{\ominus}[Pb(OH)_2]}{c(Pb^{2+})/c^{\ominus}}} \cdot c^{\ominus} = \sqrt{\frac{1.42 \times 10^{-20}}{10^{-5}}} = 3.77 \times 10^{-8}\ mol \cdot L^{-1}$$

$$c(OH^-)_{(沉淀完全)} = 3.77 \times 10^{-8}$$

$$pH_{(沉淀完全)} = 14 - pOH = 14 + \lg(3.77 \times 10^{-8}) = 6.58$$

16. 将 0.001 mol SnS 溶于 1.0 L 盐酸中，求所需的盐酸的最低的浓度。[$K_{sp}^{\ominus}(SnS) = 3.25 \times 10^{-28}$]

解： SnS 沉淀溶于盐酸中后，可看作

$$c(\text{Sn}^{2+})=c(\text{H}_2\text{S})=0.001 \text{ mol} \cdot \text{L}^{-1}$$

$$\text{SnS(s)} + 2\text{H}^+(\text{aq}) \Longrightarrow \text{H}_2\text{S}(\text{aq}) + \text{Sn}^{2+}(\text{aq})$$

$$x \qquad\qquad 0.001 \qquad 0.001$$

$$K^{\ominus}=\frac{[c(\text{Sn}^{2+})/c^{\ominus}] \cdot [c(\text{H}_2\text{S})/c^{\ominus}]}{[c(\text{H}^+)/c^{\ominus}]^2}=\frac{[c(\text{Sn}^{2+})/c^{\ominus}] \cdot [c(\text{H}_2\text{S})/c^{\ominus}]}{[c(\text{H}^+)/c^{\ominus}]^2} \cdot \frac{c(\text{S}^{2-})/c^{\ominus}}{c(\text{S}^{2-})/c^{\ominus}}=$$

$$\frac{K^{\ominus}_{\text{sp}}(\text{SnS})}{K^{\ominus}_{\text{H}_2\text{S}}}=\frac{3.25\times10^{-28}}{9.2\times10^{-22}}=3.5\times10^{-7}$$

$$[c(\text{H}^+)/c^{\ominus}]^2=\frac{[c(\text{Sn}^{2+})/c^{\ominus}] \cdot [c(\text{H}_2\text{S})/c^{\ominus}]}{K^{\ominus}}=\frac{0.001\times0.001}{3.5\times10^{-7}}=2.86$$

$$x=c(\text{H}^+)=\sqrt{2.86}=1.69 \text{ mol} \cdot \text{L}^{-1}$$

此浓度为达到平衡时的 H^+ 浓度，还需加上溶解 SnS 时消耗的盐酸浓度，所以需要盐酸的最低的浓度为

$$c(\text{H}^+)=1.69+0.002=1.692 \text{ mol} \cdot \text{L}^{-1}$$

17. 将 AgNO_3 溶液逐滴加到含有 Cl^- 和 CrO_4^{2-} 离子的溶液中，若 $c(\text{CrO}_4^{2-})=c(\text{Cl}^-)=0.10 \text{ mol} \cdot \text{L}^{-1}$，问：(1)AgCl 与 Ag_2CrO_4 哪一种先沉淀？(2)当 Ag_2CrO_4 开始沉淀时，溶液中 Cl^- 离子浓度为多少？(3)在 500 mL 溶液中，尚有 Cl^- 离子多少克？

解：$K^{\ominus}_{\text{sp}}(\text{AgCl})=1.77\times10^{-10}$，$K^{\ominus}_{\text{sp}}(\text{Ag}_2\text{CrO}_4)=1.12\times10^{-12}$

(1)根据溶度积原理，哪一种沉淀所需要的 Ag^+ 浓度低，沉淀先析出。

AgCl 沉淀时所需的 $c(\text{Ag}^+)=1.77\times10^{-10}/0.10=1.77\times10^{-9} \text{ mol} \cdot \text{L}^{-1}$

Ag_2CrO_4 沉淀时所需的 $c(\text{Ag}^+)=\sqrt{\dfrac{1.12\times10^{-12}}{0.1}}=3.35\times10^{-6} \text{ mol} \cdot \text{L}^{-1}$

可见，AgCl 沉淀时所需的 $c(\text{Ag}^+)$ 小，所以 AgCl 先沉淀。

(2)当 Ag_2CrO_4 开始沉淀时，

$$c(\text{Cl}^-)=\frac{K^{\ominus}_{\text{sp}}(\text{AgCl})}{c(\text{Ag}^+)/c^{\ominus}} \cdot c^{\ominus}=\frac{1.77\times10^{-10}}{3.35\times10^{-6}}=5.28\times10^{-5} \text{ mol} \cdot \text{L}^{-1}$$

(3)在 500 mL 溶液中，

$m(\text{Cl}^-)=n \cdot M_r=5.28\times10^{-5}\times0.5\times35.5=9.37\times10^{-4} \text{ g}$

18. 生产易溶锰盐时使用 H_2S 除去溶液中的 Cu^{2+}、Zn^{2+} 和 Fe^{2+} 杂质离子，试通过计算说明，当 MnS 开始沉淀时，溶液中这些杂质离子的浓度（$\text{mol} \cdot \text{L}^{-1}$）各为多少？[假设 $c(\text{Mn}^{2+})_{\text{初始}}=0.01 \text{ mol} \cdot \text{L}^{-1}$]

解：查表得 $K^{\ominus}_{\text{sp}}(\text{MnS})=4.65\times10^{-14}$，$K^{\ominus}_{\text{sp}}(\text{CuS})=1.27\times10^{-36}$，$K^{\ominus}_{\text{sp}}(\text{ZnS})=2.93\times10^{-25}$，$K^{\ominus}_{\text{sp}}(\text{FeS})=1.59\times10^{-19}$，可知当 MnS 开始沉淀时：

$$c(\text{S}^{2-})=\frac{K^{\ominus}_{\text{sp}}(\text{MnS})}{c(\text{Mn}^{2+})/c^{\ominus}} \cdot c^{\ominus}=4.65\times10^{-14}/0.01=4.65\times10^{-12} \text{ mol} \cdot \text{L}^{-1}$$

此时溶液中其他金属离子浓度为

$$c(\text{Cu}^{2+})=\frac{K^{\ominus}_{\text{sp}}(\text{CuS})}{c(\text{S}^{2-})/c^{\ominus}} \cdot c^{\ominus}=1.27\times10^{-36}/4.65\times10^{-12}=2.73\times10^{-25} \text{ mol} \cdot \text{L}^{-1}$$

$$c(Zn^{2+}) = \frac{K_{sp}^{\ominus}(ZnS)}{c(S^{2-})/c^{\ominus}} \cdot c^{\ominus} = 2.93 \times 10^{-25}/4.65 \times 10^{-12} = 6.3 \times 10^{-14} \text{ mol} \cdot L^{-1}$$

$$c(Fe^{2+}) = \frac{K_{sp}^{\ominus}(FeS)}{c(S^{2-})/c^{\ominus}} \cdot c^{\ominus} = 1.59 \times 10^{-19}/4.65 \times 10^{-12} = 3.4 \times 10^{-8} \text{ mol} \cdot L^{-1}$$

19. 0.10 L 浓度为 0.10 mol·L^{-1} Na_2CrO_4 溶液，可以使多少克 $BaCO_3$ 固体转化成 $BaCrO_4$？

解：查表得 $K_{sp}^{\ominus}(BaCO_3) = 2.58 \times 10^{-9}$，$K_{sp}^{\ominus}(BaCrO_4) = 1.17 \times 10^{-10}$

$$BaCO_3(s) + CrO_4^{2-} = BaCrO_4(s) + CO_3^{2-}$$

$$\qquad\qquad 0.10 \qquad\qquad\qquad\qquad 0$$

$$\qquad\qquad 0.10-x \qquad\qquad\qquad\qquad x$$

$$K^{\ominus} = \frac{c(CO_3^{2-})/c^{\ominus}}{c(CrO_4^{2-})/c^{\ominus}} \cdot \frac{c(Ba^{2+})/c^{\ominus}}{c(Ba^{2+})/c^{\ominus}} = \frac{K_{sp}^{\ominus}(BaCO_3)}{K_{sp}^{\ominus}(BaCrO_4)} = \frac{2.58 \times 10^{-9}}{1.17 \times 10^{-10}} = 22.1$$

$$\frac{x}{0.1-x} = 22.1$$

$$x = 0.096 \text{ mol} \cdot L^{-1}$$

达到转化平衡时，0.10 L 溶液中 $c(CO_3^{2-}) = 0.0096$ mol·L^{-1}，是 $BaCO_3$ 溶解得到的，所以转化成 $BaCrO_4$ 的 $BaCO_3$ 质量为：

$$m(BaCO_3) = n \cdot M_r = 0.0096 \times 197 = 1.89 \text{ g}$$

20. 通过计算说明分别用 Na_2CO_3 溶液和 Na_2S 溶液处理 AgI 沉淀，能否实现沉淀的转化？

解：查表得 $K_{sp}^{\ominus}(Ag_2CO_3) = 8.45 \times 10^{-12}$，$K_{sp}^{\ominus}(Ag_2S) = 1.09 \times 10^{-49}$，$K_{sp}^{\ominus}(AgI) = 8.51 \times 10^{-17}$

$$CO_3^{2-} + 2AgI(s) \Longrightarrow Ag_2CO_3(s) + 2I^-$$

$$K_1^{\ominus} = \frac{[c(I^-)/c^{\ominus}]^2}{c(CO_3^{2-})/c^{\ominus}} \cdot \frac{[c(Ag^+)/c^{\ominus}]^2}{[c(Ag^+)/c^{\ominus}]^2} = \frac{[K_{sp}(AgI)]^2}{K_{sp}^{\ominus}(Ag_2CO_3)} = \frac{(8.51 \times 10^{-17})^2}{8.45 \times 10^{-12}} = 8.57 \times 10^{-22}$$

平衡常数很小，可以看出只能有微量的 AgI 转化为 Ag_2CO_3。

$$S^{2-} + 2AgI(s) \Longrightarrow Ag_2S(s) + 2I^-$$

$$K_2^{\ominus} = \frac{[c(I^-)/c^{\ominus}]^2}{c(S^{2-})/c^{\ominus}} \cdot \frac{[c(Ag^+)/c^{\ominus}]^2}{[c(Ag^+)/c^{\ominus}]^2} = \frac{[K_{sp}(AgI)]^2}{K_{sp}^{\ominus}(Ag_2S)} = \frac{(8.51 \times 10^{-17})^2}{1.09 \times 10^{-49}} = 6.64 \times 10^{-16}$$

从平衡常数可以看出 AgI 可以转化为 Ag_2S，且转化可以很完全。

第 7 章
原子结构

7.1 内容提要

7.1.1 微观粒子的运动特性

7.1.1.1 能量的量子化及玻尔理论

①原子核外电子只能在符合玻尔量子化条件的、具有确定半径的圆形轨道上运动，在这些轨道中电子的角动量 L 必须是 $h/2\pi$ 的整数倍，这种轨道称为稳定轨道，电子在稳定的原子轨道上运动时，既不吸收能量也不放出能量。

②原子有很多上述的稳定轨道，电子在不同的稳定轨道上运动时，其能量不同。其中能量最低的定态称为基态，其他的定态称为激发态。

③当电子在不同的原子轨道间跃迁时，就会发生能量的辐射或吸收。

7.1.1.2 波粒二象性

光既有波动性，又具有粒子性，称之为波粒二象性。电子等微观粒子具有与光类似的波粒二象性，且表征粒子性的动量 p 和表征波动性的波长 λ 之间存在如下关系：

$$\lambda = \frac{h}{p} = \frac{h}{mv}$$

7.1.1.3 测不准原理

微观粒子运动瞬间的位置和动量是不能同时准确测定的，位置的测量误差 Δx 和动量的测量误差 Δp 符合以下关系：

$$\Delta x \cdot \Delta p \geqslant h/4\pi$$

7.1.2 核外电子运动状态

7.1.2.1 波函数

根据量子力学的基本理论，奥地利物理学家薛定谔（E. Schrödinger）建立了描述电子运动的波动方程——薛定谔方程，通过求解薛定谔方程，就得到波函数。由于电子具有波的特性，因此，只有符合一定量子数$(n，l，m)$条件的波函数 $\psi_{n,l,m}$ 才能有效地表示电子运动的波动性。为了更形象地、直观地了解电子运动，可以借助数学的方法，将波函数进行变量分离，得到包含径向变量 r 的函数 $R(r)$ 和包含角度变量 θ、φ 的函数 $Y(\theta，\varphi)$ 的乘积形式，即

$$\psi_{n,l,m}(r，\theta，\varphi)=R_{n,l}(r)\cdot Y_{l,m}(\theta，\varphi)$$

7.1.2.2 四个量子数

原子中核外电子的运动状态用波函数 $\psi_{n,l,m}$ 时，一组量子数 n、l、m 决定一个波函数，即决定一个原子轨道，除此之外，电子本身还有自旋运动，因此，要完整确定一个电子的运动状态，需要四个量子数$(n、l、m、m_s)$。其中，n 代表主量子数，是用来描述电子层能量高低及电子离核远近的参数。主量子数 n 取值为正整数，取值越大，表示电子层离核越远，能量越高；取值越小，表示电子层离核越近，能量越低。l 代表角量子数，是用来描述同一个电子层中能量差别很小的亚层的参数。角量子数的取值受主量子数的限制，为 0，1，2，…，$(n-1)$ 的正整数，不能大于$(n-1)$。角量子数体现的是不同形状的原子轨道，此外，角量子数还与主量子数一起决定多电子原子轨道的能量。m 代表磁量子数，是用来描述原子轨道或电子云在空间伸展方向的参数。m 的取值受角量子数 l 的限制，为 0，±1，±2，…，$\pm l$。磁量子数与原子轨道的能量无关。m_s 代表自旋量子数，是用来描述电子自旋方向的，它只有两个可能的取值，即 $m_s=\pm\dfrac{1}{2}$。

7.1.2.3 概率密度和电子云

①概率　电子在某处出现的机会多少。概率跟电子活动的空间（即体积）有关。

②概率密度　是指电子在某一点周围的单位体积中电子出现的概率，用波函数绝对值的平方 $|\psi|^2$ 表示。概率密度$(|\psi|^2)$＝几率/体积。

③电子云　为便于理解，常用小黑点来表示电子在核外空间可能出现的位置，用小黑点的密集程度来表示电子出现的概率密度的大小。在小黑点密集的地方，电子出现的概率密度大，在小黑点稀疏的地方，电子出现的概率密度小。这种用小黑点来形象化的表示电子在原子核外空间概率密度分布的图形，被形象地称为"电子云"。

④电子云径向分布　表示电子在一个以原子核为中心，半径为 r、微单位厚度为 dr 的同心圆薄球壳夹层内出现的概率，即反映了原子核外电子出现的概率与距离 r 的关系。用 $D(r)$ 表示，$D(r)=R_{n,l}^2(r)4\pi r^2$。用 $D(r)$ 对半径 r 作图，就得到了电子云的径向分布图，这种图形反映了电子云随半径 r 的变化。注意：在基态氢原子中，电子出现概率的极大值的位置与概率密度极大值处（原子核附近）不一致。这是因为核附近概率密度虽然很大，但在此处薄球壳夹层体积几乎小得等于零，随着 r 的增大，薄球壳夹层体积越来越大，但概率密度却越来越小，这两个相反因素决定 1s 径向分布函数图在某处出现一个峰值。从量子力学的观点来理解，电子出现概率最大处离核的距离就是玻尔半径。

⑤电子云角度分布　表示电子在一个以原子核为中心的空间，电子出现的概率与角度的关系。

7.1.3 多电子原子的结构

7.1.3.1 屏蔽效应和钻穿效应

①屏蔽效应 对于多电子原子来讲，电子除了受到原子核的吸引力以外，外部电子还要受到内部电子向外的排斥力，这种外层电子对内层电子排斥作用称为屏蔽效应。屏蔽效应使得轨道的能量升高。

②钻穿效应 由于电子的钻穿而使能量发生变化的现象，称为钻穿效应。钻穿效应使得轨道的能量降低。

7.1.3.2 原子轨道近似能级图

原子轨道近似能级图：美国著名化学家鲍林根据大量光谱实验数据和理论计算结果得到的多电子原子的轨道近似能级图。图中按照 ns、$(n-2)f$、$(n-1)d$、np 的排列顺序，将能级相近的轨道分为七个能级组。鲍林的原子轨道能级图形象地说明了多电子原子体系中原子轨道能量的高低，指明了多电子原子体系中电子的填充顺序。但实际上多电子原子的原子轨道能量要比鲍林的原子轨道能级图复杂得多。

7.1.4 核外电子排布

多电子原子基态核外电子排布遵循三个原则：能量最低原理、泡利不相容原理和洪特规则。

7.1.4.1 能量最低原理

电子在原子轨道上的排布，总是尽量使整个原子的能量处于最低状态。依照这条原理，电子按照近似能级图中由低到高的顺序填充各轨道。

7.1.4.2 泡利不相容原理

在同一个原子中不能有四个量子数完全相同的电子存在，或者说，每个原子轨道最多只能容纳两个自旋相反的电子。

7.1.4.3 洪特规则

电子在简并轨道上排布时，将尽可能以自旋相同的方式分占不同轨道。原子核外电子排布式常用光谱符号式表示，光谱符号右上角数字表示轨道中电子的数目，也可只写价电子层的电子组态，内层电子用稀有气体的原子符号代替。例如：Cu(29) $1s^2 2s^2 2p^6 3s^2 3p^6 3d^{10} 4s^1$ 或 [Ar] $3d^{10} 4s^1$。

7.1.5 原子结构与元素周期律

7.1.5.1 原子结构的周期性变化

同周期主族元素从左往右，原子半径逐渐减小，这是因为随着原子序数的增加，有效核电荷增加使半径缩小的趋势超过了同层电子数增加使半径增大的趋势。同族主族元素从上往下，原子半径逐渐增大，这是因为随着原子序数的增加，有效核电荷增加使半径缩小的趋势不如因电子层数增加使原子半径增大的趋势大。同周期的副族元素，从左至右，原子半径也逐渐减小，但变化幅度比主族元素小，这是因为新增加的电子依次填入原子次外层或次次外层而使得屏蔽效应增大的结果。同一副族元素中，第ⅢB族之后的各副族元素，第五周期和第六周期的同族元素之间半径十分接近，这是由于"镧系收缩"引起的。所谓"镧系收缩"是指元素周期表中镧所在的位置包含了镧系的 15 个元素，虽然镧系相邻元素之间原子半径相差很小，但是这 15 个元素的原子半径收缩的总和却是明显的，因而导致第五周期和第六周期镧后面同族元素之间半径十分接近。

7.1.5.2　原子性质的周期性变化

同周期主族元素从左往右，第一电离能逐渐增大；同族主族元素从上往下，第一电离能逐渐减小；同周期主族元素从左往右，电子亲和能负值增加；同族主族元素从上往下，电子亲和能负值减小。同周期主族元素从左往右，电负性越大；同族主族元素从上往下，电负性越小。

7.2　典型例题解析

【例 7-1】下列各组量子数(n，l，m，m_s)合理的是(　　)。

A. 3，2，+1，1　　　　　　B. 2，0，−1，$+\frac{1}{2}$

C. 2，1，0，0　　　　　　D. 2，1，0，$-\frac{1}{2}$

解：m_s 的取值只有 $+\frac{1}{2}$ 和 $-\frac{1}{2}$，所以 A、C 不正确；l 为 0 时，m 不能取 −1，所以 B 不正确；因此，只有答案 D 正确。

【例 7-2】基态氧原子中两个未成对电子运动状态的量子数，表示正确的是(　　)。

A. 2，0，0，$+\frac{1}{2}$；2，0，0，$-\frac{1}{2}$　　B. 2，1，1，$+\frac{1}{2}$；2，1，1，$-\frac{1}{2}$

C. 2，2，0，$+\frac{1}{2}$；2，1，0，$+\frac{1}{2}$　　D. 2，1，0，$+\frac{1}{2}$；2，1，−1，$+\frac{1}{2}$

解：基态 O 原子核外电子排布式为：$1s^2 2s^2 2p^4$，其最外层轨道上电子排布式为 $\underset{2s}{\uparrow\downarrow}\ \underset{2p}{\uparrow\downarrow\ \uparrow\ \uparrow}$，两个未成对电子分布在 2p 轨道上，且自旋方向相同。因此，答案 D 正确。

【例 7-3】H 原子中轨道能量高低顺序正确的是(　　)。

A. 2s = 2p = 3p = 3d　　　　　B. 1s < 2s = 2p < 3p = 3d

C. 2s < 2p < 3d < 4s　　　　　D. 2s < 2p < 4s < 3d

解：H 原子为单电子原子，轨道能级只由主量子数 n 决定。n 越大，能量越高；n 相同时，能量相同。所以，答案 B 正确。

【例 7-4】某一多电子原子中具有下列各组量子数的电子，将其按能量由低到高排序。

	n	l	m	m_s
(1)	3	2	1	$+\frac{1}{2}$
(2)	4	3	2	$-\frac{1}{2}$
(3)	2	0	0	$+\frac{1}{2}$
(4)	3	2	0	$+\frac{1}{2}$
(5)	1	0	0	$-\frac{1}{2}$
(6)	3	1	1	$+\frac{1}{2}$

解：多电子原子中电子的能量由主量子数 n 和角量子数 l 来决定，各电子所在的轨道分别为(1)3d，(2)4f，(3)2s，(4)3d，(5)1s，(6)3p。各电子按能量由低高到排序：(5)<(3)<(6)<(1)=(4)<(2)。

【例 7-5】 对下列各组轨道，填充合适的量子数。

(1)$n = ?$　$l = 3$　$m = 2$　$m_s = +\frac{1}{2}$

(2)$n = 2$　$l = ?$　$m = 1$　$m_s = -\frac{1}{2}$

(3)$n = 4$　$l = 0$　$m = ?$　$m_s = +\frac{1}{2}$

(4)$n = 1$　$l = 0$　$m = 0$　$m_s = ?$

解：(1)$n=4$，因为 l 的取值为 1，2，…，$n-1$；

(2)$l=1$，因为 l 的取值为 1，2，…，$n-1$；

(3)$m=0$，因为 m 的取值为 0，…，± 1；

(4)$m_s = +\frac{1}{2}$ 或 $-\frac{1}{2}$，m_s 只有这两个取值，代表自旋方向。

【例 7-6】 写出 Co 原子 3d 和 4s 两个电子层中每个电子的四个量子数。

解：$_{27}$Co $1s^2\,2s^2\,2p^6\,3s^2\,3p^6\,3d^7\,4s^2$

	n	l	m	m_s
	3	2	+2	$+\frac{1}{2}$
	3	2	+1	$+\frac{1}{2}$
	3	2	0	$+\frac{1}{2}$
$3d^7$	3	2	−1	$+\frac{1}{2}$
	3	2	−2	$+\frac{1}{2}$
	3	2	+1	$-\frac{1}{2}$
	3	2	0	$-\frac{1}{2}$
$4s^2$	4	0	0	$+\frac{1}{2}$
	4	0	0	$-\frac{1}{2}$

【例 7-7】如何用"屏蔽效应"和"钻穿效应"解释下列轨道能量的差别?

(1)$E_{1s} < E_{2s} < E_{3s} < E_{4s}$　　　(2)$E_{3s} < E_{3p} < E_{3d}$　　　(3)$E_{4s} < E_{3d}$

解:(1)n 越大,电子离核的距离越远,受其他电子排斥作用越大,即屏蔽效应 σ 越大,有效核电荷 Z^* 越小,根据 $E = -13.6\dfrac{Z^{*2}}{n^2}$,$E$ 越大。

(2)n 相同,l 越小,钻到离核附近的机会越多,即钻穿效应越强,因而避开其他电子的屏蔽的能力越强,受核的吸引作用越强,Z^* 越大,E 越小。

(3)4s 电子的钻穿效应比 3d 强,使得 4s 能量比 3d 低。

【例 7-8】下列元素基态原子的电子排布式是否正确? 若不正确,违背了什么原理? 请写出正确的电子排布式。

(1)Be $1s^2 2p^2$　　　(2)Si $1s^2 2s^2 2p^6 3s^3$　　　(3)C $1s^2 2s^2 2p_x^2 2p_y^2$

解:(1)错误,违背了能量最低原理,正确的排布为:Be $1s^2 2s^2$;

(2)错误,违背了泡利不相容原理,正确的排布为:Si $1s^2 2s^2 2p^6 3s^2$;

(3)错误,违背了洪特规则,正确的排布为:C$1s^2 2s^2 2p_x^2 2p_y^1 2p_z^1$

【例 7-9】用光谱符号写出下列各元素基态原子核外电子排布式,并画出其价电子层结构的轨道表示式。

(1)P　(2)Se　(3)Cu

解:(1)$_{15}$P $1s^2\ 2s^2 2p^6 3s^2\ 3p^3$

$$\underset{3s}{\uparrow\downarrow}\qquad \underset{3p}{\uparrow\ \uparrow\ \uparrow}$$

(2)$_{34}$Se $1s^2\ 2s^2 2p^6 3s^2\ 3p^6 3d^{10}\ 4s^2\ 4p^4$

$$\underset{4s}{\uparrow\downarrow}\qquad \underset{4p}{\uparrow\downarrow\ \uparrow\ \uparrow}$$

(3)$_{29}$Cu $1s^2\ 2s^2 2p^6 3s^2\ 3p^6 3d^{10} 4s^1$

$$\underset{3d}{\uparrow\downarrow\ \uparrow\downarrow\ \uparrow\downarrow\ \uparrow\downarrow\ \uparrow\downarrow}\qquad \underset{4s}{\uparrow}$$

【例 7-10】有第四周期的 A、B、C、D 四种元素,其价电子数依次为 1、2、2、7,其原子序数依 A、B、C、D 依次增大。已知 A 与 B 的次外层电子数为 8,而 C 与 D 为 18。根据原子结构,回答:(1)A~D 各是什么元素?(2)D 与 A 的简单离子是什么?(3)哪一元素的氢氧化物碱性最强?(4)B 与 D 两原子间能形成何种化合物? 写出化学式。

解:A:2,8,8,1　　K

B:2,8,8,2　　Ca

C:2,8,18,2　　Zn

D:2,8,18,7　　Br

(1)A、B、C 为金属元素;

(2)D 与 A 的简单离子是 D^-、A^+;

(3)A 元素的氢氧化物碱性最强;

(4)B 与 D 间能形成离子化合物,化学式为 $CaBr_2$。

【例 7-11】试解释下列事实:(1)从混合物中,分离 V 与 Nb 容易,而分离 Nb 和 Ta 难;

(2)K 的第一电离能小于 Ca，而第二电离能则大于 Ca。

解：(1)V、Nb 半径相差较大，性质差异大，易分离；Nb、Ta 由于镧系收缩而使半径几乎相等，性质相似，不易分离。

(2)基态 K 核外电子排布为[Ar]$4s^1$，外层一个电子，易失去；基态 Ca 核外电子排布为[Ar]$4s^2$，外层两个电子，全充满，稳定，不易失去；所以 I_1(K)< I_1(Ca)。K 失去一个电子后成为 K^+，电子结构为[Ar]，具有稀有气体稳定结构，不易再失去电子，所以第二电离能大于 Ca 的第二电离能。

【例 7-12】第四周期某元素 M，其原子失去 3 个电子，在角量子数为 2 的轨道内的电子恰好半充满，试推断该元素的原子序数，并指出该元素的名称。

解：该元素的原子失去 3 个电子为 M^{3+}，外电子层结构为 $3d^5 4s^0$。则该元素 M 外电子层结构为 $3d^6 4s^2$，其电子结构为 $1s^2 2s^2 2p^6 3s^2 3p^6 3d^6 4s^2$，该元素为 26 号 Fe 元素。

【例 7-13】Al、Si、P、S 四种元素，第一电离能由大到小的顺序是什么？

解：同一周期元素，元素的第一电离能随着原子序数的增大而增大。Al、Si、P、S 属于同一周期且其原子序数依次增大，但由于基态 P 原子核外电子构型为[Ne]$3s^2 3p^3$，p 轨道是半充满的稳定结构；而 S 的电子构型[Ne]$3s^2 3p^4$，失去一个电子后，3p 半充满，其第一电离能小于 P。因此，这四种元素的第一电离能由大到小的顺序是 P、S、Si、Al。

7.3　同步练习及答案

7.3.1　同步练习

一、是非题

1. 最外层电子组态为 ns^1 或 ns^2 的元素，都在 s 区。（　　）

2. 将氢原子的 1s 电子激发到 3s 轨道比激发到 3p 轨道所需的能量少。（　　）

3. 主量子数为 2 时，有 2s、2p 两个轨道。（　　）

4. 原子轨道能量只由主量子数 n 来决定。（　　）

5. 原子轨道的钻穿效应越强，能量越高。（　　）

6. 氢原子的轨道能量高低为 $E_{3d} < E_{4s}$，而钾原子轨道能量的高低 $E_{3d} > E_{4s}$。（　　）

7. 波函数是描述核外电子在空间运动状态的函数式，每个波函数代表电子的一种空间运动状态。（　　）

8. 在讨论原子核外电子运动状态时，涉及到概率密度与概率两个概念，当前者较大时，则后者也较大。（　　）

二、选择题

1. 假定某一电子有下列成套量子数(n，l，m，m_s)，其中不可能存在的是（　　）。

A. 3，2，2，1/2　　　　　　　　　　B. 3，1，−1，1/2

C. 1，0，0，−1/2　　　　　　　　　D. 2，−1，0，1/2

2. 下列说法中，正确的是（　　）。

A. 主量子数为 1 时，有自旋相反的两个轨道

B. 主量子数为 3 时，有 3s、3p、3d 共三个轨道

C. 在任一原子中，2p 能级总是比 2s 能级高，氢原子除外

D. 电子云是电子出现的概率随 r 变化的图像

3. 在多电子原子中，决定电子能量的量子数为（　　　　）。

    A. n　　　　　　　　B. n，l　　　　　　　C. n，l，m　　　　　D. n，l，m，m_s

4. 基态 $_{19}$K 原子最外层电子的四个量子数应是（　　　　）。

    A. 4，1，0，1/2　　B. 4，1，1，1/2　　C. 3，0，0，1/2　　D. 4，0，0，1/2

5. 氢原子的 s 轨道波函数（　　　　）。

    A. 与 θ、φ 无关　　B. 与 θ 有关　　　　C. 与 θ、φ 有关　　D. 与 r 无关

6. 在多电子原子中，具有下列各套量子数的电子中能量最高的是（　　　　）。

    A. 3，2，+1，+1/2　　　　　　　　　B. 2，1，+1，−1/2

    C. 3，1，0，−1/2　　　　　　　　　　D. 3，1，−1，−1/2

7. 基态原子的第五电子层只有 2 个电子，该原子的第四电子层的电子数肯定为（　　　　）。

    A. 8 个　　　　　　B. 18 个　　　　　　C. 8～18 个　　　　　D. 8～32 个

8. 3d 电子的径向分布函数图有（　　　　）。

    A. 1 个峰　　　　　B. 2 个峰　　　　　　C. 3 个峰　　　　　　D. 4 个峰

9. 某元素基态原子失去 3 个电子后，角量子数为 2 的轨道半充满，其原子序数为（　　　　）。

    A. 24　　　　　　　B. 25　　　　　　　　C. 26　　　　　　　　D. 27

10. 4p 亚层中轨道的主量子数为（　　　　），角量子数为（　　　　），该亚层轨道最多可以有（　　　　）种空间取向，最多可容纳（　　　　）个电子。

    A. 3，1，4，6　　　B. 4，1，3，6　　　C. 6，3，1，4　　　D. 4，1，6，3

11. 周期表中最活泼的金属为（　　　　），最活泼的非金属为（　　　　）；原子序数最小的放射性元素为第（　　　　）周期元素，其元素符号为（　　　　）。

    A. K，F，四，Mn　　　　　　　　　　B. Cs，Cl，六，Po

    C. Rb，Cl，六，At　　　　　　　　　D. Fr，F，五，Tc

12. 在各类原子轨道中，（　　　　）轨道的钻穿能力最强，从而使得（　　　　）。

    A. s，本身能量降低，产生能级交错　　　B. s，本身能量升高，产生能级交错

    C. f，本身能量降低，产生能级交错　　　D. f，本身能量升高，产生能级交错

13. 下列电子亚层中，可容纳的电子数最多的是（　　　　）。

    A. $n=1$，$l=0$　　B. $n=2$，$l=1$　　C. $n=4$，$l=3$　　D. $n=5$，$l=2$

14. 下列原子的原子轨道能量与角量子数 l 无关的是（　　　　）。

    A. Na　　　　　　　B. Ne　　　　　　　　C. F　　　　　　　　　D. He$^+$

15. 下列元素原子半径的排列顺序正确的是（　　　　）。

    A. Mg＞B＞Si＞Ar　　　　　　　　　B. Ar＞Mg＞Si＞B

    C. Si＞Mg＞B＞Ar　　　　　　　　　D. B＞Mg＞Ar＞S

三、填充题

1. 基态氢原子中，离核越近，电子出现的_____越大。

2. 最外层电子组态为 $5s^2 5p^4$ 的元素在_____区，是第_____周期_____族元素，原子序数应为_____。

3. 不看周期表，写出下列元素在周期表中的位置。

(1) $Z=47$，属第_____周期_____族元素_____。

(2) 基态原子中有 $3d^6$ 电子的元素属第_____周期_____族。

(3) 基态原子中有两个未成对 3d 电子的元素有_____和_____。

4. 已知某原子中的 5 个电子的各组量子数如下：(1) 3，2，1，$-1/2$；(2) 2，1，1，$-1/2$；(3) 2，1，0，1/2；(4) 2，0，0，$-1/2$；(5) 3，1，1，$-1/2$。

它们的能量由高到低的顺序应为_____。

5. 若将以下基态原子的电子排布写成下列形式，各违背了什么原理？并改正之。
(1) B(5) $1s^2 2s^3$　(2) Be(4) $1s^2 2p^2$　(3) N(7) $1s^2 2s^2 2p_x^2 2p_y^1$

6. 根据现代结构理论，核外电子的运动状态可用_____来描述，它在习惯上被称为_____；$|\psi|^2$ 表示_____，它的形象化表示是_____。

四、简答题

1. 写出原子序数为 24、47 的元素的名称、符号、电子排布式，说明所在的周期和族。

2. 用四个量子数表示基态 P 原子中不成对电子的运动状态。

3. 从 Li 表面释放出一个电子所需的能量是 2.37 eV，如果用氢原子中电子从能级 $n=2$ 跃迁到 $n=1$ 时幅射出来的光照射 Li 时，请计算能否有电子释放出来？若有，电子的最大动能是多少？

4. 已知某元素 A 的各级电离能数据如下：

$I/\text{kJ}\cdot\text{mol}^{-1}$	I^1	I^2	I^3	I^4	I^5	I^6
	578	1 817	2 745	11 578	14 831	18 378

则元素 A 常见价态是多少，并说明理由。

5. 判断半径大小并说明原因。(1) Sr 与 Ba　(2) Ca 与 Sc　(3) Ni 与 Cu　(4) Zr 与 Hf　(5) S^{2-} 与 S　(6) Na^+ 与 Al^{3+}　(7) Sn^{2+} 与 Pb^{2+}　(8) Fe^{2+} 与 Fe^{3+}

7.3.2　同步练习答案

一、是非题

1. ×　2. ×　3. ×　4. ×　5. ×　6. ×　7. √　8. √　9. ×　10. ×

二、选择题

1. D　2. C　3. B　4. D　5. A　6. A　7. C　8. A　9. C　10. B　11. D　12. A　13. C　14. D　15. B

三、填空题

1. 概率密度

2. p，5，ⅥA，52

3. (1) 5，ⅠB Ag　(2) 4，ⅧB　(3) Ti，Ni

4. (1)>(5)>(2)=(3)>(4)

5. (1) 泡利不相容原理，$1s^2 2s^2 2p^1$

(2) 能量最低原理，$1s^2 2s^2$

(3) 洪特规则，$1s^2 2s^2 2p_x^1 2p_y^1 2p_z$

6. 波函数，原子轨道，概率密度，电子云

四、简答题

1. 答：铬元素：$_{24}$Cr：$1s^2 2s^2 2p^6 3s^2 3p^6 3d^5 4s^1$，第四周期，ⅥB 族

银元素：$_{47}$Ag：$1s^2 2s^2 2p^6 3s^2 3p^6 3d^{10} 4s^2 4p^6 4d^{10} 5s^1$，第五周期，ⅠB 族

2. 答：$_{15}$P：$1s^2 2s^2 2p^6 3s^2 3p^3$

3p 轨道中三个电子各占一个轨道，为不成对电子。这三个电子用四个量子数表示为：$n=3$，$l=1$，$m=0$，$m_s=+\dfrac{1}{2}$；$n=3$，$l=1$，$m=1$，$m_s=+\dfrac{1}{2}$；$n=3$，$l=1$，$m=-1$，$m_s=+\dfrac{1}{2}$。

3. 答：氢原子中电子从能级 $n=2$ 跃迁到 $n=1$ 时幅射出来的光能量为：

$$\Delta E = E_2 - E_1 = -13.6 \text{ eV}\left(\frac{1}{2^2} - \frac{1}{1^2}\right) = 10.2 \text{ eV},$$

该能量大于从 Li 表面释放出一个电子所需的能量是 2.37 eV，因此，有电子释放出来，其能量最大为：10.2 eV − 2.37 eV = 8.83 eV。

4. 答：从元素 A 的电离能数据可以看出，该原子电离出前三个电子比较容易，因此最常见的价态为 +3 价。

5. 答：(1)Ba＞Sr，同族元素，Ba 比 Sr 多一层电子；

(2)Ca＞Sc，同周期元素，Sc 核电荷多；

(3)Cu＞Ni，同周期元素，Cu 次次层为 18 电子，屏蔽作用大，有效电荷小，外层电子受引力小；

(4)Zr≈Hf，镧系收缩的结果；

(5)S^{2-}＞S，同一元素，电子数越多，半径越大；

(6)Na^+＞Al^{3+}，同一周期元素，Al^{3+} 正电荷高；

(7)Pb^{2+}＞Sn^{2+}，同一族元素的离子，正电荷数相同，但 Pb^{2+} 比 Sn^{2+} 多一电子层；

(8)Fe^{2+}＞Fe^{3+}，同一元素离子，电子越少，正电荷越高，则半径越小。

7.4　《普通化学》教材思考题与习题答案

1. 电子等微观粒子有别于宏观物体的主要特征是什么？这些特征可由哪些实验事实证明？

答：能量的量子化、波粒二象性，这两种特征可分别用原子发射光谱和电子的衍射实验证明。

2. 描述原子中电子运动状态的四个量子数的物理意义各是什么？

答：主量子数 n 表明了原子轨道离核的远近与原子轨道能量的高低；角量子数 l 表明了原子轨道的形状，同时影响多原子体系原子轨道能量的高低；磁量子数表明原子轨道在空间的伸展方向；自旋量子数描述的是电子的自旋运动状态。

3. 下列说法是否正确？为什么？

(1)主量子数为 1 时，有两个方向相反的轨道；(2)主量子数为 2 时，有 2s、2p 两个轨道；

（3）主量子数为 2 时，有四个轨道，即 2s、2p、2d、2f；（4）因为 H 原子中有 1 个电子，故它只有一个轨道；（5）当主量子数为 2 时，其角量子数只能取一个数，即 $l=1$；（6）任何原子中，电子的能量只与主量子数有关。

答：（1）×，主量子数为 1 时只有一个轨道。

（2）×，主量子数为 2 时，有 2s、2p 共两个轨道。

（3）×，主量子数为 2 时，有 2s、$2p_x$、$2p_y$、$2p_z$ 共四个轨道。

（4）×，有多个轨道，只填充了一个轨道。

（5）×，主量子数为 2 时，角量子数能取 0、1 两个数。

（6）×，只有氢原子和类氢原子，电子的能量只与主量子数有关。

4. 写出与下列量子数相应的各类轨道的符号：（1）$n=2$，$l=1$；（2）$n=3$，$l=2$；（3）$n=4$，$l=0$；（4）$n=4$，$l=3$。

答：（1）2p；（2）3d；（3）4s；（4）4f。

5. 下列各量子数合理的为（　　）。

A. $n=2$，$l=2$，$m=0$，$m_s=+\frac{1}{2}$　　　B. $n=3$，$l=0$，$m=-1$，$m_s=-\frac{1}{2}$

C. $n=4$，$l=4$，$m=0$，$m_s=+\frac{1}{2}$　　　D. $n=3$，$l=2$，$m=2$，$m_s=-\frac{1}{2}$

答：D。

6. 用四个量子数表示基态硫原子中两个不成对电子的运动状态。

答：$n=3$，$l=1$，$m=1$，$m_s=+\frac{1}{2}$；$n=3$，$l=1$，$m=-1$，$m_s=+\frac{1}{2}$。

7. 完成下列表格

价层电子构型	元素所在周期	元素所在族
$2s^2 2p^4$		
$3d^{10}4s^24p^4$		
$4f^{14}5d^16s^2$		
$3d^74s^2$		
$4f^96s^2$		

答：

价层电子构型	元素所在周期	元素所在族
$2s^2 2p^4$	二	ⅥA
$3d^{10}4s^24p^4$	四	ⅥA
$4f^{14}5d^16s^2$	六	ⅢB
$3d^74s^2$	四	Ⅷ
$4f^96s^2$	六	镧系

8. 试从原子结构解释以下各项：

（1）逐级电离能总是 $I_1<I_2<I_3\cdots\cdots$

（2）第二、第三周期的元素由左到右第一电离能逐渐增大并出现两个转折点。

答：（1）对于同一个原子。由于核电荷不变，失去的电子越多，有效核电荷增加得越多，核对外层电子的引力越大，剩下的电子要失去需要的能量就越大。

（2）第二、第三周期的元素由左到右第一电离能逐渐增大并出现两个转折点，即 $I_1(Be) > I_1(B)$、$I_1(Mg) > I_1(Al)$；$I_1(N) > I_1(O)$、$I_1(P) > I_1(S)$，原因是当原子外层电子构型为全充满、半充满或全空时，原子体系的能量越低，体系越稳定，越难失去电子，需要的能量越大，I_1 值越大。

9. 第五副族元素 Nb 和 Ta 具有相近的金属半径，为什么？

答：这是由于镧系收缩造成的。

10. 按照半径大小将下列等电子离子排序，并说明理由。

Na^+，F^-，Al^{3+}，Mg^{2+}，O^{2-}

答：$O^{2-} > F^- > Na^+ > Mg^{2+} > Al^{3+}$，原因是它们核外电子数相同，核电荷越小，核对外层电子的引力越小，半径越大；相反，核电荷越大，核对外层电子的引力越大，半径越小。

11. Fe、Zn、Mn 是人体必需的微量元素，Hg、As、Cd 是对人体有害的元素。写出上述元素原子基态核外电子排布式。

答：略。

12. 依据 Mg 和 Al 第一至第四电离能数据分析它们常见氧化态是多少，并说明原因。已知该两元素 $I_1 \sim I_4$（$kJ \cdot mol^{-1}$）：Mg：738，1 451，7 733，10 540　Al：578，1 817，2 745，11 578

答：Mg 常见氧化态是 +2，由于 Mg 的 I_1、I_2 比较小，失去两个电子较容易，I_3 和 I_4 较大，再失去电子比较难；Al 常见氧化态是 +3，由于 Al 的 I_1、I_2、I_3 比较小，失去三个电子较容易，I_4 较大，再失去电子比较难。

13. 第四周期的某两元素，其原子失去 3 个电子后，在角量子数为 2 的轨道上的电子：(1)恰好填满；(2)恰好半满。试推断对应两元素的原子序数和元素符号。

答：Fe(26) 和 Ga(31)。

14. 写原子序数为 24 的元素的名称、符号及其基态原子的电子排布式，并用四个量子数分别表示每个价电子的运动状态。

答：铬，Cr，$[Ar]3d^5 4s^1$

$n=3$，$l=2$，$m=0$，$m_s = +\dfrac{1}{2}$；

$n=3$，$l=2$，$m=1$，$m_s = +\dfrac{1}{2}$；

$n=3$，$l=2$，$m=-1$，$m_s = +\dfrac{1}{2}$；

$n=3$，$l=2$，$m=2$，$m_s = +\dfrac{1}{2}$；

$n=3$，$l=2$，$m=-2$，$m_s = +\dfrac{1}{2}$；

$n=4$，$l=0$，$m=0$，$m_s = +\dfrac{1}{2}$

第 **8** 章
化学键和分子结构

8.1　内容提要

8.1.1　离子键的形成及特点

8.1.1.1　离子键的形成

(1)离子键的形成过程

当电负性较大的活泼非金属原子(主要是ⅦA族和ⅥA族的O、S)与电负性较小的活泼金属原子(主要是ⅠA族和ⅡA族)和在一定条件下互相接近时,两种原子发生电子转移,形成正、负离子,正、负离子间通过静电作用形成的化学键。

(2)离子键形成的条件

主要是元素的电负性相差较大,一般认为电负性差值大于大于1.7的典型金属和非金属原子间才能形成离子键。但纯粹的离子键是不存在的,CsF也具有8%的共价性。

例如,钠的电负性为0.9,氯的电负性为3.0,$\Delta X = 2.1$,所以,氯化钠是离子键结合的晶体化合物。

8.1.1.2　离子键的特点

(1)离子键的本质

离子键的本质是静电作用力。根据库仑定律,离子间的静电引力:

$$f = \frac{q^+ q^-}{R^2}$$

离子所带电荷越大,离子间距离越小,则离子键越强。离子键的强弱可以用晶格能表示,晶格能越大,离子键越强,离子晶体越稳定。

(2)无方向性

离子所带电荷的分布是球形对称的,在空间各方向的静电效应相同,可以从任何方向吸引带相反电荷的离子。

(3)无饱和性

由于离子键无方向性,只要空间允许,一个离子将尽可能吸引更多的与自己带相反电荷的离子。一个离子的周围可以排列多少个带相反电荷的离子是由正离子和负离子半径的相对大小、电荷多少等因素所决定。

8.1.1.3　离子的特征

离子的特征主要包括离子的电荷、离子的电子构型以及离子的半径。

离子的电荷不同，性质也不同。

离子的电子构型是指影响离子性质的最外层和次外层电子的填充方式。阴离子往往形成最外层为 8 电子的稳定结构；阳离子存在多种电子构型，电子构型不同、性质不同。阳离子存在多种电子构型包括：2 电子型（$1s^2$）、8 电子型（ns^2np^6）、9～17 电子型（$ns^2np^6nd^{1\sim9}$）、18 电子型（$ns^2np^6nd^{10}$）、18＋2 电子型$[(n-1)s^2(n-1)p^6(n-1)d^{10}ns^2]$。不同构型的正离子对一种负离子的结合力的大小有如下规律：8 电子构型的离子＜9～17 电子构型的离子＜18 或 18＋2 电子构型的离子。

离子的半径近似反映离子的相对大小。主族元素，从上到下，相同电荷数的同族元素离子半径变大；从左到右，阳离子的离子半径变小。对于同一元素形成的离子，$r_{(正)} < r_{(原子)} < r_{(负)}$。

8.1.2　共价键的形成及特点

8.1.2.1　共价键的形成

自旋相反的未成对电子相互靠近时互相配对，即发生原子轨道重叠，使核间电子概率密度增大，可形成稳定的共价键。

8.1.2.2　共价键的特点

①共价键的本质　原子的轨道重叠。

重叠的越多，核间电子云密度越大，形成的共价键越稳固。

②饱和性　共价键是由未成对电子的原子轨道重叠形成的，当原子的未成对电子都结合为共价键后，就不能再成键了。换句话说，原子有几个未成对电子，就能形成几个共价键。

③方向性　共价键尽可能沿着原子轨道最大重叠的方向形成，这称为最大重叠原理。由于原子轨道（s 轨道除外）在空间有一定的伸展方向，因此，当两原子相互靠近时，只能在某一方向实现最大重叠，形成稳定的共价键，即共价键具有方向性。

8.1.2.3　共价键的类型

共价键最常见的有 σ 键和 π 键两种类型。

（1）σ 键

当两个原子轨道沿着键轴（成键两原子核连线）相互靠近发生轨道重叠形成的共价键称为 σ 键，俗称"头碰头"重叠。σ 键的特点是重叠程度大，键能大，稳定性高。如果两原子间以共价单键结合，则此键必为 σ 键。

（2）π 键

当两个原子轨道沿着键轴相互靠近发生原子轨道重叠成键时，若通过键轴有一个电子云密度为零的截面，这种共价键称为 π 键，俗称"肩并肩"重叠。π 键的特点是重叠程度较小，键能

低于 σ 键，稳定性较差。一般含有 π 键的物质化学性质活泼，容易参加化学反应。π 键不能单独存在，只能和 σ 键一起存在。

8.1.2.4 键参数

键长、键角、键能、键的极性等表征共价键性质的物理量称为键参数。键参数可以定性或半定量地解释分子的某些性质。

(1)键能

在标准态、298 K 下，将 1 mol 基态理想气体分子 AB 中的化学键拆开，成为理想气态 A、B 原子时所需的能量叫作 AB 分子的键的离解焓。对双原子分子而言，键的离解焓就是键能（E）。对于多原子分子来说，键能和键的离解焓是有区别的。

一般来说，键能有如下规律：单键＜双键＜叁键；原子半径越小，键能越大；键的极性大，键能大；σ 键的键能大于 π 键的键能。

键能越大，相应的共价键越牢固，组成的分子越稳定。

(2)键长(核间距)

分子中两个成键原子的核间距离称为键长(或核间距)。一般地说，两原子间形成的键越短，键越强、越牢固。

(3)键角

分子中键与键之间的夹角称为键角。键角是决定分子空间构型的重要参数。

(4)键的极性

共价键有极性键和非极性共价键之分，通常从成键原子的电负性值就可以大致判断共价键的极性。如果两成键原子的电负性相同，则形成非极性共价键；如果成键的两个原子的电负性不同，但相差不大，则形成极性共价键。成键原子间的电负性差越大，键的极性就越强。

8.1.3 杂化轨道理论

8.1.3.1 杂化轨道理论的基本要点

①杂化是为了增强轨道有效重叠程度，增强成键能力。

②杂化是将能量相近的、不同类型的原子轨道混杂起来组合成新的轨道的过程。

③原子轨道在杂化前后轨道数目不变。

④杂化有利于形成牢固的共价键和稳定的分子。

8.1.3.2 杂化轨道的类型与分子空间构型

①sp 杂化　是指 1 条 ns 与 1 条 np 轨道的杂化，所得 2 条 sp 杂化轨道，夹角 $180°$，分子呈直线形。

②sp^2 杂化　是指 1 条 ns 轨道和 2 条 np 轨道间的杂化，所得 3 条 sp^2 杂化轨道在一个平面上，夹角互为 $120°$，分子呈平面三角形，未参加杂化的 np 轨道与该平面垂直。

③sp^3 杂化　是指 1 条 ns 轨道和 3 条 np 轨道间的杂化，所得 4 条 sp^3 杂化轨道，夹角为 $109°28'$，分子的空间构型为正四面体。

④等性杂化与不等性杂化　上述三种类型的杂化是全部由具有未成对电子的轨道形成的，

因各杂化轨道成分相同，故称为等性杂化。如果有具有孤对电子的原子轨道参与杂化，因杂化后的轨道成分不相同，故称为不等性杂化。不等性杂化分子的空间构型与杂化类型和中心原子形成的 σ 键数目有关。例如，不等性 sp^3 杂化的 NH_3 为三角锥(三个 N—H)、H_2O 为 V 形结构(两个 H—O)。

8.1.4 分子间作用力和氢键

8.1.4.1 分子间作用力

分子间作用力主要包括三种：色散力、取向力和诱导力。在比较分子间作用力的大小时，通常先考虑色散力的大小，再比较取向力的大小，而诱导力通常很弱。

①色散力 瞬间偶极与瞬间偶极之间产生的作用力称为色散力。色散力存在于所有的分子之间。一般分子的变形性越大色散力越大，分子质量越大色散力也越大。

②取向力 永久偶极之间的作用力称为取向力。取向力存在于极性分子与极性分子之间。分子极性越大，取向力越大。

③诱导力 诱导偶极与永久偶极之间的作用力称为诱导力。诱导力存在于极性分子与极性分子之间、极性分子与非极性分子之间。诱导力大小随极性分子偶极矩的增大、被诱导分子变形性的增大而增大。

8.1.4.2 氢键

(1)氢键的形成

当 H 原子与一个电负性较大的 X 原子以共价键结合时，H 原子因为半径小电场强，所以，它可以与另一个电负性很大，含有孤对电子并带有部分负电荷的原子 Y 发生作用，形成氢键。

X—H···Y   (X—H 为强极性键，X 一般为 N、O、F)
  −   +   −

(2)氢键的特点

饱和性：即一个 H 形成一个氢键。

方向性：X—H···Y 尽量在一条直线上，使 X、Y 之间排斥力最小。

(3)氢键的类型

氢键有分子间氢键、分子内氢键两种类型。

(4)氢键对物质性质的影响

分子间氢键使物质的熔点、沸点升高；分子内氢键往往使物质的熔点、沸点降低。

8.2 典型例题解析

【例 8-1】离子键、共价键、金属键、分子间作用力都是微粒间的作用力。下列物质中，只存在一种作用力的是(   )。

A. 干冰   B. NaCl   C. NaOH   D. I_2

解：B。干冰是分子晶体，原子间存在共价键，分子间存在分子间作用力；NaCl 是离子晶体，只存在离子键；NaOH 是离子型化合物，Na^+ 和 HO^- 之间是离子键，O—H 之间存在共价键；I_2 是分子晶体，I 原子间存在共价键，I_2 分子间存在分子间作用力。

【例 8-2】 下列化合物的分子中，中心原子采用不等性 sp^3 杂化轨道成键的是(　　)。

A. BCl_3 　　　　　　B. PH_3 　　　　　　C. $BeCl_2$ 　　　　　　D. $SiCl_4$

解：B。PH_3 分子中 P 采取的是 sp^3 不等性杂化，P 原子中有一个含有孤对电子的轨道参与了杂化。其它的化合物中的中心原子都是只有含一个电子的轨道参与杂化，属于等性杂化。

【例 8-3】 下列分子中，中心原子以 sp 杂化轨道成键的是(　　)。

A. NH_3 　　　　　　B. BF_3 　　　　　　C. $BeCl_2$ 　　　　　　D. H_2O

解：C。NH_3 分子中 N 原子含有三个共价单键和一个孤电子对，中心原子以 sp^3 杂化轨道成键，故 A 错误；BF_3 分子中 B 原子含有三个共价单键，没有孤电子对，中心原子以 sp^2 杂化；H_2O 分子中 O 原子中含有两个共价单键和两个孤电子对，中心原子以 sp^3 不等性杂化。

【例 8-4】 下列物质中，沸点最高的是(　　)。

A. H_2O 　　　　　　B. H_2S 　　　　　　C. H_2Se 　　　　　　D. H_2Te

解：A。H_2O 中存在氢键，沸点比同族的化合物高。

【例 8-5】 下列物质中，熔点高低顺序正确的是(　　)。

① MgO　② NaCl　③ KBr　④ HCl　⑤ H_2O

A. ①②③⑤④　　　B. ①②③④⑤　　　C. ④⑤①②③　　　D. ③②①④⑤

解：A。首先一般情况下离子晶体的熔、沸点高于分子晶体，所以 MgO、NaCl、KBr 的熔、沸点高于 HCl、H_2O。再根据离子晶体熔、沸点的判断方法：离子半径小，带电荷数多，则离子键强，熔、沸点高，所以 MgO＞NaCl＞KBr；对于分子晶体，H_2O 含有氢键，所以 H_2O＞HCl。

【例 8-6】 下列分子的空间构型为平面三角形的是(　　)。

A. CO_2 　　　　　　B. NH_3 　　　　　　C. CH_4 　　　　　　D. BF_3

解：D。CO_2 分子中心原子 C 是 sp 杂化，是直线形结构；NH_3 分子中心原子 N 是 sp^3 不等性杂化，该分子中含有一个孤电子对，所以其空间构型为三角锥；CH_4 分子中心原子 C 是 sp^3 等性杂化，所以其空间构型是正四面体；BF_3 分子中心原子 B 是 sp^2 等性杂化，所以其空间构型是平面三角形。

【例 8-7】 下列物质，中心原子的杂化方式及分子空间构型与 CH_2O(甲醛)相同的是(　　)。

A. H_2S 　　　　　　B. NH_3 　　　　　　C. CH_2Br_2 　　　　　　D. BF_3

解：D。CH_2O(甲醛)中心原子 C 的杂化方式为 sp^2 杂化，分子空间构型为平面正三角形；H_2S 中心原子 S 的杂化方式为 sp^3 杂化，分子空间构型为 V 形(或角形)；NH_3 中心原子 N 的杂化方式为 sp^3 不等性杂化，分子空间构型为三角锥；CH_2Br_2 中心原子 C 的杂化方式为 sp^3 杂化，空间构型为四面体形；BF_3 空间构型为平面三角形，中心原子 B 的杂化方式为 sp^2 杂化。

【例 8-8】 下列对化合物中按照共价键极性大小的顺序排列正确的是(　　)。

A. $CH_4 > NH_3 > H_2O > HF$ 　　　　　　B. $CH_4 < NH_3 < H_2O < HF$

C. $H_2O < HF < CH_4 < NH_3$ 　　　　　　D. $H_2O > HF > NH_3 > CH_4$

解：B。共价键的极性由组成该键的原子的电负性差值决定，差值越大，极性越强。由于 F、O、N、C 电负性逐渐减弱，所以共价键极性是由弱到强的顺序是 $CH_4 <$ $NH_3 <$ $H_2O <$ HF。

【例 8-9】说明下列各组分子之间存在着什么形式的分子间力(取向力、诱导力、色散力、氢键)。(1)I_2 和 H_2O；(2)苯和 CCl_4；(3)HCl 和 H_2O；(4)H_2O 和 NH_3。

解：(1)I_2 和 H_2O 色散力、诱导力；

(2)苯和 CCl_4 色散力；

(3)HCl 和 H_2O 色散力、取向力、诱导力；

(4)H_2O 和 NH_3 色散力、取向力、诱导力、氢键。

【例 8-10】试用分子间力说明下列事实：(1)常温下氟、氯单质是气体，溴是液体，碘是固体；(2)HCl、HBr、HI 的熔、沸点随摩尔质量增大而增大；(3)I_2 易溶于 CCl_4 中。

解：(1)分子结构相似，相对分子质量越大，分子间作用力越大，熔、沸点越高。

(2)分子结构相似，相对分子质量越大，分子间作用力越大，熔、沸点越高。

(3)I_2 和 CCl_4 分子都是非极性分子，根据相似相溶原理，所以 I_2 易溶于 CCl_4。

【例 8-11】什么是离子的极化？离子极化对物质的性质有什么影响？

解：由于正、负离子的相互作用，使离子的电子云发生变化、离子本身发生变形的过程称为离子的极化。离子的极化包括离子的极化力(离子使其他离子变形的能力)和离子的变形性(被极化的程度)两部分内容。离子极化的结果是使离子键向共价键过渡，因此，极化对化合物的一些性质如溶解度、熔点、沸点、颜色、热源稳定性等都会产生一定的影响。一般情况下，离子间相互极化力越强，物质的熔点越低、热稳定性越差、颜色越深。

【例 8-12】用杂化轨道理论，判断下列分子的空间构型(要求写出具体杂化原子中电子在轨道上的排布情况)：PCl_3、$HgCl_2$、BCl_3、H_2S。

解：PCl_3 中心原子 P 价电子构型 $3s^2 3p^3$，采取 sp^3 不等性杂化，分子构型为三角锥。

$HgCl_2$ 中心原子 Hg 价电子构型 $5d^{10} 6s^2$，采取 sp 杂化(一个 s 电子先激发到 p 轨道后再进行杂化)，分子构型为直线形。

BCl_3 中心原子 B 价电子构型 $2s^2 2p^1$，采取 sp^2 杂化(一个 s 电子先激发到 p 轨道后再进行杂化)，分子构型为正三角形。

H_2S 中心原子 S 价电子构型 $3s^2 3p^4$，采取 sp^3 不等性杂化，分子构型为 V 形。

8.3　同步练习及答案

8.3.1　同步练习

一、是非题

1. 离子键同共价键的本质相同。(　　　)

2. NH_3 中的 N 原子以 sp^2 杂化轨道与三个 H 原子结合成分子。(　　　)

3. 一种原子所能形成共价键的数目，等于基态的该种原子中所含的未成对电子数。(　　　)

4. CH_4 为正四面体构型。(　　　)

5. Ca^{2+} 属于 18+2 电子构型。(　　　)

6. Al 的价电子层结构为 $3s^2 3p^1$，不可能以 sp^3 杂化轨道参加成键作用。（ ）

7. 有杂化轨道参与而形成的化学键，都是 σ 键。（ ）

8. BH_3 与 NH_3 分子的空间构型相同。（ ）

二、选择题

1. 极性分子同极性分子之间的分子间作用力是（ ）。
    A. 取向力   B. 诱导力   C. 色散力   D. 以上都有

2. BF_3 中 B 的杂化类型及其空间结构是（ ）。
    A. sp、直线形   B. sp^2、平面三角形
    C. sp^3、正四面体形   D. sp^2、三角锥

3. 下列分子中空间构型为直线形的是（ ）。
    A. CO_2 B. H_2O C. H_2S D. NH_3

4. 水分子可以形成（ ）个氢键。
    A. 1   B. 2   C. 3   D. 0

5. 邻羟基苯甲酸的熔点比间羟基苯甲酸的熔点（ ）。
    A. 高   B. 低   C. 相同   D. 不确定

6. 极性分子同非极性分子之间的范德华力是（ ）。
    A. 色散力   B. 色散力，诱导力
    C. 色散力，诱导力，取向力   D. 取向力

7. 下列电负性高低顺序正确的是（ ）。
    A. F >Cl > Br>I   B. I > Br > Cl > I
    C. C >N >O >F   D. K>Na>Ca>Fe

8. 下列化学键中极性最弱的是（ ）。
    A. H—O   B. Ag—Cl   C. O—O   D. Al—F

9. 下列分子属于极性分子的是（ ）。
    A. $HgCl_2$ B. NH_3 C. CCl_4 D. BCl_3

10. 下列化合物中不存在氢键的是（ ）。
    A. H_2O B. H_2S C. HF   D. HNO_3

11. 下列性质中可以证明某化合物内一定存在离子键的是（ ）。
    A. 晶体可溶于水   B. 熔融状态能导电
    C. 具有较高的熔点   D. 水溶液能导电

12. 有关晶体的下列说法中正确的是（ ）。
    A. 晶体中分子间作用力越大，分子越稳定   B. 原子晶体中共价键越强，熔点越高
    C. 冰融化时水分子中共价键发生断裂   D. 氯化钠熔化时离子键未被破坏

13. 下列过程中，共价键被破坏的是（ ）。
    A. 碘晶体升华   B. 溴蒸气被木炭吸附
    C. 乙醇溶于水   D. 氯化氢气体溶于水

14. 下列各化学键中，极性最小的是（ ）。
    A. F—F   B. H—F   C. C—F   D. Na—F

15. F、N 的氢化物（HF、NH_3）的沸点都比它们同族中其它元素氢化物高得多，这是由

于 HF、NH_3（　　）。

　　A. 分子间色散力最强 　　　　　　　　　　B. 分子间取向力最强

　　C. 分子间存在氢键 　　　　　　　　　　　D. 分子间诱导力强

16. 下列说法正确的是（　　）。

　　A. 离子化合物可能含有共价键 　　　　　　B. 分子晶体中可能含有离子键

　　C. 分子晶体中一定含有共价键 　　　　　　D. 原子晶体一定含有非极性共价键

17. 下列离子属于 18 电子构型的是（　　）。

　　A. Na^+ 　　　　　　　B. Ag^+ 　　　　　　C. Fe^{2+} 　　　　　　D. Fe^{3+}

18. 下列各组离子化合物的晶格能变化顺序中，正确的是（　　）。

　　A. $MgO > CaO > Al_2O_3$ 　　　　　　　　B. $LiF > NaCl > KI$

　　C. $RbBr < CsI < KCl$ 　　　　　　　　　D. $BaS > BaO > BaCl_2$

三、填空题

1. 根据电负性的概念，判断下列化合物：$FeCl_3$、Fe_2O_3、Fe_2S_3、FeF_3 中，键的极性大小顺序为＿＿＿＿＿＿＿＿＿＿＿＿＿ 。

2. 乙炔分子中的碳碳叁键分别是 ＿＿＿＿个＿＿＿＿键；＿＿＿＿个＿＿＿＿键。其中碳采取的杂化形式是＿＿＿＿＿＿＿＿＿＿＿＿ 。

3. ＿＿＿＿＿＿＿是指相互远离的气态正离子与气态负离子结合成 1 mol/L 固体离子晶体时所释放的能量。

4. 离子键的特点＿＿＿＿＿，＿＿＿＿＿＿，＿＿＿＿＿＿ 。

5. 共价键的成键方式有两种：＿＿＿＿＿＿，＿＿＿＿＿＿ 。

6. 键能大小关系：单键＿＿＿＿双键＿＿＿＿叁键。

7. 两条原子轨道沿键轴方向以"头碰头"的方式重叠形成的键称为＿＿＿＿＿＿键，以"肩并肩"的方式重叠形成的键称为＿＿＿＿＿＿键。

8. 冰融化时需克服 H_2O 分子间＿＿＿＿＿＿＿＿＿＿作用力。S 溶于 CS_2 中要靠它们之间的＿＿＿＿＿＿＿＿＿＿作用力。

9. He、Ne、Ar、Kr、Xe 各稀有气体溶于水，其中＿＿＿＿＿＿与水分子间引力最大，原因是其＿＿＿＿＿＿＿＿＿＿＿＿＿＿＿＿＿ 。稀有气体在水中溶解度依＿＿＿＿＿＿顺序升高。

10. CO_2 是非极性分子，SO_2 是＿＿＿＿＿＿＿分子，BF_3 是＿＿＿＿＿＿＿分子，NF_3 是＿＿＿＿＿＿＿分子，CS_2 是＿＿＿＿＿＿＿分子 。

11. 原子晶体的晶格粒子是＿＿＿＿＿＿＿，它们之间靠＿＿＿＿＿＿＿结合在一起，熔点＿＿＿＿＿＿＿，如＿＿＿＿＿＿＿和＿＿＿＿＿＿＿即为原子晶体。

8.3.2　同步练习答案

一、是非题

1. × 　2. × 　3. × 　4. √ 　5. × 　6. × 　7. × 　8. ×

二、选择题

1. D 　2. B 　3. A 　4. B 　5. B 　6. B 　7. A 　8. C 　9. B 　10. B 　11. B 　12. B 　13. D 　14. A 　15. C 　16. A 　17. B 　18. B

三、填空题

1. Fe—F > Fe—O > Fe—Cl > Fe—S

2. 1，σ，2，π，sp^3

3. 晶格能

4. 静电作用力，无方向性，无饱和性

5. σ 键，π 键

6. <，<

7. σ 键，π 键

8. 诱导力、色散力、取向力、氢键，色散力

9. Xe，分子变形性大、与水分子间诱导力强，He < Ne < Ar < Kr < Xe

10. 极性，非极性，极性，非极性

11. 原子，共价键，高，SiO_2，金刚石

8.4 《普通化学》教材思考题与习题答案

1. 共价键和离子键有无本质的区别？两者各有什么特点？

答：两者并无本质的区别，从本质上来讲，两者都是电性作用力，由于离子极化，使离子键逐渐向共价键过渡。共价键既有方向性，也有饱和性；但离子键既无方向性，也无饱和性。

2. 共价键的两种类型 σ 键和 π 键是怎样形成的？各有何持点？

答：原子轨道沿着键轴"头碰头"的重叠形成的共价键叫 σ 键，σ 键重叠程度较大，键能高，稳定性好；并且 σ 键针对键轴呈圆柱形对称，成键的两原子绕着键轴任意相对旋转，σ 键不会被破坏。原子轨道沿着键轴"肩并肩"重叠形成的是 π 键。由于 π 键是原子轨道"肩并肩"重叠形成的，因此，其重叠程度较小，键能低于 σ 键，稳定性较差，含有 π 键的物质化学性质活泼，容易参加化学反应。另外，以 π 键结合的两原子不能沿键轴自由旋转，否则 π 键将被破坏。

3. σ 键可由 s-s、s-p 和 p-p 原子轨道"头碰头"重叠构建而成，试讨论 LiH（气体分子）、HCl、Cl_2 分子里的键分别属于哪一种？

答：LiH 属于 s-s；HCl 属于 s-p；Cl_2 属于 p-p。

4. 说明下列离子属于何种离子类型：Li^+，Be^{2+}，Na^+，Mg^{2+}，Fe^{2+}，Ni^{2+}，Cu^+，Cu^{2+}，Zn^{2+}，Hg^{2+}，Pb^{2+}，Sn^{2+}，Cl^-，O^{2-}。

答：①2 电子型（$1s^2$）：Li^+，Be^{2+}；②8 电子型（ns^2np^6）：Na^+，Mg^{2+}，Cl^-，O^{2-}；③9~17 电子型（$ns^2np^6nd^{1\sim9}$）：Fe^{2+}，Ni^{2+}，Cu^{2+}；④18 电子型（$ns^2np^6nd^{10}$）：Zn^{2+}，Hg^{2+}，Cu^+；⑤18+2 电子型：Pb^{2+}，Sn^{2+}。

5. 什么叫作极性共价键？什么叫作极性分子？键的极性和分子的极性有什么关系？

答：化学键中正负电荷中心不重合的共价键叫作极性共价键，正负电荷中心不重合的分子叫作极性分子。分子的极性是由共价键的极性和分子的空间构型共同决定的。对于双原子分子来说，分子的极性与共价键的极性是一致的，由极性共价键构成的双原子分子，必然是极性分子，由非极性共价键构成的双原子分子必然为非极性分子。对于三个或三个以上的原子构成的

多原子分子，一般由非极性共价键构成的多原子分子是非极性分子，如 P_5、S_8 等，由极性共价键构成的多原子分子，如果分子的空间构型是完全对称的，共价键的极性被抵消，正负电荷中心正好重合，就是非极性分子，如果分子的空间构型不对称，正负电荷中心不重合，就是极性分子。

6. 价层电子对互斥理论是怎样确定中心原子的价层电子对数的？

答： 价层电子对数 $= \dfrac{\text{中心原子价电子数} + \text{配位原子提供的成键电子数} \pm \text{离子电荷数}}{2}$

7. BF_3 和 NF_3 的杂化轨道类型和分子几何构型分别是什么？它们是极性还是非极性分子？

答： BF_3：sp^2 杂化，平面三角形，非极性分子；NF_3：sp^3 不等性杂化，三角锥形，极性分子。

8. 什么叫离子极化？离子极化对物质性质有何影响？

答： 离子是带电的，任何一个离子对另一个离子来说都相当于一个外加电场。当离子相互靠近时，任何一个离子都有使其它离子变形的能力，每个离子也总是会在其它离子的极化力下发生变形，产生诱导偶极，这就叫做离子的极化。

离子极化使物质化学键由离子键向共价键过渡，使晶体结构向配位数减小的方向、由离子型向分子型过渡。离子极化越强，物质的热稳定性越差，物质的熔点、沸点就越低，水解程度越大，颜色越深。

9. 什么是分子间作用力？分子间作用力有何特点？

答： 分子与分子之间由偶极矩产生的作用力叫作分子间作用力，有取向力、诱导力和色散力三种。

分子间作用力的特点：既没有方向性也没有饱和性，比化学键能小得多，是近程力，作用范围很小，只有几个皮米，三种分子间力的存在范围和在分子中的相对大小都是不同的。

10. 氢键是怎样形成的？氢键的形成对物质性质有什么影响？

答： 当 H 原子与一个电负性大的 X 原子以共价键结合后，共价键中的共用电子对强烈地偏向 X 原子，使 H 原子带上了部分正电荷，几乎成为裸露的质子，它可以吸引与其靠近的另一个电负性较大的、带有孤对电子的 Y 原子，H 原子与 Y 原子结合就形成了氢键。

分子间若能生成氢键，物质的熔点、沸点要升高；如果溶质与溶剂分子能够形成分子间氢键，则溶质的溶解度要增大；氢键的形成对物质的粘度、表面张力、比热容等很多性质都有影响。

11. 氟化氢分子之间的氢键键能比水分子之间的键能强，为什么水的熔、沸点反而比氟化氢的熔、沸点低？

答： 因为一个氟化氢分子只能形成一个氢键，但一个水分子能形成两个氢键。

12. 为什么邻羟基苯甲酸的熔点比间羟基苯甲酸或对羟基苯甲酸的熔点低？

答： 邻羟基苯甲酸分子内形成氢键，间羟基苯甲酸和对羟基苯甲酸分子间形成氢键。

13. 氧化物 MgO、CaO、SrO、BaO 均是 NaCl 型离子晶体，根据离子键理论定性比较它们的晶格能大小和熔点的高低。

答： 阴离子相同，阳离子半径从左到右逐渐增大，离子间作用力逐渐减弱，所以从左到右，各离子化合物的晶格能逐渐减小，熔点逐渐降低。

14. 讨论 CO_2、PO_4^{3-}、H_2O、NH_3、CO_3^{2-} 的中心原子的杂化类型。

答：CO_2 为 sp 杂化；PO_4^{3-} 为 sp^3 杂化；H_2O 为 sp^3 杂化；NH_3 为 sp^3 杂化；CO_3^{2-} 为 sp^2 杂化。

15. 利用价层电子对互斥理论判断下列分子或离子的空间几何构型：(1)$BeCl_2$ (2)$SnCl_2$ (3)PH_4^+ (4)SO_3^{2-} (5)AlF_6^{3-} (6)PCl_5 (7)SO_4^{2-} (8)SF_6 (9)PO_4^{3-} (10)O_3

答：(1)$BeCl_2$ 直线形；(2)$SnCl_2$ V 形；(3)PH_4^+ 正四面体形；(4)SO_3^{2-} 三角锥；(5)AlF_6^{3-} 正八面体形；(6)PCl_5 三角双锥；(7)SO_4^{2-} 正四面体形；(8)SF_6 正八面体形；(9)PO_4^{3-} 正四面体形；(10)O_3 V 形。

16. 下列各对原子间分别形成哪种键？（离子键、极性共价键或非极性共价键）

(1)Li, O (2)Br, I (3)Mg, H (4)O, O (5)H, O (6)Si, O (7)N, O (8)Sr, F

答：主要形成离子键的：(1)(3)(8)；主要形成极性共价键的：(2)(5)(6)(7)；主要形成非极性共价键的：(4)。

17. 极性分子-极性分子、极性分子-非极性分子、非极性分子-非极性分子，以上分子间各存在哪几种分子间力？

答：极性分子-极性分子之间存在色散力、诱导力、取向力；极性分子-非极性分子存在色散力、诱导力；非极性分子-非极性分子存在色散力。

18. 判断下列晶体类型，并指出其结合力分别是什么？

(1)NaCl (2)SiC (3)CO_2 (4)Pt

答：(1)NaCl，离子晶体，结合力为离子键；

(2)SiC，原子晶体，结合力为共价键；

(3)CO_2，分子晶体，结合力为分子间力；

(4)Pt，金属晶体，结合力为金属键。

第 9 章
氧化还原反应与原电池

9.1　内容提要

9.1.1　氧化还原

9.1.1.1　氧化数

氧化数和化合价是两个不同的概念。确定氧化数一般有以下规则：

①单质的氧化数为零，如单质 O_2 和 S_8 中 O 原子和 S 原子的氧化数均为零。

②离子型化合物中，元素原子的氧化数等于该元素离子电荷数；共价化合物中，元素原子的氧化数等于该原子形式电荷数。

③在中性化合物中，所有元素的氧化数的代数和等于零。在多原子离子中，所有元素的氧化数的代数和等于该离子的电荷数。

④在化合物中，ⅠA 主族的金属氧化数一般为 $+1$，ⅡA 主族的金属氧化数一般为 $+2$，氟的氧化数为 -1，氢的氧化数一般为 $+1$，氧的氧化数一般为 -2。

⑤特殊　氢在活泼金属的氢化物中氧化数为 -1；氧在过氧化物（如 H_2O_2）中的氧化数为 -1，在超氧化物（如 KO_2）中的氧化数是 $-1/2$，在 OF_2 为 $+2$。

9.1.1.2　氧化还原反应

氧化还原反应：氧化数发生变化的反应，指电子由还原剂向氧化剂转移的反应。

氧化：氧化数升高（失电子）的过程。

还原：氧化数降低（得电子）的过程。

氧化剂：得到电子的物质；氧化数降低；发生还原反应。

还原剂：失去电子的物质；氧化数升高；发生氧化反应。

9.1.1.3　半反应与氧化还原电对

物质的氧化还原反应必然存在电子的得失，因此，氧化剂与还原剂在反应中既相互对立，也相互依存。任何一个氧化还原反应都可以看成"得"与"失"的两个半反应之和。每个半反应对应一个氧化还原电对（氧化态/还原态）。

9.1.2　氧化数及离子电子法配平氧化还原反应式

9.1.2.1　氧化数法

配平原则：氧化数降低总和等于氧化数升高总和。

配平步骤：

①正确书写反应物和生成物的分子式或离子式，标出氧化数的变化。

②找出还原剂分子中所有原子的氧化数的总升高值和氧化剂分子中所有原子的氧化数总降低值。

③根据②中两个数值，找出它们的最小公倍数 进而求出氧化剂、还原剂分子前面的系数。

④用物质不灭定律来检查在反应中不发生氧化数变化分子数目，以达到方程式两边所有原子相等。

9.1.2.2　离子-电子法

在有些反应中，元素的氧化数难以确定，采用氧化数法配平比较困难，故采用离子-电子法配平。方法：将反应改写为半反应，先将半反应配平，然后加合，消去电子。

9.1.3　原电池和电极电势

氧化还原反应的本质是伴随有电子的转移。一个氧化还原反应有氧化剂和还原剂，有时还要有介质。将氧化还原反应设计在一个装置内进行，可实现化学能向电能的转化。

9.1.3.1　原电池与电极

（1）原电池

将氧化还原反应的化学能转化为电能的装置称为原电池。

原电池可用符号来表示，如 Cu - Zn 原电池可表示为

$$(-)Zn \mid Zn^{2+}(1\ mol \cdot L^{-1}) \parallel Cu^{2+}(1\ mol \cdot L^{-1}) \mid Cu(+)$$

习惯上把负极写在左边，正极写在右边，以"$\mid$"表示界面，以"$\parallel$"表示盐桥。从原则上讲，凡是能自发进行的氧化还原反应都可以用来组成原电池产生电流。

（2）电极

任何一个原电池都是由两个电极构成的。归纳起来构成原电池的电极有四类：

①金属-金属离子电极　$M(s) \mid M^{n+}$ 将金属插入含有相同金属离子的盐溶液中。

②气体-离子电极　氢电极、氯电极。固体导体插入相应离子溶液中，并通气体。

③金属-金属难溶盐或氧化物-阴离子电极。

④氧化还原电极　以 Pt 或石墨放在一溶液中，该溶液中含有同一元素的不同氧化数的两种离子。

9.1.3.2　电极电势

用金属与其盐溶液共存，固液界面上金属离子溢出，有进入溶液而将电子留在金属上的趋向，当两种方向相反的过程进行的速率相等时，即达到动态平衡，就在固液界面形成了分别由

带正电的金属离子和带负电的电子所构成的双电层，这种双电层产生了电极电势。

9.1.3.3　标准电极电势

标准氢电极与其它各种标准状态下的电极组成原电池，用实验的方法测得这个原电池的标准电动势 $E^{\ominus}$，就是该电极的标准电极电势。它是指组成电极的各物质均处于热力学标准状态时的电极电势。

9.1.3.4　标准电池电动势

$$E^{\ominus} = \varphi^{\ominus}(+) - \varphi^{\ominus}(-)$$

9.1.3.5　电池电动势与吉布斯自由能变的关系

$$\Delta_r G_m^{\ominus} = -nFE^{\ominus} \qquad \Delta_r G_m = -nFE$$

9.1.4　影响电极电势的因素

9.1.4.1　能斯特方程

常见的氧化还原反应，是在 298 K、非标态下进行的。对于任意氧化还原反应，能斯特方程为

$$E = E^{\ominus} - \frac{0.059\,2}{n} \lg Q \quad (Q \text{ 为反应商})$$

对于电极反应，方程式表达为

$$a(\text{氧化态}) + ne^- = b(\text{还原态})$$

能斯特方程为

$$\varphi = \varphi^{\ominus} + \frac{0.059\,2}{n} \lg \frac{[c(\text{氧化态})/c^{\ominus}]^a}{[c(\text{还原态})/c^{\ominus}]^b}$$

9.1.4.2　电极电势的影响因素

①离子浓度改变对电极电势的影响。
②酸度对电极电势的影响。
③沉淀的生成对电极电势的影响。
④金属离子配合物的生成对电极电势的影响。

9.1.5　电极电势的应用

①判断氧化剂和还原剂的强弱　$\varphi^{\ominus}$ 越大，电对中氧化态氧化能力越强；$\varphi^{\ominus}$ 越小，电对中还原态还原性越强。

②判断氧化还原反应进行的方向　$\varphi^{\ominus}(+) > \varphi^{\ominus}(-)$ 正向进行；$\varphi^{\ominus}(+) < \varphi^{\ominus}(-)$ 逆向进行。

③选择合适的氧化剂和还原剂　选氧化剂，选择 $\varphi^{\ominus}$ 大的电对中的氧化态物质；选还原剂，选择 $\varphi^{\ominus}$ 小的电对中的还原态物质。

④判断氧化还原反应的进行程度   25 ℃时，$K^{\ominus}$ 与 $E^{\ominus}$ 关系为 $\lg K^{\ominus} = \dfrac{nE^{\ominus}}{0.0592V}$，$E^{\ominus}$ 越大，$K^{\ominus}$ 越大，反应就越安全。

9.1.6 元素的标准电极电势图及其应用

大多数非金属元素和过渡金属元素可以存在多种氧化态，各氧化态之间都有相应的标准电极电势。将它们的电极电势以图解的方式表示叫作元素的标准电势图。按氧化态从高到低，以从左到右的顺序排列，在横线上标出标准电极电势。

根据溶液的 pH 值不同，元素标准电势图分为两类：酸性和碱性。

元素电势图有着重要的应用：

①利用元素的电势图求算某电对未知的标准电极电势   已知两个或两个以上的相邻电对的标准电极电势，可求出另一个电对的未知 $\varphi^{\ominus}$。

对于反应

$$
\begin{array}{c}
\overset{\displaystyle n\varphi_2^{\ominus}}{\boxed{}} \\
A \xrightarrow[\,(n_1)\,]{\varphi_1^{\ominus}} B \xrightarrow[\,(n_2)\,]{\varphi_2^{\ominus}} C \xrightarrow[\,(n_3)\,]{\varphi_3^{\ominus}} D
\end{array}
$$

根据盖斯定律，可以推导如下公式

$$ n = n_1 + n_2 + n_3 $$

$$ \varphi^{\ominus} = \frac{n_1\varphi_1^{\ominus} + n_2\varphi_2^{\ominus} + n_3\varphi_3^{\ominus}}{n_1 + n_2 + n_3} $$

②判断能否发生歧化反应   在标准电极电势图 $A \xrightarrow{\varphi^{\ominus}(左)} B \xrightarrow{\varphi^{\ominus}(右)} C$ 中，若 $\varphi^{\ominus}$(右)$>\varphi^{\ominus}$(左)，B 歧化生成 A 和 C；若 $\varphi^{\ominus}$(右)$<\varphi^{\ominus}$(左)，则 A 和 C 反应生成 B。

9.2 典型例题解析

【例 9-1】 根据反应 $Sn^{4+} + Zn \Longrightarrow Sn^{2+} + Zn^{2+}$ 装配成原电池，其电池符号为(   )。

A. $(-)Zn \mid Zn^{2+}(aq1) \parallel Sn^{4+}(aq2) \mid Sn^{2+}(aq3)(+)$

B. $(-)Zn \mid Zn^{2+}(aq1) \parallel Sn^{4+}(aq2) \mid Sn^{2+}(aq3) \mid Pt(+)$

C. $(-)(Pt)Zn \mid Zn^{2+}(aq1) \parallel Sn^{4+}(aq2), Sn^{2+}(aq3) \mid Pt(+)$

D. $(-)Zn \mid Zn^{2+}(aq1) \parallel Sn^{4+}(aq2), Sn^{2+}(aq3) \mid Pt(+)$

解： D。根据反应式，可知 Zn 被氧化，Sn^{4+} 被还原，故 $Zn \mid Zn^{2+}$ 为原电池负极；由于 Sn^{4+} 和 Sn^{2+} 都是离子，因此须外加一惰性电极，电极 $Pt \mid Sn^{4+}$，Sn^{2+} 作为原电池正极。由于 Zn 本身是导体，故 Zn 电极不需附加惰性电极。

【例 9-2】 根据反应 $2S_2O_3^{2-} + I_2 \Longrightarrow S_4O_6^{2-} + 2I^{-}$ 构成原电池，测得该电池 $E^{\ominus} = 0.455\ V$，已知 $\varphi^{\ominus}(I_2/I^{-}) = 0.535\ V$，则 $\varphi^{\ominus}(S_4O_6^{2-}/S_2O_3^{2-}) = ($ $)V$。

A. -0.080 B. 0.990 C. 0.080 D. -0.990

解：C。根据电池反应，$S_2O_3^{2-}$ 是还原剂，I_2 是氧化剂，故 $E^{\ominus}=\varphi^{\ominus}(I_2/I^-)-\varphi^{\ominus}(S_4O_6^{2-}/S_2O_3^{2-})$，即 $0.455=0.535-\varphi^{\ominus}(S_4O_6^{2-}/S_2O_3^{2-})$，所以 $\varphi^{\ominus}(S_4O_6^{2-}/S_2O_3^{2-})=0.080$ V。

【例 9-3】 下列各电对中，电极电势代数值最大的是(　　)。

A. $\varphi^{\ominus}(Ag^+/Ag)$ 　　　　　　　　B. $\varphi^{\ominus}(AgI/Ag)$

C. $\varphi^{\ominus}[Ag(CN)_2^-/Ag]$ 　　　　　　D. $\varphi^{\ominus}[Ag(NH_3)_2^+/Ag]$

解：A。对电极反应 $AgI(s)+e^-=Ag+I^-$，$[Ag(CN)_2]^-+e^-=Ag+2CN^-$ 及 $[Ag(NH_3)_2]^++e^-=Ag+2NH_3$，虽然标准态时 I^-、$[Ag(CN)_2]^-$、CN^-、$[Ag(NH_3)_2]^+$ 和 NH_3 的浓度都是 $1\ mol \cdot L^{-1}$，但对这三个电极反应而言，由于 Ag^+ 形成了沉淀或配合物，游离 Ag^+ 浓度远小于 $1\ mol \cdot L^{-1}$。根据电极电势的能斯特方程式，氧化态离子(即 Ag^+)浓度减小，其电极电势减小，故 $\varphi^{\ominus}(AgI/Ag)$、$\varphi^{\ominus}[Ag(CN)_2^-/Ag]$、$\varphi^{\ominus}[Ag(NH_3)_2^+/Ag]$ 均小于 $\varphi^{\ominus}(Ag^+/Ag)$，故选 A。

【例 9-4】 已知 $Fe^{3+}+e^-\longrightarrow Fe^{2+}$，$\varphi^{\ominus}=0.771$ V；$Fe^{2+}+2e^-\longrightarrow Fe$，$\varphi^{\ominus}=-0.447$ V，则反应 $Fe^{3+}+3e^-\longrightarrow Fe$ 的 $\varphi^{\ominus}$ 为(　　)V。

A. -0.041 　　　B. 0.324 　　　C. 0.041 　　　D. -0.123

解：A。

根据 $Fe^{3+}\xrightarrow{\varphi_1^{\ominus}}Fe^{2+}\xrightarrow{\varphi_2^{\ominus}}Fe$

得 $\qquad \varphi_3^{\ominus}=\dfrac{\varphi_1^{\ominus}+2\varphi_2^{\ominus}}{3}=\dfrac{0.771+2(-0.447)}{3}=-0.041$ V

【例 9-5】 对于电池反应 $Cu^{2+}+Zn\rightleftharpoons Zn^{2+}+Cu$，欲使其电动势增大，可采取的措施(　　)。

A. 降低 Zn^{2+} 浓度　　B. 增大 Zn^{2+} 浓度　C. 增大 Cu^{2+} 浓度　D. 减小 Cu^{2+} 浓度

解：A 和 C，由 $E=E^{\ominus}+\dfrac{0.0592}{2}\lg\dfrac{c(Cu^{2+})}{c(Zn^{2+})}$，

增大 $c(Cu^{2+})$ 或减小 $c(Zn^{2+})$ 均可使 E 增大。

【例 9-6】 现有下列物质：$FeCl_2$、$SnCl_2$、H_2、KI、Li、Mg、Al，它们都能作为还原剂，试根据标准电极电势表，把这些物质按还原本领的大小排列成顺序，并写出它们在酸性介质中的氧化产物。

解：$\varphi^{\ominus}$ 值越小，还原本领越强。在酸性介质中，Fe^{2+}、Sn^{2+}、H_2、I^-、Li、Mg、Al 分别被氧化为 Fe^{3+}、Sn^{4+}、H^+、I_2、Li^+、Mg^{2+}、Al^{3+}，依据电极电势，得还原能力从大到小依次排列为 $Li>Mg>Al>H_2>Sn^{2+}>I^->Fe^{2+}$。

【例 9-7】 下面的电池反应，用电池符号表示，并求出 298 K 时的 E 和 Δ_rG_m 值。说明反应能否从左至右自发进行。

(1) $\dfrac{1}{2}Cu(s)+\dfrac{1}{2}Cl_2(1.013\times10^5\ Pa)\rightleftharpoons\dfrac{1}{2}Cu^{2+}(1\ mol \cdot L^{-1})+Cl^-(1\ mol \cdot L^{-1})$

(2) $Cu(s)+2H^+(0.01\ mol \cdot L^{-1})\rightleftharpoons Cu^{2+}(0.1\ mol \cdot L^{-1})+H_2(0.9\times1.013\times10^5\ Pa)$

解：(1) $E=E^{\ominus}=\varphi^{\ominus}(Cl_2/Cl^-)-\varphi^{\ominus}(Cu^{2+}/Cu)=1.3595-0.521=0.8385$ V

$$\Delta_r G = -nEF = -1 \times 0.828\ 5 \times 96\ 500 = -80.92\ \text{kJ} \cdot \text{mol}^{-1}$$

即反应能自左向右进行。

$$(2)\ E = \varphi^{\ominus}(\text{H}^+/\text{H}_2) - \varphi^{\ominus}(\text{Cu}^{2+}/\text{Cu}) + \frac{RT}{2F}\ln\frac{0.01^2}{0.1 \times 0.9} = 0 - 0.521 - 0.087\ 4 = -0.608\ 4\ \text{V}$$

$$\Delta_r G_m = -nEF = -2 \times (-0.608\ 4) \times 96\ 500 = 117.42\ \text{kJ} \cdot \text{mol}^{-1}$$

该反应从左到右不能自发进行。

【例 9-8】 MnO_4^{2-} 离子的歧化反应能否自发进行？已知电对的标准电极电势为：$\varphi^{\ominus}(\text{MnO}_4^-/\text{MnO}_4^{2-}) = 0.56\ \text{V}$，$\varphi^{\ominus}(\text{MnO}_4^{2-}/\text{MnO}_2) = 2.26\ \text{V}$，写出反应及电池符号。

解： 若能发生歧化反应，反应的方程式为

$$3\text{MnO}_4^{2-} + 2\text{H}_2\text{O} \Longleftrightarrow 2\text{MnO}_4^- + \text{MnO}_2 + 4\text{OH}^-$$

$$E^{\ominus} = \varphi^{\ominus}(+) - \varphi^{\ominus}(-) = \varphi^{\ominus}(\text{MnO}_4^{2-}/\text{MnO}_2) - \varphi^{\ominus}(\text{MnO}_4^-/\text{MnO}_4^{2-}) = 2.26 - 0.56 = 1.70\ \text{V}$$

歧化反应能正常进行。

电池符号为：

$$(-)\text{Pt} \mid \text{MnO}_4^{2-},\ \text{MnO}_4^- \parallel \text{MnO}_4^{2-} \mid \text{MnO}_2 \mid \text{Pt}(+)$$

【例 9-9】 已知电对 $\text{H}_3\text{AsO}_3 + \text{H}_2\text{O} \longrightarrow \text{H}_3\text{AsO}_4 + 2\text{H}^+ + 2e^-$，$\varphi^{\ominus} = +0.559\ \text{V}$；电对 $3\text{I}^- \longrightarrow \text{I}_3^- + 2e^-$，$\varphi^{\ominus} = 0.535\ \text{V}$。算出下列反应的平衡常数：$\text{H}_3\text{AsO}_3 + \text{I}_3^- + \text{H}_2\text{O} \Longleftrightarrow \text{H}_3\text{AsO}_4 + 3\text{I}^- + 2\text{H}^+$

如果溶液的 pH=7，反应朝什么方向进行？如果溶液的 H^+ 浓度为 $6\ \text{mol} \cdot \text{L}^{-1}$，反应朝什么方向进行？

解： $\Delta_r G_m^{\ominus} = -nE^{\ominus}F = -2 \times (0.559 - 0.535) \times 96\ 500 = -4\ 632\ \text{J} \cdot \text{mol}^{-1}$

$$\Delta_r G_m^{\ominus} = -RT\ln K^{\ominus}$$

$$K^{\ominus} = 6.48$$

若溶液的 pH =7，其他条件不变，即 $c(\text{H}^+) = 10^{-7}$

$$E = E^{\ominus} - \frac{RT}{2F}\ln[c(\text{H}^+)/c^{\ominus}]^2 = 0.559 - 0.536 - \frac{8.314 \times 298.2}{96\ 500}\ln 10^{-7} = 0.438\ \text{V}$$

$$\Delta_r G = -nEF < 0$$

反应朝正方向进行。

若溶液中的 $c(\text{H}^+) = 6\ \text{mol} \cdot \text{L}^{-1}$，

$$E = E^{\ominus} - \frac{RT}{2F}\ln[c(\text{H}^+)/c^{\ominus}]^2 = 0.559 - 0.536 - \frac{8.314 \times 298.2}{96\ 500}\ln 6 = -0.023\ \text{V}$$

$$\Delta_r G = -nEF > 0$$

反应不能朝正方向进行。

【例 9-10】 将一个压强为 $1.013 \times 10^5\ \text{Pa}$ 的氢电极和一个含有 90% 氩气、压强 $1.013 \times 10^5\ \text{Pa}$ 的氢电极侵入盐酸中，求此电池的电动势 E。

解： 此种电池实际上称为浓差电池

$$\text{H}_2(\text{高浓度}) \longrightarrow \text{H}_2(\text{低浓度})$$

$$E = E^{\ominus} + \frac{RT}{2F}\ln\frac{p_1/p^{\ominus}}{p_2/p^{\ominus}} = \frac{8.314 \times 298.2}{96\ 500}\ln\frac{1}{0.1} = 0.029\ 57\ \text{V}$$

计算 $E>0$，该过程自发。

实际上，H_2 由高浓度向低浓度扩散，本身就是自发过程，从而也就验证了上述计算。

【例 9-11】含有铜和镍的酸性水溶液，其浓度分别为 $c(Cu^{2+})=0.015 \text{ mol} \cdot L^{-1}$，$c(Ni^{2+})=0.23 \text{ mol} \cdot L^{-1}$，$c(H^+)=0.72 \text{ mol} \cdot L^{-3}$，最先放电析出的是哪种物质，最难析出的是哪种物质？

解：
$$Cu^{2+}+2e^- \longrightarrow Cu$$

$$\varphi(Cu^{2+}/Cu)=\varphi^{\ominus}(Cu^{2+}/Cu)+\frac{RT}{2F}\ln[c(Cu^{2+})/c^{\ominus}]=0.521-0.053\,95=0.467\,1 \text{ V}$$

$$Ni^{2+}+2e^- \longrightarrow Ni$$

$$\varphi(Ni^{2+}/Ni)=\varphi^{\ominus}(Ni^{2+}/Ni)+\frac{RT}{2F}\ln[c(Ni^{2+})/c^{\ominus}]=0.25+\frac{RT}{2F}\ln0.23=0.268\,9 \text{ V}$$

$$H^++e^- \longrightarrow \frac{1}{2}H_2(g)$$

$$\varphi(H^+/H_2)=\varphi^{\ominus}(H^+/H_2)+\frac{RT}{2F}\ln[c(H^+)/c^{\ominus}]=\frac{8.314\times298.2}{96\,500}\ln0.72=0.008\,44 \text{ V}$$

电极电势越高，氧化能力越强，越容易析出，照理论计算结果可看出，Cu 最先析出。

【例 9-12】在 298 K 时，反应 $Fe^{3+}+Ag \Longrightarrow Fe^{2+}+Ag^+$ 的平衡常数为 0.531。已知 $\varphi^{\ominus}(Fe^{3+}/Fe^{2+})=+0.770 \text{ V}$，计算 $\varphi^{\ominus}(Ag^+/Ag)$。

解：$\lg K^{\ominus}=\frac{nE^{\ominus}}{0.059\,2}=\frac{n[\varphi^{\ominus}(+)-\varphi^{\ominus}(-)]}{0.059\,2}=\frac{1\times(0.770-x)}{0.059\,1}$

$$x=0.786 \text{ V}$$

$$\varphi^{\ominus}(Ag^+/Ag)=0.786 \text{ V}$$

【例 9-13】试用电极电势解释以下现象。(1)$[Co(NH_3)_6]^{3+}$ 和 Cl^- 能共存于同一溶液中，而 Co^{3+} 和 Cl^- 却不能共存于同一溶液中；(2)铁能使 Cu^{2+} 离子还原，铜能使 Fe^{3+} 离子还原；(3)$Fe(OH)_2$ 在碱性介质中更易被氧化；(4)MnO_4^- 不能与 Mn^{2+} 在水溶液中大量共存。

解：(1)查表 $\varphi^{\ominus}\{[Co(NH_3)_6]^{3+}/[Co(NH_3)_6]^{2+}\}=0.108 \text{ V}$，$\varphi^{\ominus}(Co^{3+}/Co^{2+})=1.830 \text{ V}$，$\varphi^{\ominus}(Cl_2/Cl^-)=1.358 \text{ V}$

因为　$\varphi^{\ominus}\{[Co(NH_3)_6]^{3+}/[Co(NH_3)_6]^{2+}\}<\varphi^{\ominus}(Cl_2/Cl^-)$

而　$\varphi^{\ominus}(Co^{3+}/Co^{2+})>\varphi^{\ominus}(Cl_2/Cl^-)$

$$2Co^{3+}+2Cl^- \Longrightarrow 2Co^{2+}+Cl_2$$

所以，$[Co(NH_3)_6]^{3+}$ 和 Cl^- 能共存于同一溶液中，而 Co^{3+} 和 Cl^- 却不能共存。

(2)查表 $\varphi^{\ominus}(Fe^{2+}/Fe)=-0.447 \text{ V}$，$\varphi^{\ominus}(Fe^{3+}/Fe^{2+})=0.771 \text{ V}$，$\varphi^{\ominus}(Cu^{2+}/Cu)=0.342 \text{ V}$

因为　$\varphi^{\ominus}(Cu^{2+}/Cu)>\varphi^{\ominus}(Fe^{2+}/Fe)$

$$Fe+Cu^{2+} \Longrightarrow Cu+Fe^{2+}$$

而　$\varphi^{\ominus}(Fe^{3+}/Fe^{2+})>\varphi^{\ominus}(Cu^{2+}/Cu)$

$$2Fe^{3+}+Cu \Longrightarrow 2Fe^{2+}+Cu^{2+}$$

所以，铁能使 Cu^{2+} 离子还原，铜能使 Fe^{3+} 离子还原。

(3)查表 $\varphi^{\ominus}[Fe(OH)_3/Fe(OH)_2]=-0.560 \text{ V}$，$\varphi^{\ominus}(Fe^{3+}/Fe^{2+})=0.771 \text{ V}$，$\varphi^{\ominus}(O_2/$

$OH^-)=0.401$ V，$\varphi^{\ominus}(O_2/H_2O)=1.229$ V

$$\varphi_1^{\ominus}=\varphi^{\ominus}(O_2/OH^-)-\varphi^{\ominus}[Fe(OH)_3/Fe(OH)_2]=0.961\ V$$

$$\varphi_2^{\ominus}=\varphi^{\ominus}(O_2/H_2O)-\varphi^{\ominus}(Fe^{3+}/Fe^{2+})=0.458\ V$$

$$\varphi_1^{\ominus}>\varphi_2^{\ominus}$$

所以，$Fe(OH)_2$ 在碱性介质中更易被氧化。

(4)查表 $\varphi^{\ominus}(MnO_4^-/MnO_2)=1.679$ V，$\varphi^{\ominus}(MnO_2/Mn^{2+})=1.224$ V

因为 $\varphi^{\ominus}(MnO_4^-/MnO_2)>\varphi^{\ominus}(MnO_2/Mn^{2+})$

$$2MnO_4^-+3Mn^{2+}+2H_2O \Longrightarrow 5MnO_2+4H^+$$

所以，MnO_4^- 不能与 Mn^{2+} 在水溶液中大量共存。

【例 9-14】 已知 $Fe^{2+}+2e^- \Longrightarrow Fe$ $\quad \varphi^{\ominus}=-0.447$ V

$\qquad\qquad Fe^{3+}+e^- \Longrightarrow Fe^{2+}$ $\quad \varphi^{\ominus}=+0.771$ V

写出三种物质间能够自发进行的化学反应，计算该电池的 $\varphi^{\ominus}$ 值及电池反应的 $\Delta_r G_m^{\ominus}$。

解： 三种物质间能够自发进行下列化学反应：

$$2Fe^{3+}+Fe \Longrightarrow 3Fe^{2+}$$

$E^{\ominus}=\varphi^{\ominus}(Fe^{3+}/Fe^{2+})-\varphi^{\ominus}(Fe^{2+}/Fe)=0.771\ V-(-0.447\ V)=1.218\ V$

$\Delta_r G_m^{\ominus}=-nFE^{\ominus}=-2\times96\ 500\times1.218=-235.074\ kJ\cdot mol^{-1}$

【例 9-15】 已知 $\varphi^{\ominus}(Br_2/Br^-)=1.066$ V，$\varphi^{\ominus}(IO_3^-/I_2)=1.195$ V

(1)写出标准状态下自发进行的电池反应式；(2)若 $c(Br^-)=0.000\ 1$ mol·L^{-1}，而其他条件不变，反应将如何进行？(3)若调节溶液 pH = 4，其他条件不变，反应将如何进行？

解： (1)$2IO_3^-+10Br^-+12H^+=I_2+5Br_2+6H_2O$

(2)若 $c(Br^-)=0.000\ 1$ mol·L^{-1} 时，

$$\varphi(Br_2/Br^-)=\varphi^{\ominus}(Br_2/Br^-)+\frac{0.059\ 2}{2}\lg\frac{1}{[c(Br^-)/c^{\ominus}]^2}$$

$$=1.066\ V+\frac{0.059\ 2}{2}\lg\frac{1}{(0.000\ 1)^2}=1.302\ 8\ V$$

$$\varphi=\varphi^{\ominus}(IO_3^-/I_2)-\varphi(Br_2/Br^-)<0$$

反应逆向进行。

(3)若调节溶液 pH = 4，其他条件不变时，

$$2IO_3^-+12H^++10e^-=I_2+6H_2O$$

$$\varphi(IO_3^-/I_2)=\varphi^{\ominus}(IO_3^-/I_2)+\frac{0.059\ 2\ V}{10}\lg[c(H^+)/c^{\ominus}]^{12}$$

$$=1.195\ V+\frac{0.059\ 2\ V}{10}\lg(0.000\ 1)^{12}$$

$$=0.910\ 8\ V$$

$$E=\varphi(IO_3^-/I_2)-\varphi^{\ominus}(Br_2/Br^-)<0$$

反应逆向进行。

9.3 同步练习及答案

9.3.1 同步练习

一、是非题

1. 电对中氧化型物质的氧化性越强，则其还原型物质的还原性也越强。（　　）

2. 电极的 $\varphi^{\ominus}$ 越大，表明其氧化态越容易得到电子，是越强的氧化剂。（　　）

3. 电极反应 $Cl_2 + 2e^- = 2Cl^-$，$\varphi^{\ominus} = +1.36\ V$，故 $1/2Cl_2 + e^- = Cl^-$，$\varphi^{\ominus} = 1/2 \times 1.36\ V$。

（　　）

4. 根据 $\varphi^{\ominus}(AgCl/Ag) < \varphi^{\ominus}(Ag^+/Ag)$，可合理判定，$K_{sp}^{\ominus}(AgI) < K_{sp}^{\ominus}(AgCl)$。（　　）

5. 原电池工作一段时间后，其电动势将发生变化。（　　）

6. $MnO_4^- + 8H^+ + 5e^- = Mn^{2+} + 4H_2O$，$\varphi^{\ominus} = +1.51\ V$，高锰酸钾是强氧化剂，因为它在反应中得到的电子数多。（　　）

7. 查得 $\varphi^{\ominus}(A^+/A) > \varphi^{\ominus}(B^+/B)$，则可以判定在标准状态下 $B^+ + A = B + A^+$ 是自发的。

（　　）

8. 同一元素在不同化合物中，氧化数越高，其得电子能力越强；氧化数越低，其失电子能力越强。（　　）

9. 对于某电极，如 H^+ 或 OH^- 参加反应，则溶液的 pH 值改变时，其电极电位也将发生变化。（　　）

10. 两电极分别是 $Pb^{2+}(1\ mol \cdot L^{-1}) + 2e^- = Pb$，$1/2Pb^{2+}(1\ mol \cdot L^{-1}) + e^- = 1/2Pb$，将两电极分别和标准氢电极连成原电池，它们的电动势相同，但反应的 $K^{\ominus}$ 值不同。（　　）

二、选择题

1. 在 Ag^+/Ag 电对的 Ag^+ 溶液中加入 NaCl 溶液，则该电对的电极电势 φ（　　）。

　　A. 会升高　　　　　　B. 会降低　　　　　　C. 保持不变　　　　　　D. 难以确定

2. 已知 $\varphi^{\ominus}(Cu^{2+}/Cu) = 0.339\ V$，当 Cu^{2+} 浓度为 $0.10\ mol \cdot L^{-1}$ 时，则 $\varphi(Cu^{2+}/Cu)$ 是（　　）。

　　A. 0.310 V　　　　　B. 0.369 V　　　　　C. 0.280 V　　　　　D. 0.399 V

3. 在 $S_4O_6^{2-}$ 中 S 的氧化数是（　　）。

　　A. +2　　　　　　　B. +4　　　　　　　C. +6　　　　　　　D. +2.5

4. 已知电极反应 $Sn^{2+} + 2e^- = Sn$ 的 $\varphi^{\ominus} = -0.137\ 5\ V$，则电极反应 $2Sn - 4e^- = 2Sn^{2+}$ 的 $\varphi^{\ominus}$ 值为（　　）。

　　A. $-0.275\ V$　　　　　　　　　　B. $+0.275\ V$

　　C. $-0.137\ 5\ V$　　　　　　　　　D. $+0.137\ 5\ V$

5. $Pb^{2+} + 2e^- = Pb$，$\varphi^{\ominus} = -0.126\ 3\ V$，则（　　）。

　　A. Pb^{2+} 浓度增大时，$\varphi^{\ominus}$ 增大　　　　B. Pb^{2+} 浓度增大时，$\varphi^{\ominus}$ 减小

　　C. 金属铅的量增大时，$\varphi^{\ominus}$ 增大　　　　D. 金属铅的量增大时，$\varphi^{\ominus}$ 减小

6. 已知 $\varphi^{\ominus}(Zn^{2+}/Zn) = -0.76\ V$，$\varphi^{\ominus}(Cu^{2+}/Cu) = 0.34\ V$。由 $Cu^{2+} + Zn = Zn^{2+} + Cu$

组成的原电池，测得其电动势为 1.00 V，因此两电极溶液中(   )。

　　A. $c(Cu^{2+})=c(Zn^{2+})$ 　　　　　　　　B. $c(Cu^{2+})>c(Zn^{2+})$

　　C. $c(Cu^{2+})<c(Zn^{2+})$ 　　　　　　　　D. $c(Cu^{2+})$、$c(Zn^{2+})$ 的关系无法确定

7. 已知 $\varphi^{\ominus}(Fe^{3+}/Fe^{2+})=0.77$ V，$\varphi^{\ominus}(Cu^{2+}/Cu)=0.34$ V，则反应：$2Fe^{3+}(1\ mol \cdot L^{-1})+$
$Cu = 2Fe^{2+}(1\ mol \cdot L^{-1})+Cu^{2+}(1\ mol \cdot L^{-1})$(   )。

　　A. 呈平衡态　　　　B. 正向自发进行　　　C. 逆向自发进行　　　D. 无法判定

8. Cl_2/Cl^- 和 Cu^{2+}/Cu 的标准电极电位分别是 $+1.36$ V 和 $+0.34$ V，反应：$Cu^{2+}(aq)+$
$2Cl^-(aq)=Cu(s)+Cl_2(g)$ 的 $E^{\ominus}$ 值是(   )。

　　A. -2.38 V　　　　B. -1.70 V　　　　C. -1.02 V　　　　D. $+1.70$ V

9. 氢电极插入纯水，通入 H_2(100 kPa)至饱和，则其电极电位(   )。

　　A. $\varphi^{\ominus}=0$ 　　　　　　　　　　　B. $\varphi^{\ominus}>0$

　　C. $\varphi^{\ominus}<0$ 　　　　　　　　　　　D. 因未加酸不可能产生

10. 原电池$(-)Zn \mid ZnSO_4(1\ mol \cdot L^{-1}) \parallel NiSO_4(1\ mol \cdot L^{-1}) \mid Ni(+)$，在负极溶液中加入 NaOH，其电动势(   )。

　　A. 增加　　　　　　B. 减少　　　　　　　C. 不变　　　　　　　D. 无法判断

11. 反应 $4Al+3O_2+6H_2O = 4Al(OH)_3(s)$，$\Delta G^{\ominus}=-nFE^{\ominus}$ 中的 $n=$(   )。

　　A. 12　　　　　　　B. 2　　　　　　　　C. 3　　　　　　　　D. 4

12. 电极反应 $MnO_4^- +8H^+ +5e^- = Mn^{2+} +4H_2O$ 的能斯特方程式为(   )。

　　A. $\varphi(MnO_4^-/Mn^{2+})=\varphi^{\ominus}(MnO_4^-/Mn^{2+})-0.059\ 2/5 \lg \dfrac{[c(MnO_4^-)/c^{\ominus}] \cdot [c(H^+)/c^{\ominus}]^8}{[c(Mn^{2+})/c^{\ominus}] \cdot [c(H_2O)/c^{\ominus}]^4}$

　　B. $\varphi(MnO_4^-/Mn^{2+})=\varphi^{\ominus}(MnO_4^-/Mn^{2+})-0.059\ 2/5 \lg \dfrac{[c(MnO_4^-)/c^{\ominus}] \cdot [c(H^+)/c^{\ominus}]^8}{c(Mn^{2+})/c^{\ominus}}$

　　C. $\varphi(MnO_4^-/Mn^{2+})=\varphi^{\ominus}(MnO_4^-/Mn^{2+})-0.059\ 2/5 \lg \dfrac{c(Mn^{2+})/c^{\ominus}}{[c(MnO_4^-)/c^{\ominus}] \cdot [c(H^+)/c^{\ominus}]^8}$

　　D. $\varphi(MnO_4^-/Mn^{2+})=\varphi^{\ominus}(MnO_4^-/Mn^{2+})-0.059\ 2/5 \lg \dfrac{[c(Mn^{2+})/c^{\ominus}] \cdot [c(H_2O)/c^{\ominus}]}{[c(MnO_4^-)/c^{\ominus}] \cdot [c(H^+)/c^{\ominus}]^8}$

13. 有一个原电池：$(-)Pt \mid Fe^{3+}(1\ mol \cdot L^{-1})$，$Fe^{2+}(1\ mol \cdot L^{-1}) \parallel Ce^{4+}(1\ mol \cdot L^{-1})$，
$Ce^{3+}(1\ mol \cdot L^{-1}) \mid Pt(+)$，则该原电池对应的氧化还原反应是(   )。

　　A. $Ce^{3+} + Fe^{3+} \rightleftharpoons Ce^{4+} + Fe^{2+}$ 　　　　　B. $Ce^{4+} + Fe^{2+} \rightleftharpoons Ce^{3+} + Fe^{3+}$

　　C. $Ce^{3+} + Fe^{2+} \rightleftharpoons Ce^{4+} + Fe$ 　　　　　　D. $Ce^{4+} + Fe^{3+} \rightleftharpoons Ce^{3+} + Fe^{2+}$

14. 下列电对的标准电极电位 $\varphi^{\ominus}$ 值最大的是(   )。

　　A. $\varphi^{\ominus}(AgI/Ag)$ 　　　　　　　　B. $\varphi^{\ominus}(AgBr/Ag)$

　　C. $\varphi^{\ominus}(Ag^+/Ag)$ 　　　　　　　　D. $\varphi^{\ominus}(AgCl/Ag)$

15. 已知电对 Cl_2/Cl^-、Br_2/Br^-、I_2/I^- 的 $\varphi^{\ominus}$ 分别为：1.36 V、1.07 V、0.54 V。今有一种 Cl^-、Br^-、I^- 的混合溶液，标准状态时能氧化 I^- 而不氧化 Cl^- 和 Br^- 的物质是(   )。

　　A. $KMnO_4(\varphi^{\ominus}=1.51$ V$)$ 　　　　　　B. $MnO_2(\varphi^{\ominus}=1.23$ V$)$

　　C. $Fe_2(SO_4)_3(\varphi^{\ominus}=0.77$ V$)$ 　　　　　D. $CuSO_4(\varphi^{\ominus}=0.34$ V$)$

16. 若要增加下列电池的电动势$(-)Pt \mid H_2(p^{\ominus}) \mid H^+(0.1\ mol \cdot L^{-1}) \parallel Cu^{2+}(1.0\ mol \cdot L^{-1})$

| Cu(+)，可采取的办法是(　　)。

    A. 负极中加入更多的酸　 B. 降低氢气的分压

    C. 正极中加入 Na_2S　 D. 正极中加入 $CuSO_4$

三、填空题

1. 在下列情况下，铜锌原电池的电动势是增大还是减小？

(1)向 $ZnSO_4$ 溶液加入一些 NaOH 浓溶液＿＿＿＿；

(2)向 $CuSO_4$ 溶液加入一些 NH_3 浓溶液＿＿＿＿。

2. 已知 $\varphi^{\ominus}(Fe^{3+}/Fe^{2+})=0.77$ V，$\varphi^{\ominus}(MnO_4/Mn^{2+})=1.51$ V，$\varphi^{\ominus}(F_2/F^-)=2.87$ V。在标准状态下，上述三个电对中，最强的氧化剂是＿＿＿＿，最强的还原剂是＿＿＿＿。

3. 反应 $3ClO^-=ClO_3^-+2Cl^-$ 是属于氧化还原反应中的＿＿＿＿。

4. 某反应 $B(s)+A^{2+}(aq)=B^{2+}(aq)+A(s)$，$\varphi^{\ominus}(A^{2+}/A)=0.892\,0$ V，$\varphi^{\ominus}(B^{2+}/B)=0.300\,0$ V，该反应的平衡常数是＿＿＿＿。

5. 以 $Mn^{2+}+2e^-=Mn$ 及 $Mg^{2+}+2e^-=Mg$ 两个标准电极组成原电池，则电池符号是＿＿＿＿。

6. 氧化还原反应中，电极电位大的电对的＿＿＿＿作为氧化剂，电极电位小的电对的＿＿＿＿作为还原剂，直到两电对的电极电位差等于零，反应达到＿＿＿＿。

7. 已知 $\varphi^{\ominus}(Cu^{2+}/Cu)=0.34$ V，$K_{sp}^{\ominus}[Cu(OH)_2]=2.2\times10^{-20}$，则 $\varphi^{\ominus}[Cu(OH)_2/Cu]=$＿＿＿＿。

四、简答题

在任一原电池内，正极总是有金属沉淀出来，负极总是有金属溶解下来成为阳离子，这种说法是否正确？为什么？

五、计算题

1. 试计算下列反应的标准摩尔自由能变化 $\Delta_rG_m^{\ominus}$

(1)$MnO_2+4H^++2e^-\longrightarrow Mn^{2+}+2H_2O$　$\varphi(+)=1.23$ V；$2Br^--2e^-\longrightarrow Br_2$　$\varphi(-)=1.065$ V

(2)$Br_2+2e^-\longrightarrow 2Br^-$　$\varphi(+)=1.065$ V；$HNO_2+H_2O-2e^-\longrightarrow NO_3^-+3H^+$　$\varphi(-)=0.94$ V

(3)$I_2+2e^-\longrightarrow 2I^-$　$\varphi(+)=0.535\,5$ V；$Sn^{2+}-2e^-\longrightarrow Sn^{4+}$　$\varphi(-)=0.15$ V

(4)$2Fe^{2+}+2e^-\longrightarrow 2Fe^{3+}$　$\varphi(+)=0.771$V；$HNO_2+H_2O-2e^-\longrightarrow NO_3^-+3H^+$　$\varphi(-)=0.94$ V

(5)$Cl_2+2e^-\longrightarrow 2Cl^-$　$\varphi(+)=1.36$ V；$2Br^--2e^-\longrightarrow Br_2$　$\varphi(-)=1.065$ V

2. 对于 298 K 时 Sn^{2+} 和 Pb^{2+} 与其粉末金属平衡的溶液，在低离子强度的溶液中 $c(Sn^{2-})/c(Pb^{2+})=2.98$，已知 $\varphi^{\ominus}(Pb^{2+}/Pb)=-0.126$ V，$\varphi^{\ominus}(Sn^{2+}/Sn)=$？

3. 将铜片插入盛有 0.5 mol·L^{-1} $CuSO_4$ 溶液的烧杯中，银片插入盛有 0.5 mol·L^{-1} $AgNO_3$ 溶液的烧杯中，组成一个原电池。(1)写出原电池符号；(2)写出电极反应式和电池反应式；(3)求该电池的电动势。

4. 已知 Br 的元素电势图如下：

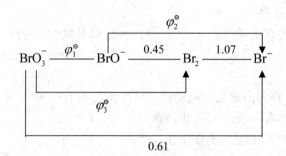

(1)求 $\varphi_1^{\ominus}$、$\varphi_2^{\ominus}$ 和 $\varphi_3^{\ominus}$。(2)判断哪些物种可以歧化?(3)$Br_2(l)$ 和 NaOH 混合最稳定的产物是什么?写出反应方程式并求其 $K^{\ominus}$。

9.3.2 同步练习答案

一、是非题

1. × 2. × 3. × 4. × 5. √ 6. × 7. × 8. × 9. √ 10. √

二、选择题

1. B 2. A 3. D 4. C 5. A 6. C 7. B 8. C 9. C 10. A 11. A 12. C 13. B
14. C 15. C 16. D

三、填空题

1. 增加,减小

2. F_2,Fe^{2+}

3. 歧化

4. 10^{20}

5. $(-)Mg \mid Mg^{2+} \parallel Mn^{2+} \mid Mn(+)$

6. 氧化型,还原型,平衡

7. $-0.242\ V$

四、简单题

答:不正确。当电极是非金属电极时就不会有金属沉淀或溶解。

五、计算题

1. 解:(1)$MnO_2 + 4H^+ + 2e^- \longrightarrow Mn^{2+} + 2H_2O$ $\varphi^{\ominus}(+)=1.23\ V$

$2Br^- - 2e^- \longrightarrow Br_2$ $\varphi^{\ominus}(-)=1.065\ 2\ V$

$$E^{\ominus}=\varphi^{\ominus}(+)-\varphi^{\ominus}(-)=0.164\ 8\ V$$

$$\Delta_r G_m^{\ominus} = -nE^{\ominus}F = -31.806\ kJ \cdot mol^{-1}$$

(2)$Br_2 + 2e^- \longrightarrow 2Br^-$ $\varphi^{\ominus}(+)=1.065\ V$

$HNO_2 + H_2O - 2e^- \longrightarrow NO_3^- + 3H^+$ $\varphi^{\ominus}(-)=0.94\ V$

$$E^{\ominus}=\varphi^{\ominus}(+)-\varphi^{\ominus}(-)=0.125\ V$$

$$\Delta_r G_m^{\ominus} = -nE^{\ominus}F = -24.125\ kJ \cdot mol^{-1}$$

(3)$I_2 + 2e^- \longrightarrow 2I^-$ $\varphi(+)=0.535\ 5\ V$

$Sn^{2+} - 2e^- \longrightarrow Sn^{4+}$ $\varphi(-)=0.15\ V$

$$E^{\ominus}=\varphi^{\ominus}(+)-\varphi^{\ominus}(-)=0.385\ 5\ \text{V}$$

$$\Delta_{\text{r}}G_m^{\ominus}=-nE^{\ominus}F=-74.407\ \text{kJ}\cdot\text{mol}^{-1}$$

(4)$2Fe^{2+}+2e^-\longrightarrow 2Fe^{3+}\quad \varphi^{\ominus}(+)=0.771\ \text{V}$

$HNO_2+H_2O-2e^-\longrightarrow NO_3^-+3H^+\quad \varphi^{\ominus}(-)=0.94\ \text{V}$

$$E^{\ominus}=\varphi_f^{\ominus}(+)-\varphi^{\ominus}(-)=-0.169\ \text{V}$$

$$\Delta_{\text{r}}G_m^{\ominus}=-nE^{\ominus}F=32.617\ \text{kJ}\cdot\text{mol}^{-1}$$

(5)$Cl_2+2e^-\longrightarrow 2Cl^-\quad \varphi^{\ominus}(+)=1.36\ \text{V}$

$2Br^--2e^-\longrightarrow Br_2\quad \varphi^{\ominus}(-)=1.065\ \text{V}$

$$E^{\ominus}=\varphi^{\ominus}(+)-\varphi^{\ominus}(-)=0.295\ \text{V}$$

$$\Delta_{\text{r}}G_m^{\ominus}=-nE^{\ominus}F=-56.935\ \text{kJ}\cdot\text{mol}^{-1}$$

2. **解：** $Sn+Pb^{2+}\rightleftharpoons Sn^{2+}+Pb$

$$K^{\ominus}=[c(Sn^{2+})/c^{\ominus}]/[c(Pb^{2+})/c^{\ominus}]=2.98$$

$$\lg K^{\ominus}=\frac{nE^{\ominus}}{0.059\ 2}=\frac{n[\varphi^{\ominus}(+)-\varphi^{\ominus}(-)]}{0.059\ 2}=\frac{2\times(-0.126-x)}{0.059\ 2}$$

$$x=-0.14\ \text{V}$$

$$\varphi^{\ominus}(Sn^{2+}/Sn)=-0.14\ \text{V}。$$

3. **解：** (1)$(-)Cu\mid Cu^{2+}(0.5\ \text{mol}\cdot\text{L}^{-1})\parallel Ag^+(0.5\ \text{mol}\cdot\text{L}^{-1})\mid Ag(+)$

(2)电极反应：$Ag^++e^-\longrightarrow Ag$

$$Cu-2e^-\longrightarrow Cu^{2+}$$

电池反应：$Cu+2Ag^+\rightleftharpoons Cu^{2+}+2Ag$

(3)查表 $\varphi^{\ominus}(Ag^+/Ag)=0.799\ 6\ \text{V}\quad \varphi^{\ominus}(Cu^{2+}/Cu)=0.341\ 9\ \text{V}$

$$\varphi(Ag^+/Ag)=\varphi^{\ominus}(Ag^+/Ag)+\frac{0.059\ 2}{2}\lg[c(Ag^+)/c^{\ominus}]$$

$$=0.799\ 6+(0.059\ 2/2)\lg 0.5=0.781\ 8\ \text{V}$$

$$\varphi(Cu^{2+}/Cu)=\varphi^{\ominus}(Cu^{2+}/Cu)+\frac{0.059\ 2}{2}\lg[c(Cu^{2+})/c^{\ominus}]$$

$$=0.341\ 9+0.029\ 6\lg 0.5=0.333\ 0\ \text{V}$$

$$E=\varphi(Ag^+/Ag)-\varphi(Cu^{2+}/Cu)$$

$$=0.781\ 8-0.333\ 0=0.448\ 8\ \text{V}$$

4. **解：** (1)$\varphi_1^{\ominus}=\dfrac{0.61\times 6-0.45\times 1-1.07\times 1}{4}=0.535\ \text{V}$

$$\varphi_2^{\ominus}=\frac{0.45\times 1+1.07\times 1}{2}=0.76\ \text{V}$$

$$\varphi_3^{\ominus}=\frac{0.535\times 4+0.45\times 1}{5}=0.52\ \text{V}$$

因此，电势图补充完整为

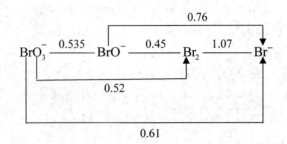

(2)从电势图可见，Br_2、BrO^-的氧化型电势大于其还原型电势，可以歧化。

(3)BrO^-能歧化，不稳定。$Br_2(l)$与 NaOH 混合最稳定的是 BrO_3^- 和 Br^-。

$$3Br_2(l) + 6OH^- \longrightarrow 5Br^- + BrO_3^- + 3H_2O$$

$$E^\ominus = \varphi^\ominus(Br_2/Br^-) - \varphi^\ominus(BrO_3^-/Br_2)$$

$$= 1.07 - 0.52 = 0.55 \text{ V}$$

$$\lg K^\ominus = \frac{nE^\ominus}{0.059\ 2} = \frac{5 \times 0.55}{0.059\ 2} = 46.45$$

$$K^\ominus = 2.8 \times 10^{46}$$

9.4 《普通化学》教材思考题与习题答案

1. 举例说明氧化还原反应的意义及氧化与还原、氧化剂与还原剂之间的关系。（略）

2. 举例说明 H_2O_2 的氧化和还原性。（略）

3. 举例说明氧化还原反应的实际应用。（略）

4. 什么是电极电势？标准电极电势？金属的标准电极电势如何测定？

答：在界面由带正电的金属离子和带负电的电子所构成的双电层产生了电极电势。

标准电极电势：标准氢电极与其它各种标准状态下的电极组成原电池，用实验的方法测得这个原电池的标准电动势 $E^\ominus$，就是该电极的标准电极电势。

$$E^\ominus = \varphi^\ominus(+) - \varphi^\ominus(-)$$

5. 电极符号与电对符号的写法有何不同。（略）

6. 怎样利用电极电势来判断原电池的正、负极，并计算原电池的电动势？

答：高电势电对为正极，低电势电对为负极。

$$E = \varphi(+) - \varphi(-)$$

7. 电极电势与离子浓度的关系式？

答：
$$\varphi = \varphi^\ominus + \frac{RT}{nF} \ln \frac{[氧化态]^a}{[还原态]^b}$$

8. 判断氧化还原反应进行的方向、程度的原则是什么？举例说明之。（略）

9. 由标准锌半电池和标准铜半电池组成一原电池 $Zn \mid ZnSO_4(1 \text{ mol} \cdot L^{-1}) \parallel CuSO_4$ $(1 \text{ mol} \cdot L^{-1}) \mid Cu$

(1)改变下列条件对电池电动势有何影响？

①增加 $ZnSO_4$ 溶液的浓度；②在 $CuSO_4$ 溶液中加入 H_2S。

(2)当上述电池工作半小时后，电池的电动势是否会发生变化？为什么？

答：(1)电池反应为 $Cu^{2+} + Zn \rightleftharpoons Cu + Zn^{2+}$

$$E = E^{\ominus} - \frac{RT}{nF} \ln \frac{c(Zn^{2+})/c^{\ominus}}{c(Cu^{2+})/c^{\ominus}}$$

增加 Zn^{2+} 浓度电动势下降，加入 H_2S，$c(Cu^{2+})$ 下降，电势下降。

(2)因为浓度发生改变，电势发生改变。

10. 用离子-电子法配平下列反应式：

(1)$PbO_2 + Cl^- \longrightarrow Pb^{2+} + Cl_2$

(2)$Br_2 \longrightarrow BrO_3^- + Br^-$

(3)$HgS + 2NO_3^- + Cl^- \longrightarrow HgCl_4^{2-} + 2NO_2 + S$

(4)$CrO_4^{2-} + HSnO_2^- \longrightarrow HSnO_3^- + CrO_2^-$

(5)$CuS + CN^- + OH^- \longrightarrow Cu(CN)_4^{3-} + NCO^- + S^{2-}$

(6)$MnO_4^- \longrightarrow MnO_2$

(7)$CrO_4^{2-} \longrightarrow Cr(OH)_3$

(8)$H_2O_2 \longrightarrow H_2O$

(9)$H_3AsO_4 \longrightarrow H_3AsO_3$

(10)$O_2 \longrightarrow H_2O_2$

解：(1)$PbO_2 + 4H^+ + 2Cl^- \rightleftharpoons Pb^{2+} + Cl_2 + 2H_2O$

(2)$3Br_2 + 3H_2O \rightleftharpoons BrO_3^- + 5Br^- + 6H^+$

(3)$HgS + 2NO_3^- + 4Cl^- + 4H^+ \rightleftharpoons HgCl_4^{2-} + 2NO_2 + S + 2H_2O$

(4)$2CrO_4^{2-} + 3HSnO_2^- + H_2O \rightleftharpoons 2CrO_2^- + 3HSnO_3^- + 2OH^-$

(5)$2CuS + 9CN^- + 2OH^- \rightleftharpoons 2Cu(CN)_4^{3-} + NCO^- + 2S^{2-} + H_2O$

(6)$MnO_4^- + 2H_2O + 3e^- \rightleftharpoons MnO_2 + 4OH^-$

(7)$CrO_4^{2-} + 4H_2O + 3e^- \rightleftharpoons Cr(OH)_3 + 5OH^-$

(8)$H_2O_2 + 2e^- \rightleftharpoons 2OH^-$

(9)$H_3AsO_4 + 2H^+ + 2e^- \rightleftharpoons H_3AsO_3 + H_2O$

(10)$O_2 + 2H^+ + 2e^- \rightleftharpoons H_2O_2$

11. 用电对 Pb^{2+}/Pb，Sn^{2+}/Sn 组成的标准原电池，其正极反应为＿＿＿＿＿＿，负极反应为＿＿＿＿＿＿。[$\varphi^{\ominus}(Pb^{2+}/Pb) = -0.126\ 2\ V$；$\varphi^{\ominus}(Sn^{2+}/Sn) = -0.137\ 5\ V$]

解：$Pb^{2+} + 2e^- \longrightarrow Pb$，$Sn - 2e^- \longrightarrow Sn^{2+}$

12. 插铜丝于盛有 $CuSO_4$ 溶液的烧杯中，插银丝于盛有 $AgNO_3$ 溶液的烧杯中，两杯溶液以盐桥相通，若将铜丝和银丝相接，则有电流产生而形成原电池。

(1)写出该原电池的电池符号。(2)在正、负极上各发生什么反应？以方程式表示。(3)电池反应是什么？以方程式表示。(4)原电池的标准电动势是多少？(5)加氨水于 $CuSO_4$ 溶液中，电动势如何改变？如果加氨水于 $AgNO_3$ 溶液中，又怎样？

答：(1)$(-)Cu \mid Cu^{2+}(aq) \parallel Ag^+(aq) \mid Ag(+)$

(2)正极 $Ag^+ + e^- \longrightarrow Ag$；负极 $Cu - 2e^- \longrightarrow Cu^{2+}$

(3)$2Ag^+ + Cu \rightleftharpoons Cu^{2+} + 2Ag$

(4)$E^\ominus = \varphi^\ominus(+) - \varphi^\ominus(-) = 0.800 - 0.342 = 0.458\ V$

(5)$E = E^\ominus - \dfrac{RT}{nF}\ln\dfrac{c(Cu^{2+})/c^\ominus}{c(Ag^+)/c^\ominus}$，加入氨水于 $CuSO_4$，铜离子降低，电动势上升；加入 Ag^+ 离子，电动势上升。

13. 就下面的电池反应，用电池符号表示之，并求出 298 K 时的 E 和 $\Delta_r G$ 值。说明反应能否从左至右自发进行。

(1)$\dfrac{1}{2}Cu(s) + \dfrac{1}{2}Cl_2(1.013\times10^5\ Pa) \rightleftharpoons \dfrac{1}{2}Cu^{2+}(1\ mol\cdot L^{-1}) + Cl^-(1\ mol\cdot L^{-1})$

(2)$Cu(s) + 2H^+(0.01\ mol\cdot L^{-1}) \rightleftharpoons Cu^{2+}(0.1\ mol\cdot L^{-1}) + H_2(0.9\times1.013\times10^5\ Pa)$

解：(1)$E = E^\ominus = \varphi^\ominus(Cl_2/Cl^-) - \varphi^\ominus(Cu^{2+}/Cu) = 1.359\ 5 - 0.521 = 0.838\ 5\ V$

$\Delta_r G = -nEF = -1\times0.828\ 5\times96\ 500 = -80.92\ kJ\cdot mol^{-1}$

即反应能自左向右进行。

(2)$E = E^\ominus + \dfrac{RT}{2F}\ln\dfrac{[c(H^+)/c^\ominus]^2}{[c(Cu^{2+}/c^\ominus)]\cdot[p(H_2)/p^\ominus]}$

$E = \varphi^\ominus(H^+/H_2) - \varphi^\ominus(Cu^{2+}/Cu) + \dfrac{RT}{2F}\ln\dfrac{0.01^2}{0.1\times0.9} = 0 - 0.521 - 0.087\ 4 = -0.608\ 4\ V$

$\Delta_r G = -nEF = -2\times(-0.608\ 4)\times96\ 500 = -117.42\ kJ\cdot mol^{-1}$

该反应从左到右不能自发进行。

14. 请正确写出下列电池的电池表达式：

(1)$2I^- + 2Fe^{3+} \rightleftharpoons I_2 + 2Fe^{2+}$

(2)$5Fe^{2+} + 8H^+ + MnO_4^- \rightleftharpoons Mn^{2+} + 5Fe^{3+} + 4H_2O$

解：(1)$(-)Pt\mid I_2\mid I^-\parallel Fe^{3+},\ Fe^{2+}\mid Pt(+)$

(2)$(-)Pt\mid Fe^{2+},\ Fe^{3+}\parallel MnO_4^{2-},\ Mn^{2+},\ H^+\mid Pt(+)$

15. 电极有哪几种类型？请各举出一例。（略）

16. 已知 298.15 K 时，$\varphi^\ominus(Zn^{2+}/Zn) = -0.763\ V$，$\varphi^\ominus(Fe^{3+}/Fe^{2+}) = 0.771\ V$，有一原电池图式如下所示：

$(-)Zn\mid Zn^{2+}(0.01\ mol\cdot L^{-1})\parallel Fe^{3+}(0.20\ mol\cdot L^{-1}),\ Fe^{2+}(0.02\ mol\cdot L^{-1})\mid Pt(+)$

(1)写出上述原电池的电池反应，并计算该反应的标准平衡常数 $K^\ominus$。

(2)计算上述原电池的电动势 E。

答：(1)$2Fe^{3+} + Zn \rightleftharpoons Zn^{2+} + 2Fe^{2+}$

$\lg K^\ominus = \dfrac{n}{0.059\ 2}\times[\varphi^\ominus(+) - \varphi^\ominus(-)] = \dfrac{nE^\ominus}{0.059\ 2} = 52$

(2)$\varphi^\ominus(+) - \varphi^\ominus(-) = 1.534\ V$

17. 已知电对 $Ag^+ + e^- \rightleftharpoons Ag$，$\varphi^\ominus = +0.799\ V$，$Ag_2C_2O_4$ 的溶度积为：3.5×10^{-11}。求算电对 $Ag_2C_2O_4 + 2e^- \rightleftharpoons 2Ag + C_2O_4^{2-}$ 的标准电极电势。

解：$\varphi^\ominus(Ag_2C_2O_4/Ag) = \varphi^\ominus(Ag^+/Ag) + \dfrac{RT}{nF}\ln[c(Ag^+)/c^\ominus]$

$$=\varphi^{\ominus}(Ag^+/Ag)+\frac{RT}{nF}\ln\sqrt{\frac{K_{sp}^{\ominus}(Ag_2C_2O_4)}{c(C_2O_4)/c^{\ominus}}}$$

$$=\varphi^{\ominus}(Ag^+/Ag)+\frac{RT}{nF}\ln\sqrt{\frac{K_{sp}^{\ominus}(Ag_2C_2O_4)}{c(C_2O_4)/c^{\ominus}}}$$

$$\varphi^{\ominus}(Ag_2C_2O_4/Ag)=\varphi^{\ominus}(Ag^+/Ag)+\frac{RT}{nF}\ln\sqrt{K_{sp}^{\ominus}(Ag_2C_2O_4)}$$

$$=\varphi^{\ominus}(Ag^+/Ag)+\frac{0.059\,2}{1}\ln\sqrt{K_{sp}^{\ominus}(Ag_2C_2O_4)}$$

$$=0.490\ V$$

18. H_2O_2 在碱性介质中可以把 $Cr(OH)_3$ 氧化成 CrO_4^{2-} 离子，而在酸性介质中能把 $Cr_2O_7^{2-}$ 离子还原为 Cr^{3+} 离子，写出有关反应式，并用电极电势解释。

解： $H_2O_2+Cr(OH)_3\longrightarrow CrO_4^{2-}+H_2O$　$\varphi^{\ominus}(H_2O_2/H_2O)>\varphi^{\ominus}[CrO_4^{2-}/Cr(OH)_3]$

$Cr_2O_7^{2-}+H_2O_2\longrightarrow Cr^{3+}+O_2$　$\varphi^{\ominus}(Cr_2O_7^{2-}/Cr^{3+})>\varphi^{\ominus}(O_2/H_2O_2)$

19. 银能从 HI 溶液中置换出 H_2，反应为：$Ag+H^++I^-\longrightarrow \frac{1}{2}H_2+AgI$，解释上述反应为何能进行。

解： $\varphi(Ag^+/Ag)=\varphi^{\ominus}(Ag^+/Ag)+\frac{RT}{nF}\ln[c(Ag^+)/c^{\ominus}]$

$$=\varphi^{\ominus}(Ag^+/Ag)+\frac{0.059\,2}{1}\lg\frac{K_{sp}^{\ominus}(AgI)}{c(I^-)/c^{\ominus}}$$

因为沉淀生成，电势下降，反应得以正向进行。

20. 将下列反应写出对应的半反应式，按这些反应设计原电池，并用电池符号表示。

(1) $Ag^++Cu(s)\rightleftharpoons Ag(s)+Cu^{2+}$

(2) $Pb^{2+}+Cu(s)+S^{2-}\rightleftharpoons Pb(s)+CuS$

(3) $Pb(s)+2H^++2Cl^-\rightleftharpoons PbCl_2(s)+H_2(g)$

解： (1) $Ag^++e^-\longrightarrow Ag(s)$；$Cu(s)-2e^-\longrightarrow Cu^{2+}$

$\quad\quad\quad\quad(-)Cu\mid Cu^{2+}(aq1)\parallel Ag^+(aq2)\mid Ag(+)$

(2) $Pb^{2+}+2e^-\longrightarrow Pb(s)$；$Cu(s)+2e^-+S^{2-}\longrightarrow CuS$

$\quad\quad\quad(-)Cu\mid CuS(s)\mid S^{2-}(aq1)\parallel Pb^{2+}(aq2)\mid Pb(+)$

(3) $Pb(s)-2e^-+2Cl^-\longrightarrow PbCl_2(s)$；$2H^++2e^-\rightleftharpoons H_2(g)$

$\quad\quad\quad(-)Pb\mid PbCl_2(s)\mid Cl^-(aq1)\parallel H^+(aq2)\mid H_2\mid Pt(+)$

21. 今有一种含有 Cl^-、Br^-、I^- 三种离子的混合溶液，欲使 I^- 氧化为 I_2，而又不使 Br^-、Cl^- 氧化。在常用的氧化剂 $Fe_2(SO_4)_3$ 和 $KMnO_4$ 中，选择哪一种能符合上述要求？

已知　　　　　　　　　　　　　　　$\varphi^{\ominus}/V$

$\quad\quad I_2+2e^-=2I^-$　　　　　　　　　0.535 5

$\quad\quad Fe^{3+}+e^-=Fe^{2+}$　　　　　　　0.771

$\quad\quad Br_2(aq)+2e^-=2Br^-$　　　　　1.087

$\quad\quad Cl_2+2e^-=2Cl^-$　　　　　　　1.360

$$MnO_4^- + 8H^+ + 5e^- = Mn^{2+} + 4H_2O \quad 1.51$$

解： 由于 MnO_4^- 在酸性介质中的氧化能力太强，Cl^-、Br^-、I^- 都可被氧化，而 Fe^{3+} 的氧化能力一般化，只能氧化 I^-，不能氧化 Cl^-、Br^-，依题意，应选择 $Fe_2(SO_4)$。

22. 已知：298.15 K 时，$\varphi^\ominus(Cr_2O_2^{7-}/Cr^{3+})=1.33$ V，$\varphi^\ominus(Sn^{4+}/Sn^{2+})=0.154$ V，若将两电对组成标准原电池。

(1) 写出电池反应式及原电池图式；

(2) 计算在 298.15 K 时电池的标准电动势 $E^\ominus$ 和电池反应 $K^\ominus$；

(3) 当 $c(H^+)=1.0\times10^{-2}$ mol·L^{-1}，而其他离子浓度均为 1.0 mol·L^{-1} 时，该电池的电动势 E。

解： (1) $Cr_2O_7^{2-} + 3Sn^{2+} + 14H^+ \rightleftharpoons 4Cr^{3+} + 3Sn^{4+} + 7H_2O$

$(-)Pt \mid Sn^{2+}, Sn^{4+} \parallel Cr_2O_7^{2-}, Cr^{3+} \mid Pt(+)$

(2) $E^\ominus = \varphi^\ominus(+) - \varphi^\ominus(-) = 1.33 - 0.154 = 1.176$ V

$\lg K^\ominus = \dfrac{n}{0.059\,2}\times[\varphi^\ominus(+)-\varphi^\ominus(-)] = \dfrac{nE^\ominus}{0.059\,2} = 119 \quad K^\ominus = 10^{119}$

(3) $E = \varphi^\ominus(+) - \varphi^\ominus(-) + \dfrac{0.059\,2}{6}\lg\dfrac{[c(Cr_2O_7^{2-})/c^\ominus]\cdot[c(H^+)/c^\ominus]^{14}\cdot[c(Sn^{2+})/c^\ominus]^3}{[c(Cr^{3+})/c^\ominus]^2\cdot[c(Sn^{4+})/c^\ominus]^3}$

$= 1.176 + \dfrac{0.059\,2}{6}\lg(0.01)^{14} = 0.929$ V

23. 已知电对 $H_3AsO_3 + H_2O = H_3AsO_4 + 2H^+ + 2e^-$，$\varphi^\ominus = +0.559$ V；电对 $3I^- = I_3^- + 2e^-$，$\varphi^\ominus = 0.535$ V。算出下列反应的平衡常数：

$$H_3AsO_3 + I_3^- + H_2O = H_3AsO_4 + 3I^- + 2H^+$$

如果溶液的 pH=7，反应朝什么方向进行？

如果溶液的 H^+ 浓度为 6 mol·L^{-1}，反应朝什么方向进行？

解： 与氢离子关系式 $E = \varphi^\ominus(+) - \varphi^\ominus(-) + \dfrac{0.059\,2}{2}\lg[c(H^+)/c^\ominus]^2$

如果溶液的 pH=7，$E = 0.024 - 0.414 = -0.390$ V 逆向进行。

$c(H^+) = 6$ mol·L^{-1}，$E = 0.024 + 0.046 = -0.070$ V 正向进行。

24. 已知在碱性介质中 $\varphi^\ominus(H_2PO_2^-/P_4) = -1.82$ V；$\varphi^\ominus(H_2PO_2^-/PH_3) = -1.18$ V 计算电对 P_4-PH_3 的标准电极电势，并判断 P_4 是否能发生岐化反应。

解： $H_2PO_2^- \text{——} P_4 \text{——} PH_3$

依据元素电势图，得

$4\varphi^\ominus(H_2PO_2^-/PH_3) = \varphi^\ominus(H_2PO_2^-/P_4) + 3\varphi^\ominus(P_4/PH_3)$

$\varphi^\ominus(P_4/PH_3) = -0.966\,7$ V

由于 $\varphi^\ominus(H_2PO_2^-/P_4) < \varphi^\ominus(P_4/PH_3)$ 所以岐化反应能发生。

25. 利用氧化还原电势表，判断下列反应能否发生岐化反应。

(1) $2Cu \rightleftharpoons Cu + Cu^{2+}$ (2) $Hg_2^{2+} \rightleftharpoons Hg + Hg^{2+}$ (3) $2OH^- + I_2 \rightleftharpoons IO^- + I^- + H_2O$ (4) $H_2O + I_2 \rightleftharpoons HIO + I^- + H^+$

解： (1) $Cu^{2+} \xrightarrow{0.153} Cu^+ \xrightarrow{0.521} Cu$

依据元素电势图的知识，$\varphi^{\ominus}$(右)$>\varphi^{\ominus}$(左)可知歧化反应能发生。

(2)
$$Hg^{2+}\underline{\quad 0.920 \quad}Hg_2^{2+}\underline{\quad 0.788 \quad}Hg$$

$\varphi^{\ominus}$(右)$<\varphi^{\ominus}$(左)，发生的应是归中反应而不是歧化反应。

(3)碱性条件下，

$$IO^{-}\underline{\quad 0.45 \quad}I_2\underline{\quad 0.54 \quad}I^{-}$$

依据元素电势图的知识，$\varphi^{\ominus}$(右)$>\varphi^{\ominus}$(左)可知歧化反应能发生。

(4)酸性条件下，

$$HIO\underline{\quad 1.45 \quad}I_2\underline{\quad 0.54 \quad}I^{-}$$

$\varphi^{\ominus}$(右)$<\varphi^{\ominus}$(左)，发生的应是归中反应而不是歧化反应。

26. 已知 298.15 K 时，$\varphi^{\ominus}(Zn^{2+}/Zn)=-0.763$ V，$\varphi^{\ominus}(Fe^{3+}/Fe^{2+})=0.771$ V，有一原电池图式如下所示：

$(-)Zn \mid Zn^{2+}(0.013 \text{ mol} \cdot L^{-1}) \parallel Fe^{3+}(0.20 \text{ mol} \cdot L^{-1})$，$Fe^{2+}(0.023 \text{ mol} \cdot L^{-1}) \mid Pt(+)$

(1)写出上述原电池的电池反应，并计算该反应的标准平衡常数 $K^{\ominus}$。

(2)计算上述原电池的电动势 E。

解：(1)$2Fe^{3+}+Zn=2Fe^{2+}+Zn^{2+}$

$$\lg K^{\ominus}=\frac{n}{0.059\,2}\times[\varphi^{\ominus}(+)-\varphi^{\ominus}(-)]=\frac{nE^{\ominus}}{0.059\,2}=51.8 \quad K^{\ominus}=10^{51.8}$$

$$(2)E=\varphi^{\ominus}(+)-\varphi^{\ominus}(-)+\frac{0.059\,2}{2}\lg\frac{[c(Fe^{3+})/c^{\ominus}]^2}{[c(Fe^{2+})/c^{\ominus}]^2 \cdot [c(Zn^{2+})/c^{\ominus}]}=1.613 \text{ V}$$

第 10 章
配位化合物

10.1 内容提要

10.1.1 配位化合物的基本概念

10.1.1.1 配位化合物的定义

配位化合物是由可以给出孤对电子的一定数目的个体(离子或分子)与具有能够接受孤对电子的空轨道的中心离子(或中心原子)之间以配位键结合,并按一定的组成和空间构型所形成的化合物,简称配合物,如$[Cu(NH_3)_4]SO_4$和$Fe(CO)_5$。

10.1.1.2 配位化合物的组成

配位化合物一般由内界和外界组成。配合物的组成如图10-1所示。

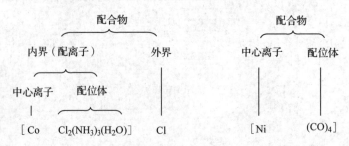

图 10-1 配合物的组成

(1)中心原子

中心原子是指能接受孤对电子的离子或原子,是配合物内界的核心,又称"e^-接受体"、形成体。其特征是有空轨道可以接受电子对。

(2)配(位)体

配(位)体是指与中心原子(离子)结合并能提供孤对电子的离子和分子,又称"e^-给予体"。其特征是具有孤对电子。

① 配位原子 配体中给出孤对电子与中心原子直接形成配位键的原子,即向中心离子提

供孤电子对的原子，如$[Cu(NH_3)_4]^{2+}$中配体NH_3的 N 原子。配位原子的特点是具有孤对电子。

②配体的分类　配体可以根据配位原子的数目分为单齿配体、双齿配体、多齿配体(或称螯合剂)等。例如，乙二胺(en)是双齿配体，EDTA 是常见的六齿配体。

(3)配位数

直接与中心原子(离子)结合的配位原子的数目称为该中心原子(离子)的配位数。中心原子的配位数也是中心原子形成的配位键的个数。

对于单齿配体形成的配合物，配体数 ＝ 配位原子数 ＝ 配位数。

对于多齿配体形成的配合物，配体数 ≠ 配位原子数 ＝ 配位数。

10.1.1.3　配位化合物的命名

(1)命名原则

总体来说，命名原则是：先无机后有机；先阴后阳；先配体后中心。

(2)命名方法

配位化合物的命名方法服从无机化合物的命名原则。

配位化合物的命名顺序为：阴离子在前，阳离子在后，称为某某酸、氢氧化某、某化某或者某酸某。

对于配位单元的命名顺序为：配体数目—配体名称—合—中心原子的名称—中心原子的氧化数(用罗马数字表示)。

配位化合物中含有两种或两种以上的配体时，配体的命名规则为：① 不同配体间用"·"分开，配位体的数目用二、三、四等表示，而氧化数用罗马数字表示；配位体所用缩写符号一律用小写字母(如 en)；② 无机配体在前，有机配体在后；③ 阴离子在前，阳离子和中性分子在后；④ 如果配体类型相同，则按配位原子的英文字母顺序排列；⑤ 若配体类型相同，且配位原子也相同，则含有较少原子数的配体排在前面；⑥ 若配体类型、配位原子及数目都相同，则按与配位原子相连的原子元素符号的英文字母顺序排列。

10.1.2　配位化合物的价键理论

10.1.2.1　配位化合物价键理论的基本要点

①中心原子(M)提供空的价层轨道来接受配体提供的电子对，二者之间形成配位键。

②形成配位键的时候，中心原子采用杂化轨道成键。

③中心原子的杂化方式与配合物的空间构型有关。中心原子的杂化方式不同，配位化合物的空间构型也不同。

10.1.2.2　内轨型配合物和外轨型配合物

①内轨型配合物　中心原(离)子的价电子构型、单电子数均发生改变，配体的孤对电子进入中心原(离)子的内层空轨道，也称为低自旋型配合物。

②外轨型配合物　中心原(离)子保持自由离子状态的价电子构型，单电子数不变，配体的孤对电子进入中心原(离)子的外层空轨道形成的配合物，也称为高自旋型配合物。

10.1.2.3 形成内外轨型配合物的影响因素

形成的配合物是内轨型配合物还是外轨型配合物，取决于配位体场的强弱和中心原(离)子的电子构型和电荷。

（1）配体

强配体往往形成低自旋型配合物；弱配体往往形成高自旋配合物。配体的强弱通过光谱测定有个强弱顺序，称为光谱化学序列：CO(羰基)$>CN^-$>NO_2^->SO_3^{2-}>en(乙二胺)$>$NH_3$>$H_2O$>$C_2O_4^{2-}$>$OH^-$>$F^-$>$Cl^-$>$Br^-$>$I^-$。

电负性小的配位原子对应的配体配位能力强，易形成内轨型配合物；电负性大的配位原子对应的配体配位能力弱，易形成外轨型配合物。

（2）中心原(离)子

中心原(离)子的电子构型和电荷也会对形成内、外轨型配合物产生影响。

当中心原(离)子的电子构型为全满，即 d^{10} 构型时只能形成外轨型配合物；当电子构型为 $d^{1\sim3}$ 构型时，一般形成内轨型配合物；当电子构型为 d^8（Ni^{2+}、Pt^{2+}、Pd^{2+}）构型时，多形成内轨型配合物；当电子构型为 $d^{4\sim7}$ 时既可形成内轨型配合物，也可形成外轨型配合物。要注意的是：Pt^{2+}、Au^{3+}（d^8）、Cu^{2+}（d^9）无论配体是强场配体还是弱场配体，其空间构型都是平面正方形，都采取 dsp^2 杂化方式。

中心离子的电荷增多，有利于形成内轨型配合物。例如，$[Co(NH_3)_6]^{2+}$ 是外轨型配合物，$[Co(NH_3)_6]^{3+}$ 是内轨型配合物。

10.1.2.4 价键理论的实验根据——配合物的磁性

在形成内轨型配合物的过程中，中心原(离)子的价层电子会发生重排，导致单电子数减少，所形成的配合物的磁性会产生较大的变化。磁性是配合物的重要性质之一。

①抗磁性(或反磁性)物质　若物质中的所有电子全部配对，电子产生的磁效应能够相互抵消，即不含有未成对电子，$n=0$。

②顺磁性物质　物质中含有未配对的电子，电子产生的总磁效应不能抵消，整个原子或分子就表现顺磁性，即 $n\neq0$。

10.1.2.5 内轨型配合物与外轨型配合物的差别

内轨型配合物与外轨型配合物在性质上具有较明显的差异。

在键能上，由于在内轨型配合物中中心原(离)子采用内层轨道参与杂化，与配体间形成的配位键的键能大于外轨型配合物中配位键的键能。

从稳定性上看，内轨型配合物的中心原(离)子采用内层轨道杂化后参与成键，与配体形成的配位键较稳定，因此内轨型配合物的稳定性大于外轨型配合物。

从磁性上看，内轨型配合物在形成的过程中中心原(离)子的价电子会发生重排，单电子数目减少，因此内轨型配合物的磁性小于外轨型配合物。

从分子的空间构型上看，中心原(离)子的杂化方式不同，配合物分子的空间构型也不同。

10.1.3　配位化合物的稳定性

10.1.3.1　配位解离平衡和平衡常数

配位化合物的内界在水溶液中会发生部分解离，即存在配位解离平衡：

$$M+nL \underset{解离}{\overset{配位}{\rightleftharpoons}} ML_n$$

配离子在水溶液中解离程度可用配位离解平衡的平衡常数来表示。其中，配位反应的总平衡常数表示为该配位化合物的稳定常数 $K_{稳}^{\ominus}$（或表示为 $K_f^{\ominus}$）。

如：$Ag^+ + 2NH_3 \rightleftharpoons [Ag(NH_3)_2]^+$

$$K_f^{\ominus} = \frac{c[Ag(NH_3)_2]^+/c^{\ominus}}{[c(Ag^+)/c^{\ominus}] \cdot [c(NH_3)/c^{\ominus}]^2}$$

一般，稳定常数 $K^{\ominus}$ 的数值越大，表示配位反应进行得越彻底，配位化合物越稳定。对于同种类型的配离子，$K_f^{\ominus}$ 越大，配离子的稳定性越大。对于不同类型配离子的要通过计算，根据溶液中金属离子浓度的大小进行判断，金属离子浓度越大，配离子越不稳定。

10.1.3.2　配位解离平衡的移动

配离子的配位解离平衡的移动遵循平衡移动的原理。配位化合物的配位解离平衡一定与溶液中 H^+ 的浓度、配体的种类和浓度、沉淀剂的种类和浓度以及氧化剂、还原剂的种类和浓度都有关系。可以根据平衡移动的原理来判断平衡移动的方向。

一般规律如下：

①多种配位平衡之间的竞争反应　若存在两种配位反应的竞争，稳定性高的配离子首先生成；两种配离子的转化方向是由 $K^{\ominus}$ 小的配离子向 $K^{\ominus}$ 大的配离子转化。

②配位平衡与沉淀溶解平衡的竞争反应　当同时存在配位剂和沉淀剂时，究竟发生配位反应还是沉淀反应取决于配位剂和沉淀剂的能力大小以及它们的浓度：如果配位剂的配位能力大于沉淀剂的沉淀能力，此时沉淀溶解或者说不生成沉淀；如果配位剂的配位能力小于沉淀剂的沉淀能力，此时配离子会被破坏，产生沉淀。简而言之，溶解度大的沉淀可以转化为稳定性高的配位化合物；稳定性低的配位化合物可以转化为溶解度小的沉淀。

③配位平衡与氧化还原平衡　金属离子形成配合物后，形成的配离子的 $K_f^{\ominus}$ 越大，则对应的电极电势就越小，从而金属离子越难得到电子，也越难被还原。

10.1.4　配位化合物的性质变化

当简单离子形成配离子之后，性质往往会产生很大的差异，主要表现在：

①颜色的改变　由于中心离子的 d 电子产生了 d−d 跃迁从而使得配合物产生颜色。

②溶解度的改变　配合物的生成有利于某些难溶化合物的溶解。

③电极电势的改变　当氧化型生成配离子后对应的电极电势就降低；还原型生成配离子后对应的电极电势增大。

10.2 典型例题解析

【例 10-1】命名下列配位化合物：

$[Co(NH_3)_5(H_2O)]Cl_3$、$Na_3[Ag(S_2O_3)_2]$、$K_3[Fe(CN)_5(NH_3)]$、$[CoCl(NO_2)_2(NH_3)_3]$、$[cis\text{-}Co(en)_2Cl_2]^+$

解： $[Co(NH_3)_5(H_2O)]Cl_3$　　三氯化五氨·一水合钴（Ⅲ）

$Na_3[Ag(S_2O_3)_2]$　　二硫代硫酸（根）合银（Ⅰ）酸钠

$K_3[Fe(CN)_5(NH_3)]$　　五氰·一氨合铁（Ⅱ）酸钾

$[CoCl(NO_2)_2(NH_3)_3]$　　一氯·二硝基·三氨合钴（Ⅲ）

$[cis\text{-}Co(en)_2Cl_2]^+$　　顺式—二氯·二乙二胺合铬（Ⅲ）

【例 10-2】配离子$[Cr(C_2O_4)_2(H_2O)_2]^-$的中心离子是＿＿＿＿＿，其氧化数为＿＿＿＿＿，中心离子的配位数为＿＿＿＿＿，其中＿＿＿＿配体是双齿配体。

解： 配离子$[Cr(C_2O_4)_2(H_2O)_2]^-$的中心离子是__Cr__，其氧化数为__+3__，中心离子的配位数为__6__，其中__$C_2O_4^{2-}$__配体是双齿配体。

【例 10-3】 在$[Co(C_2O_4)_2(en)]^-$中，中心离子Co^{3+}的配位数为（　　）。

A. 3　　　　　B. 4　　　　　C. 5　　　　　D. 6

解： 配位化合物$[Co(C_2O_4)_2(en)]^-$中配体为$C_2O_4^{2-}$和 en，两种配体都是双齿配体，所以配位数为 6。

【例 10-4】下列配合物的稳定性，从大到小的顺序排列正确的是

A. $[HgI_4]^{2-} > [HgCl_4]^{2-} > [Hg(CN)_4]^{2-}$

B. $[Co(NH_3)_6]^{3+} > [Co(SCN)_4]^- > [Co(CN)_6]^{3-}$

C. $[Ni(en)_3]^{2+} > [Ni(NH_3)_6]^{2+} > [Ni(H_2O)_6]^{2-}$

D. $[Fe(SCN)_6]^{3-} > [Fe(CN)_6]^{3-} > [Fe(CN)_6]^{4-}$

解： 选项 A 中，中心离子相同，配体I^-与Cl^-为同族元素的阴离子，原子半径$I^- >$ Cl^-，形成的配离子的稳定性$[HgI_4]^{2-} > [HgCl_4]^{2-}$，但是$CN^-$的配位原子 C 的电负性较小，给电子的能力较强，其形成的配离子更为稳定，即$[Hg(CN)_4]^{2-} > [HgI_4]^{2-}$。

选项 B 中，中心离子相同，配体的配位能力$CN^- > SCN^- > NH_3$，因此，配离子的稳定性为$[Co(CN)_6]^{3-} > [Co(SCN)_4]^- > [Co(NH_3)_6]^{3+}$。

选项 C 中，en(乙二胺)是双齿配体，形成的螯合物的稳定性强于单齿配体；而配体NH_3的配位能力强于H_2O，因此稳定性$[Ni(NH_3)_6]^{2+} > [Ni(H_2O)_6]^{2-}$。

选项 D 中，$[Fe(SCN)_6]^{3-}$与$[Fe(CN)_6]^{3-}$中心离子都是Fe^{3+}，配体SCN^-与CN^-的配位能力$CN^- > SCN^-$，所以形成的稳定性$[Fe(SCN)_6]^{3-} < [Fe(CN)_6]^{3-}$。另外，对于$[Fe(CN)_6]^{3-}$与$[Fe(CN)_6]^{4-}$，配体一样，中心离子分别是$Fe^{3+}$和$Fe^{2+}$，中心离子的电荷越高，与配体间的作用越强，形成的配合物的稳定性越强，所以稳定性$[Fe(CN)_6]^{3-} >$ $[Fe(CN)_6]^{4-}$。

【例 10-5】 根据价键理论分析下列配位化合物的结构。

配位化合物	价层电子的排布方式	杂化方式	配离子的空间构型	磁性	内外轨型
$Fe(CO)_5$					
$[Fe(H_2O)_6]^{3+}$					

解： 配位化合物 $Fe(CO)_5$ 中，中心原子 Fe 的价电子构型为 $3d^6 4s^2$，由于 CO 是强场配体，Fe 中价电子发生重排，形成内轨型配合物，配位数为 5，所以中心原子 Fe 的杂化方式为 dsp^3，价层电子的排布方式为：↑↓ ↑↓ ↑↓ ↑↓，单电子数为 0，为抗磁性。

配位化合物 $[Fe(H_2O)_6]^{3+}$ 中，中心离子为 Fe^{3+}，价电子构型为 $3d^5$，H_2O 分子是弱场配体，Fe^{3+} 中价电子不发生重排，形成外轨型配合物，配位数为 6，所以中心离子 Fe^{3+} 的杂化方式为 sp^3d^2，价层电子的排布方式为：↑ ↑ ↑ ↑ ↑，单电子数为 5，有单电子，所以为顺磁性。

配位化合物	价层电子的排布方式	杂化方式	配离子的空间构型	磁性	内外轨型
$Fe(CO)_5$	↑↓ ↑↓ ↑↓ ↑↓	dsp^3	三角双锥	抗磁性	内轨型
$[Fe(H_2O)_6]^{3+}$	↑ ↑ ↑ ↑ ↑	sp^3d^2	八面体	顺磁性	外轨型

【例 10-6】 分别计算(1)$0.010\ mol \cdot L^{-1}$ 的 $[Ag(NH_3)_2]^+$ 在 $0.010\ mol \cdot L^{-1}$ 的 NH_3 溶液中 $c(Ag^+)$；(2)含 $0.010\ mol \cdot L^{-1}$ 的 $[Ag(CN)_2]^-$ 在 $0.010\ mol \cdot L^{-1}$ 的 CN^- 溶液中的 $c(Ag^+)$。{已知 $K_f^{\ominus}[Ag(NH_3)_2]^+ = 1.12 \times 10^7$，$K_f^{\ominus}[Ag(CN)_2]^- = 1.3 \times 10^{21}$}

解： 分别设(1)$c(Ag^+) = x\ mol \cdot L^{-1}$，(2)$c(Ag^+) = y\ mol \cdot L^{-1}$

(1)配位平衡　　　　　　$Ag^+ + 2NH_3 \rightleftharpoons [Ag(NH_3)_2]^+$

平衡浓度/$mol \cdot L^{-1}$　　　x　　　0.010　　　0.010

$$K_f^{\ominus} = \frac{c[Ag(NH_3)_2]^+/c^{\ominus}}{[c(Ag^+)/c^{\ominus}] \cdot [c(NH_3)/c^{\ominus}]^2}$$

$$1.12 \times 10^7 = \frac{0.010\ mol \cdot L^{-1}/c^{\ominus}}{[x\ mol \cdot L^{-1}/c^{\ominus}] \cdot [0.010\ mol \cdot L^{-1}/c^{\ominus}]^2}$$

$$x = 8.9 \times 10^{-6}\ mol \cdot L^{-1}$$

(2)配位平衡　　　　　　$Ag^+ + 2CN^- \rightleftharpoons [Ag(CN)_2]^-$

平衡浓度/$mol \cdot L^{-1}$　　　y　　　0.010　　　0.010

根据

$$K_f^{\ominus} = \frac{c[Ag(CN)_2]^-/c^{\ominus}}{[c(Ag^+)/c^{\ominus}] \cdot [c(CN^-)/c^{\ominus}]^2}$$

$$1.3 \times 10^{21} = \frac{0.010\ mol \cdot L^{-1}/c^{\ominus}}{[y\ mol \cdot L^{-1}/c^{\ominus}] \cdot [0.010\ mol \cdot L^{-1}/c^{\ominus}]^2}$$

$$y = 7.6 \times 10^{20}\ mol \cdot L^{-1}$$

由于$[Ag(CN)_2]^-$配离子比$[Ag(NH_3)_2]^+$配离子的稳定性更大，溶液中游离Ag^+离子更少。因此，配位数相同的同类型配离子，可根据$K_f^\ominus$的值，直接比较其稳定性的大小。

【例 10-7】 将$0.020\ mol \cdot L^{-1}$的硫酸铜和$1.08\ mol \cdot L^{-1}$的氨水等体积混合，计算溶液中$c(Cu^{2+})$。{已知$K_f^\ominus[Cu(NH_3)_4]^{2+}=4.8\times10^{12}$}

解： 由于NH_3大大过量，且$[Cu(NH_3)_4]^{2+}$配离子的稳定性很大，可设Cu^{2+}离子全部反应生成$[Cu(NH_3)_4]^{2+}$。同时溶液混和后，体积增大，浓度均减半，因此$c[Cu(NH_3)_4]^{2+}=0.010\ mol \cdot L^{-1}$，剩余$c(NH_3)=0.54\ mol \cdot L^{-1}-4\times0.010\ mol \cdot L^{-1}=0.50\ mol \cdot L^{-1}$。

设平衡时$c(Cu^{2+})=x\ mol \cdot L^{-1}$。

$$Cu^{2+}+4NH_3 \rightleftharpoons [Cu(NH_3)_4]^{2+}$$

平衡浓度/mol·L⁻¹　　　x　　$0.50+4x\approx0.50$　$0.010-x\approx0.010$

$$K_f=\frac{c[Cu(NH_3)_4]^{2+}/c^\ominus}{[c(Cu^{2+})/c^\ominus]\cdot[c(NH_3)/c^\ominus]^4}$$

$$4.8\times10^{12}=\frac{0.010}{(x\ mol \cdot L^{-1}/c^\ominus)\cdot(0.5\ mol \cdot L^{-1}/c^\ominus)^4}$$

$$c(Cu^{2+})=x=3.3\times10^{-14}\ mol \cdot L^{-1}$$

可认为Cu^{2+}离子已完全转化为$[Cu(NH_3)_4]^{2+}$配离子。

【例 10-8】 在反应$2Fe^{3+}+2I^- \longrightarrow 2Fe^{2+}+I_2$中，若加入$CN^-$，问新的反应：$2[Fe(CN)_6]^{3-}+2I^- \longrightarrow 2[Fe(CN)_6]^{4-}+I_2$能否进行？已知：$K_f^\ominus[Fe(CN)_6]^{3-}=10^{31}$，$K_f^\ominus[Fe(CN)_6]^{4-}=10^{24}$。

解： 因为$\varphi^\ominus(Fe^{3+}/Fe^{2+})=0.77\ V>\varphi^\ominus(I_2/I^-)=0.54\ V$

故$2Fe^{3+}+2I^- \longrightarrow 2Fe^{2+}+I_2$能正向进行。

在反应体系中加入CN^-，电对由Fe^{3+}/Fe^{2+}转变为$[Fe(CN)_6]^{3-}/[Fe(CN)_6]^{4-}$，且当新反应处于标准状态时，$c[Fe(CN)_6]^{3-}=c[Fe(CN)_6]^{4-}=1\ mol \cdot L^{-1}$，电对$[Fe(CN)_6]^{3-}/[Fe(CN)_6]^{4-}$也处于标准状态下，也可视为电对$Fe^{3+}/Fe^{2+}$的一种非标准状态，则

$$\varphi^\ominus\{[Fe(CN)_6]^{3-}/[Fe(CN)_6]^{4-}\}=\varphi(Fe^{3+}/Fe^{2+})=\varphi^\ominus(Fe^{3+}/Fe^{2+})-\frac{0.0592}{n}\lg$$

$$\frac{c(Fe^{2+})/c^\ominus}{c(Fe^{3+})/c^\ominus}=0.77-\frac{0.0592}{1}\lg\frac{c(Fe^{2+})/c^\ominus}{c(Fe^{3+})/c^\ominus} \tag{10-1}$$

对$[Fe(CN)_6]^{3-}$：$K_f^\ominus[Fe(CN)_6]^{3-}=\dfrac{c[Fe(CN)_6]^{3-}/c^\ominus}{[c(Fe^{3+})/c^\ominus]\cdot[c(CN^-)/c^\ominus]^6}=10^{31}\Rightarrow c(Fe^{3+})$

$$=\frac{c[Fe(CN)_6]^{3-}/c^\ominus}{K_f^\ominus[Fe(CN)_6]^{3-}\cdot[c(CN^-)/c^\ominus]^6} \qquad ①$$

对$[Fe(CN)_6]^{4-}$：$K_f^\ominus[Fe(CN)_6]^{4-}=\dfrac{c[Fe(CN)_6]^{4-}/c^\ominus}{c[(F^{2+})/c^\ominus]\cdot[c(CN^-)/c^\ominus]^6}=10^{24}\Rightarrow c(Fe^{2+})$

$$=\frac{c[Fe(CN)_6]^{4-}/c^\ominus}{K_f^\ominus[Fe(CN)_6]^{4-}\cdot[c(CN^-)/c^\ominus]^6} \qquad ②$$

将①②代入式(10-1)，得

$$\varphi^{\ominus}\{[Fe(CN)_6]^{3-}/[Fe(CN)_6]^{4-}\}=\varphi(Fe^{3+}/Fe^{2+})$$

$$=\varphi^{\ominus}(Fe^{3+}/Fe^{2+})-\frac{0.0592}{n}\lg\frac{c(Fe^{2+})/c^{\ominus}}{c(Fe^{3+})/c^{\ominus}}$$

$$=\varphi^{\ominus}(Fe^{3+}/Fe^{2+})-\frac{0.0592}{n}\lg\frac{c(Fe^{2+})/c^{\ominus}}{c(Fe^{3+})/c^{\ominus}}$$

$$=\varphi^{\ominus}(Fe^{3+}/Fe^{2+})-\frac{0.0592}{n}\lg\frac{K_f^{\ominus}[Fe(CN)_6]^{4-}\cdot[c(CN^-)/c^{\ominus}]^6}{\dfrac{1}{K_f^{\ominus}[Fe(CN)_6]^{3-}\cdot c(CN^-)/c^{\ominus}]^6}}$$

$$=\varphi^{\ominus}(Fe^{3+}/Fe^{2+})-\frac{0.0592}{n}\lg\frac{K_f^{\ominus}[Fe(CN)_6]^{3-}}{K_f^{\ominus}[Fe(CN)_6]^{4-}}$$

$$=0.771-\frac{0.0592}{1}\lg\frac{10^{31}}{10^{24}}=0.358\ V<\varphi^{\ominus}(I_2/I^-)=0.54\ V$$

新反应：$2[Fe(CN)_6]^{3-}+2I^-\longrightarrow 2[Fe(CN)_6]^{4-}+I_2$ 不能正向进行。

【例 10-9】 求在 100 mL 浓度为 10 mol·L^{-1} 的氨水中能溶解多少克 AgCl 固体？已知：$[Ag(NH_3)_2]^+$ 的 $K_f^{\ominus}=1.1\times10^7$，AgCl 的 $K_{sp}^{\ominus}=1.8\times10^{-10}$，$M(AgCl)=143.5\ g\cdot mol^{-1}$。

解： AgCl 溶于氨水中发生反应：$AgCl+2NH_3\rightleftharpoons[Ag(NH_3)_2]^++Cl^-$
该反应的平衡常数为

$$K^{\ominus}=\frac{\{c[(Ag(NH_3)_2]^+/c^{\ominus}\}\cdot[c(Cl^-)/c^{\ominus}]}{[c(NH_3)^2/c^{\ominus}]^2}\cdot\frac{c(Ag^+)/c^{\ominus}}{c(Ag^+)/c^{\ominus}}$$

$$=K_{sp}^{\ominus}(AgCl)\cdot K_f^{\ominus}[Ag(NH_3)_2]^+$$

$$=1.8\times10^{-10}\times1.1\times10^7=1.98\times10^{-3}$$

$$\begin{array}{cccccc} & AgCl & + & 2NH_3 & \rightleftharpoons & [Ag(NH_3)_2]^+ & + & Cl^- \end{array}$$

起始时物质的量/mol　　　　　　0.1×10　　　　　　0　　　　　0
平衡时物质的量/mol　　　　　　$0.1\times10-2x$　　　　x　　　　x

$$K^{\ominus}=\frac{\{c[Ag(NH_3)_2]^+/c^{\ominus}\}\cdot[c(Cl^-)/c^{\ominus}]}{[c(NH_3)/c^{\ominus}]^2}=\frac{x^2}{(0.1\times10-2x)^2}=1.98\times10^{-3}$$

$$x=0.0409\ mol$$

故能溶于 100 mL 10 mol·L^{-1} 氨水的 AgCl 的质量为

$$m=0.0409\ mol\times143.5\ g\cdot mol^{-1}=5.9\ g$$

【例 10-10】 在 1 L 6 mol·L^{-1} 的氨水中加入 0.01 mol 固体 CuSO$_4$，溶解后，在此溶液再加 0.01 mol 固体的 NaOH，铜氨配合物能否被破坏？已知：$K_f^{\ominus}[Cu(NH_3)_4]^{2+}=2.09\times10^{13}$，$K_{sp}^{\ominus}[Cu(OH)_2]=2.2\times10^{-20}$。

解： 在氨水中加入 CuSO$_4$，设生成$[Cu(NH_3)_4]^{2+}$后 Cu^{2+}的浓度为 x mol·L^{-1}：

$$\begin{array}{cccc} Cu^{2+} & + & 4NH_3 & \rightleftharpoons & [Cu(NH_3)_4]^{2+} \end{array}$$

起始浓度/mol·L^{-1}　　　0.01　　　　6　　　　0
最终浓度/mol·L^{-1}　　　x　　　$6-4\times(0.01-x)$　　$0.01-x$

$$K_f^{\ominus}=\frac{c[Cu(NH_3)_4]^{2+}/c^{\ominus}}{[c(Cu^{2+})]/c^{\ominus}\cdot[c(NH_3)/c^{\ominus}]^4}=\frac{0.01-x}{x(5.96+4x)^4}=2.09\times10^{13}$$

由于 $[Cu(NH_3)_4]^{2+}$ 的 $K_f^{\ominus}=2.09\times10^{13}>10^5$，反应正向进行程度较大，当反应达到平衡之时残留 Cu^{2+} 的浓度较少，故 $x\to0$，$0.01-x\approx0.01$，$5.59+4x\approx5.96$

$$K_f^{\ominus}=\frac{0.01-x}{x(5.96+4x)^4}=\frac{0.01}{5.96^4x}=2.09\times10^{13}$$

$$x=c(Cu^{2+})=3.79\times10^{-19}\ mol\cdot L^{-1}$$

当在铜氨溶液中再加入 0.01 mol 固体的 NaOH，

$Q[Cu(OH)_2]=[c(Cu^{2+})/c^{\ominus}]\cdot[c(OH^-)/c^{\ominus}]^2$

$\qquad=2.2\times10^{-20}\times0.01^2=2.2\times19^{-24}<K_{sp}^{\ominus}[Cu(OH)_2]$

故不能生成 $Cu(OH)_2$，铜氨配合物不能被破坏。

10.3   同步练习及答案

10.3.1   同步练习

一、选择题

1. $Fe(\text{III})$ 形成的配位数为 6 的外轨型配合物中，Fe^{3+} 接受孤电子对的空轨道是（　　）。
A. d^2sp^3 　　　　　B. sp^3d^2 　　　　　C. p^3d^3 　　　　　D. sd^5

2. 对于配合物中心体的配位数，说法不正确的是（　　）。
A. 直接与中心体键合的配位原子的数目
B. 直接与中心体键合的配位体的数目
C. 中心体接受配位体的孤对电子的对数
D. 中心体与配位体所形成的配价键数

3. 在下列配合物中，配离子的电荷数和中心离子的氧化数是正确的是（　　）。
A. $K_2[Co(NCS)_4]$：$2-$，$+2$ 　　　　B. $[Co(NH_3)_5Cl]Cl_2$：$6+$，$+3$
C. $[Pt(NH_3)_2Cl_2]$：0，$+4$ 　　　　D. $[Co(ONO)(NH_3)_3(H_2O)_2]Cl_2$：$6+$，$+3$

4. 在下列配合物的命名中，是错误的是（　　）。
A. $Li[AlH_4]$ 　　　　　　　　四氢合铝(III)酸锂
B. $[Co(H_2O)_4Cl_2]Cl$ 　　　　氯化二氯·四水合钴(III)
C. $[Co(NH_3)_4(NO_2)Cl]^+$ 　　一氯·亚硝酸根·四氨合钴(III)配阳离子
D. $[Co(en)_2(NO_2)Cl]SCN$ 　　硫氰酸一氯·硝基·二乙二氨合钴(III)

5. 下列物质中最稳定的是（　　）。
A. $Co(NO_3)_3$ 　　　　　　　　B. $[Co(NH_3)_6](NO_3)_3$
C. $[Co(NH_3)_6]Cl_2$ 　　　　　D. $[Co(en)_3]Cl_3$

6. $[Co(NO_2)(NH_3)_5]Cl_2$ 和 $[Co(ONO)(NH_3)_5]Cl_2$ 属于（　　）。
A. 几何异构 　　B. 旋光异构 　　C. 电离异构 　　D. 键合异构

7. 螯合剂一般具有较高的稳定性，是由于（　　）。
A. 螯合剂是多齿配体 　　　　　B. 螯合物不溶于水
C. 形成环状结构 　　　　　　　D. 螯合剂具有稳定的结构

8. $[Ni(CO)_4]$、$[Ni(CNS)_4]^{2-}$、$[Ni(CN)_5]^{3-}$ 的空间构型分别为(　　)。

  A. 正四面体　　　正四面体　　　三角双锥

  B. 平面正方形　　平面正方形　　三角双锥

  C. 正四面体　　　平面正方形　　三角双锥

  D. 平面正方形　　正四面体　　　三角双锥

9. $[Ni(CN)_4]^{2-}$ 和 $[Ni(CO)_4]$ 中未成对电子数分别为(　　)。

  A. 0 和 2　　　　　B. 2 和 2　　　　　C. 2 和 0　　　　　D. 0 和 0

10. 下列配合物中属于高自旋的是(　　)。

  A. $[Co(NH_3)_6]^{3+}$　　B. $[Mn(CN)_6]^{4-}$　　C. $[Fe(H_2O)_6]^{2+}$　　D. $[Fe(CN)_6]^{4-}$

11. 0.01 mol 氯化铬$(CrCl_3 \cdot 6H_2O)$在水溶液中用过量 $AgNO_3$ 处理，产生 0.02 mol $AgCl$ 沉淀，此氯化铬最可能为(　　)。

  A. $[Cr(H_2O)_6]Cl_3$　　　　　　　　　B. $[Cr(H_2O)_5Cl]Cl_2 \cdot H_2O$

  C. $[Cr(H_2O)_4Cl_2]Cl \cdot 2H_2O$　　　　　D. $[Cr(H_2O)_3Cl_3] \cdot 3H_2O$

12. 已知某金属离子配合物的磁矩为 4.90 B. M.，而同一氧化态的该金属离子形成的另一配合物，其磁矩为零，则此金属可能是(　　)。

  A. $Cr(\mathbb{III})$　　　　　B. $Fe(\mathbb{II})$　　　　　C. $Mn(\mathbb{II})$　　　　　D. $Ni(\mathbb{II})$

13. 下列配合物平衡反应中，平衡常数 $K^{\ominus} > 1$ 的是(　　)。

  A. $[HgCl_4]^{2-} + 4I^- = [HgI_4]^{2-} + 4Cl^-$

  B. $[FeF_6]^{3-} + 6SCN^- = [Fe(SCN)_6]^{3-} + 6F^-$

  C. $[Cu(NH_3)_4]^{2+} + Zn^{2+} = [Zn(NH_3)_4]^{2+} + Cu^{2+}$

  D. $[Ag(CN)_2]^- + 2NH_3 = [Ag(NH_3)_2]^+ + 2CN^-$

14. 如果某电对的氧化型和还原型同时生成配位体和配位数相同的配合物，其 $\varphi^{\ominus}$ 一定(　　)。

  A. 变小　　　　　　B. 变大　　　　　　C. 不变　　　　　　D. 由具体情况决定

15. 已知 $\varphi^{\ominus}(Hg^{2+}/Hg) = 0.85$ V，$K_f^{\ominus}[Hg(CN)_4]^{2-} = 2.5 \times 10^{41}$，则 $\varphi^{\ominus}\{[Hg(CN)_4]^{2-}/Hg\}$ 等于(　　)。

  A. 0.37 V　　　　　B. −0.37 V　　　　　C. 0.30 V　　　　　D. −0.30 V

二、填空题

1. 下列各电极的大小的顺序是_____。

已知：$K_{sp}^{\ominus}(AgI) = 8.51 \times 10^{-17}$，$K_f^{\ominus}[Ag(NH)_2]^+ = 1.1 \times 10^7$，$K_f^{\ominus}[Ag(CN)_2]^- = 1.3 \times 10^{21}$

  (1)(Ag^+/Ag)　　　　　　　　　　　(2)(AgI/Ag)

  (3)$\{Ag(NH_3)_2]^+/Ag\}$　　　　　　　(4)$\{[Ag(CN)_2]^{2-}/Ag\}$

2. 配合物$(NH_4)_2[FeF_5(H_2O)]$的系统命名为_____，配离子的电荷是_____，中心离子的配位数是_____。根据价键理论，中心原子的杂化轨道为_____，属_____型配合物(填"内轨"或"外轨")，磁矩估算值 $\mu=$_____B. M.。

3. 在配合物 $K_2[Cr(NH_3)Cl_5]$ 中，中心离子是_____；配位体是_____；配位数为_____，名称为_____。

4. 对下列配合物命名：

(1) $[Pt(NH_3)(NO_2)(Py)(NH_2OH)]Cl$ _____

(2) $[Cu(NH_3)_4][PtCl_4]$ _____

(3) $[Cr(H_2O)(en)(C_2O_4)(OH)]$ _____

(4) $cis\text{-}[Pt(NH_3)_2Cl_2]$ _____

5. 下列各对配离子稳定性大小的对比关系是（用"＞"或"＜"表示）

(1) $[Cu(en)_2]^{2+}$ _____ $[Cu(NH_3)_4]^{2+}$ (2) $[Ag(NH_3)_2]^+$ _____ $[Ag(S_2O_3)_2]^{3-}$

(3) $[FeF_6]^{3-}$ _____ $[Fe(CN)_6]^{3-}$ (4) $[Co(NH_3)_6]^{2+}$ _____ $[Co(NH_3)_6]^{3+}$

6. 室温下往 $AgNO_3$、$HgCl_2$、$CoCl_2$ 的溶液中各加入过量的浓氨水，主要产物分别为 _____，_____，_____。静置一段时间后_____溶液的颜色会发生变化。

7. 已知 $\varphi^{\ominus}(Fe^{3+}/Fe^{2+})=0.77$ V，$[Fe(CN)_6]^{3-}$ 的稳定常数为 1.0×10^{42}，$[Fe(CN)_6]^{4-}$ 的稳定常数为 1.0×10^{35}。则 $\varphi^{\ominus}[Fe(CN)_6]^{3-}/[Fe(CN)_6]^{4-}$ 值为_____V。

三、计算题

1. 欲用 100 cm^3 氨水溶解 0.717 g $AgCl$（Mr 为 143.3），求氨水的原始摩尔浓度至少为多少？已知：$K_f^{\ominus}[Ag(NH_3)_2]^+=1.1\times10^7$，$K_{sp}^{\ominus}=1.8\times10^{-8}$。

2. 已知：$[Ag(CN)_2]^-+e^-=Ag+2CN^-$，$\varphi^{\ominus}=-0.31$ V

$[Ag(S_2O_3)_2]^{3-}+e^-=Ag+2S_2O_3^{2-}$，$\varphi^{\ominus}=0.01$ V

试计算下列反应 $[Ag(S_2O_3)_2]^{3-}+2CN^-=[Ag(CN)_2]^-+2S_2O_3^{2-}$，在 298 K 时的平衡常数 $K^{\ominus}$，并指出反应自发的方向。

3. 已知 $[Zn(NH_3)_4]^{2+}$ 和 $[Zn(OH)_4]^{2-}$ 的离解常数分别为 1.0×10^{-9} 和 3.3×10^{-16}，$NH_3\cdot H_2O$ 的 $K_b^{\ominus}$ 为 1.8×10^{-5}，试求：

(1) $[Zn(NH_3)_4]^{2+}+4OH^- \rightleftharpoons [Zn(OH)_4]^{2-}+4NH_3$ 反应的平衡常数

(2) 1.0 $mol\cdot L^{-1}$ NH_3 溶液中 $c[Zn(NH_3)_4]^{2+}/c[Zn(OH)_4]^{2-}$ 的值。

四、简答题

1. 预测下列各组配合物稳定性大小，并请说明原因。

HgF_4^{2-}、$HgCl_4^{2-}$、$HgBr_4^{2-}$、HgI_4^{2-}

2. Fe^{2+} 离子与 CN^- 形成的配合物是抗磁性的，但与 H_2O 形成的配离子则是顺磁性的。说明原因。

3. $[Ni(CO)_4]$ 和 $[Ni(CN)_4]^{2-}$ 的立体构型有何不同？为什么？

10.3.2 同步练习答案

一、选择题

1. B 2. B 3. A 4. C 5. D 6. D 7. C 8. C 9. D 10. C 11. B 12. B 13. A 14. D 15. B

二、填空题

1. (1),(3),(2),(4)

2. 五氟·一水合铁(Ⅲ)酸铵，－2，6，sp^3d^2，外轨，5.9

3. Cr^{3+}，NH_3、Cl^-，6，五氯•一氨合铬(Ⅲ)酸钾

4.(1)氯化硝基•氨•羟基•吡啶合铂(Ⅱ)

(2)四氯合铂(Ⅱ)酸四氨合铜(Ⅱ)

(3)羟基•草酸根•水•乙二胺合铬(Ⅲ)

(4)顺式—二氯•二氨合铂(Ⅱ)

5.(1)＞，(2)＜，(3)＜，(4)＜

6.$[Ag(NH_3)_2]^+$、$Hg(NH_2)Cl$、$[Co(NH_3)_6]^{2+}$，$[Co(NH_3)_6]^{2+}$

7.0.36

三、计算题

1. 解：实际发生反应：$AgCl+2NH_3 \rightleftharpoons [Ag(NH_3)_2]^+ + Cl^-$

当 $AgCl$ 完全溶解时，由于 $[Ag(NH_3)_2]^+$ 的 $K_f^{\ominus}[Ag(NH_3)_2]^+=1.1\times10^7$ 较大，近似认为溶液中的 Ag^+ 完全转化为 $[Ag(NH_3)_2]^+$，同时也能产生相同量的 Cl^-。

$n(AgCl)\approx n[Ag(NH_3)_2]^+=n(Cl^-)=0.717/143.3=0.005\ mol$

设达到平衡时氨水的物质的量为 x mol

$$AgCl \quad + \quad 2NH_3 \quad \rightleftharpoons \quad [Ag(NH_3)_2]^+ \quad + \quad Cl^-$$

平衡浓度/mol•L^{-1} $\qquad x/0.1 \qquad 0.005/0.1 \qquad 0.005/0.1$

$$K^{\ominus}=\frac{\{c[Ag(NH_3)_2]^+/c^{\ominus}\}\cdot[c(Cl^-)/c^{\ominus}]}{[c(NH_3)^2/c^{\ominus}]^2}=K_f^{\ominus}\cdot K_{sp}^{\ominus}=1.1\times10^7\times1.8\times10^{-8}$$

$$=0.198=\frac{(0.005/0.1)^2}{(x/0.1)^2}$$

$$x=0.01\ mol$$

需要的 $NH_3=$ 平衡时的 NH_3+ 消耗的 $NH_3=0.01+0.005\times2=0.02\ mol$

故氨水的原始摩尔浓度为：$0.02/0.1=0.2\ mol/L$

2. 解：对于反应 $[Ag(S_2O_3)_2]^{3-}+2CN^-=[Ag(CN_2)]^-+2S_2O_3^{2-}$，将其设计成一原电池，则

正极反应：$[Ag(S_2O_3)_2]^{3-}+e^-=Ag+2S_2O_3^{2-}$ $\quad \varphi^{\ominus}=0.01\ V$

负极反应：$[Ag(CN_2)]^-+e^-=Ag+2CN^-$ $\quad \varphi^{\ominus}=0.31\ V$

该原电池的电池电动势为

$$E^{\ominus}=\varphi^{\ominus}(+)-\varphi^{\ominus}(-)=0.01-(-0.31)=0.32\ V$$

根据 $lgK^{\ominus}=\frac{nE^{\ominus}}{0.059\ 2}=\frac{1\times0.32}{0.059\ 2}=5.41$，得

$$K^{\ominus}=2.54\times10^5$$

$K^{\ominus}>10^5$，因此说明该反应能够正向自发进行。

3. 解：(1)$[Zn(NH_3)_4]^{2+}$ 和 $[Zn(OH)_4]^{2-}$ 的离解常数分别为 1.0×10^{-9} 和 3.3×10^{-16}

则 $K_f^{\ominus}[Zn(NH_3)_4]^{2+}=\dfrac{1}{1.0\times10^{-9}}$，$K_f^{\ominus}[Zn(OH)_4]^{2-}=\dfrac{1}{3.2\times10^{-16}}$

对于平衡：$[Zn(NH_3)_4]^{2+}+4OH^- \rightleftharpoons [Zn(OH)_4]^{2-}+4NH_3$

$$K^{\ominus}=\frac{\{c[Zn(OH)_4]^{2-}/c^{\ominus}\}\cdot[c(NH_3)/c^{\ominus}]^4}{\{c[Zn(NH_3)_4]^{2+}/c^{\ominus}\}\cdot[c(OH^-)/c^{\ominus}]^4}\cdot\frac{c(Zn^{2+})/c^{\ominus}}{c(Zn^{2+})/c^{\ominus}}$$

$$=\frac{K_f^{\ominus}[Zn(OH)_4]^{2-}}{K_f^{\ominus}[Zn(NH_3)_4]^{2+}}=\frac{1.0\times10^{-9}}{3.6\times10^{-16}}=3.0\times10^6$$

$(2)c(NH_3)=1.0\ mol\cdot L^{-1}\quad c(OH^-)=\sqrt{1.8\times10^{-5}\times1}=4.2\times10^{-3}\ mol\cdot L^{-1}$

$$K^{\ominus}=\frac{c[(Zn(OH)_4]^{2-}\times1^4}{c[Zn(NH_4)]^{2+}\times(4.2\times10^{-3})^4}=3.0\times10^6$$

$$\frac{c[Zn(NH_3)_4]^{2+}}{c[Zn(OH)_4]^{2-}}=1.07\times10^3$$

四、简答题

1. **答：**稳定性 $HgF_4^{2-}<HgCl_4^{2-}<HgBr_4^{2-}<HgI_4^{2-}$。

根据 HSAB(硬软酸碱)理论，Hg^{2+} 为 18 电子构型阳离子，属软酸，作为配体的 X^- 为软碱时，其顺序为 $F^-<Cl^-<Br^-<I^-$，因此配合物的稳定性为：$HgF_4^{2-}<HgCl_4^{2-}<HgBr_4^{2-}<HgI_4^{2-}$。

或由极化力、变形性、附加极化作用加以解释。

Hg^{2+} 既有较强的极化作用，又有较大的变形性，Hg^{2+} 与半径较大的 I^- 之间能产生较强的相互极化作用，与半径较小的 F^- 之间产生的极化作用较弱，对于配体的半径 $F^-<Cl^-<Br^-<I^-$，即 Hg^{2+} 与配体之间的极化作用从 F^- 到 I^- 逐渐增强，因此，配合物的稳定性从 HgF_4^{2-} 到 HgI_4^{2-} 逐渐增强。

2. **答：**CN^- 为强场配体，配位时 Fe^{2+} 的价电子发生重排，形成内轨型配合物，即 Fe^{2+} 离子采取 d^2sp^3 杂化，所以 $[Fe(CN)_6]^{4-}$ 无成单电子，为抗磁性。

H_2O 为弱场配体，配位时 Fe^{2+} 的价电子不发生重排，形成外轨配合物，即 Fe^{2+} 离子采取 sp^3d^2 杂化，$[Fe(H_2O)_6]^{2+}$ 有 4 个成单电子，为顺磁性。

3. **答：**$Ni(CO)_4$ 中心原子 Ni 原子的价电子构型为 $3d^84s^2$，与强配体 CO 配位时电子会发生重排，采取 sp^3 杂化，为四面体构型。$[Ni(CN)_4]^{2-}$ 中心离子 Ni^{2+} 的价电子构型为 $3d^8$，与强配体 CN^- 配位时电子会发生重排，采取 dsp^2 杂化，为平面正方形。

10.4 《普通化学》教材思考题与习题答案

1. 试标出下列各配合物的中心离子、配位体、配位原子、配位数以及配位离子的电荷数：$K_4[Fe(CN)_6]$、$Na_3[AlF_6]$、$[CoCl_2(NH_3)_3(H_2O)]Cl$、$[PtCl_4(NH_3)_2]$、$[Co(en)_3]Cl_3$

答：$(1)K_4[Fe(CN)_6]$：配位单元为 $[Fe(CN)_6]^{4-}$。其中，中心离子为 Fe^{2+}；配位体为 CN^-，配位原子是 C 原子，CN^- 是单齿配体，故配位数为 6；配离子的电荷数为 -4。

$(2)Na_3[AlF_6]$：配位单元为 $[AlF_6]^{3-}$。其中，中心离子是 Al^{3+}；配位体为 F^-，配位原子是 F 原子，F^- 是单齿配体，配位数为 6；配离子的电荷数为 $+3$。

$(3)[CoCl_2(NH_3)_3(H_2O)]Cl$：配位单元为 $[CoCl_2(NH_3)_3(H_2O)]^+$。其中，中心离子为 Co^{3+}；配位体有 Cl^-、NH_3、H_2O，都是单齿配体，配位原子分别是：Cl、N、O，配位数为 6；配离子的电荷数为 $+1$。

（4）$[PtCl_4(NH_3)_2]$：配位单元为$[PtCl_4(NH_3)_2]$。其中，中心离子为：Pt^{4+}；配位体有Cl^-、NH_3，配位原子分别是 Cl、N，都是单齿配体，所以配位数为 6；配位单元为中性分子。

（5）$[Co(en)_3]Cl_3$：配位单元为$[Co(en)_3]$。其中，中心离子为Co^{3+}；配位体为 en，乙二胺，是双齿配体，配位原子是两个 N 原子，配位数为 6；配离子的电荷数为+3。

2. 根据下列配合物的名称写出它们的化学式。

（1）二硫代硫酸合银（Ⅰ）酸钠　　　　　（2）四硫氰·二氨合铬（Ⅱ）酸铵

（3）四氯合铂酸（Ⅱ）六氨合铂（Ⅱ）　　（4）硫酸一氯·一氨·二乙二胺合铬（Ⅲ）

（5）二氯·一草酸根·一乙二胺合铁（Ⅱ）离子。

答：（1）二硫代硫酸合银（Ⅰ）酸钠　　　　$Na_3[Ag(S_2O_3)_2]$

（2）四硫氰·二氨合铬（Ⅱ）酸铵　　　　$(NH_4)_2[Cr(SCN)_4(NH_3)_2]$

（3）四氯合铂酸（Ⅱ）六氨合铂（Ⅱ）　　$[Pt(NH_3)_6][PtCl_4]$

（4）硫酸一氯·一氨·二乙二胺合铬（Ⅲ）　$[CrCl(NH_3)(en)_2]SO_4$

（5）二氯·一草酸根·一乙二胺合铁（Ⅱ）离子$[FeCl_2(C_2O_4)(en)]^{2-}$

3. 两种不同钴的配位化合物具有相同的化学式 $Co(NH_3)_5BrSO_4$。将配合物溶液加入$BaCl_2$溶液时，第一种配合物溶液产生$BaSO_4$沉淀，第二种溶液无明显现象。若加入$AgNO_3$溶液，第一种配合物溶液中无明显现象，第二种溶液中产生 AgCl 沉淀。试写出这两种配合物的分子式，并指出 Co 的配位数和化合价。

答：第一种配合物是$[Co(NH_3)_5Br]SO_4$，其中 Co 的配位数为 6，氧化数为+3；第二种配合物是$[Co(NH_3)_5SO_4]Br$，其中 Co 的配位数、氧化数与第一种相同，分别是 6、+3。

4. 已知在$[Co(NH_3)_6]^{3+}$配离子中没有单电子，由此可以推断Co^{3+}采取的成键杂化轨道是（　　）。

A. sp^3　　　　B. sp^3d^2　　　　C. d^2sp^3　　　　D. dsp^2

答：C。Co^{3+}的价电子构型为$3d^6$，自由离子状态时电子构型为：↑↓ ↑ ↑ ↑ ↑，当价电子发生重排时，电子构型为↑↓ ↑↓ ↑↓ ，此时无单电子，故形成配合物时，Co^{3+}会发生电子重排，内层轨道参与杂化，而配位数为 6，所以四个选项中 C 是正确的。

5. 在 Fe（Ⅲ）的内轨型配离子中，单电子数为（　　）。

A. 1　　　　B. 3　　　　C. 5　　　　D. 8

答：A。Fe（Ⅲ）的价电子构型为$3d^5$，在形成内轨型配合物的时候价电子会发生重排，故单电子数为 1。

6. 用少量的$AgNO_3$处理$[FeCl(H_2O)]Br$溶液，将产生沉淀，沉淀的主要成分是（　　）。

A. AgBr　　B. AgCl　　C. AgBr 和 AgCl　　D. $Fe(OH)_2$

答：A。配合物$[FeCl(H_2O)]Br$内界为$[FeCl(H_2O)]$，外界为Br^-，内界与外界在水溶液中发生完全解离，故与Ag^+反应生成的沉淀应主要是 AgBr。配体Cl^-只能部分解离，$AgNO_3$仅是少量，故沉淀主要是 AgBr。

7. 相同中心原子所形成的外轨型配合物与内轨型配合物，稳定程度一般为（　　）。

A. 外轨型＞内轨型　　　　　　B. 内轨型＞外轨型

C. 两者稳定性没有区别　　　　D. 不能比较

答：B。

8. 价键理论认为，中心离子（原子）必须能提供_____，配位体的配位原子必须具有_____，配合物的空间构型决定于_____。

答： 空的价层轨道，孤对电子，中心离子（原子）的杂化轨道类型。

9. 配合物 $K_3[FeF_6]$ 的空间构型为正八面体，中心离子采取的杂化轨道类型为_____，该配合物属于_____型。

答： sp^3d^2，外轨

10. 向 AgCl 沉淀中加入氨水生成_____，再加入 KBr 溶液则生成_____，再加入过量 $Na_2S_2O_3$ 则生成_____。（填写化学式）

答： $[Ag(NH_3)_2]^+$，$AgBr$，$[Ag(S_2O_3)_2]^{3-}$

11. 在含有 Ag^+ 的溶液中，加入适量的 $Cr_2O_7^{2-}$ 溶液后，有砖红色沉淀析出，向上述体系中加入适量 Cl^- 后，砖红色沉淀转化为白色沉淀，再向上述体系中加入足量的 $S_2O_3^{2-}$ 溶液后，沉淀溶解，则各步反应的离子方程式分别为_____。

答： $(1)\ 2Ag^+(aq) + Cr_2O_7^{2-}(aq) \rightleftharpoons Ag_2Cr_2O_7 \downarrow$（砖红色）

$(2)\ Ag_2Cr_2O_7(s，砖红色) + 2Cl^-(aq) \rightleftharpoons 2AgCl(s，白色) + Cr_2O_7^{2-}(aq)$

$(3)\ 2AgCl(s，白色) + S_2O_3^{2-}(aq) \rightleftharpoons [Ag(S_2O_3)_2]^{3-}(aq) + 2Cl^-(aq)$

12. Ni^{2+} 与 CN^- 生成反磁性的正方形配离子 $[Ni(CN)_4]^{2-}$，而与 Cl^- 却生成顺磁性的四面体配离子 $[NiCl_4]^{2-}$，请用价键理论解释该现象。

答： Ni^{2+} 的价电子构型为 $3d^8$，当配体为强配体时，Ni^{2+} 的价电子会发生重排；当配体为弱配体时，Ni^{2+} 的价电子保持自由离子时的状态。

在配合物 $[Ni(CN)_4]^{2-}$ 中，Ni^{2+} 的价电子构型为 $3d^8$，配体 CN^- 为强配体，配位数为 4，故 Ni^{2+} 将发生重排，重排后的电子构型为 ↑↓ ↑↓ ↑↓ ↑↓ ＿，故 Ni^{2+} 将采取 dsp^2 杂化，并用 dsp^2 杂化轨道与四个 CN^- 成键，形成正方形的配离子。且因 Ni^{2+} 的价电子发生重排，无单电子，因此配合物具有抗磁性。

在配合物 $[NiCl_4]^{2-}$ 中，配体 Cl^- 为弱配体，配位数为 4，Ni^{2+} 的价电子不发生重排，内层轨道 d 轨道的电子构型为 ↑↓ ↑↓ ↑↓ ↑ ↑，故只能使用外层轨道参与杂化，并使用 sp^3 杂化轨道与四个 Cl^- 成键，形成正四面体的配离子。且由于存在单电子，因此，配合物具有顺磁性。

13. 根据配位化合物的价键理论，指出下列配离子的中心离子杂化轨道类型及配离子的空间构型，并指出该配离子属于内轨型或外轨型配合物。

$[Cd(NH_3)_4]^{2+}$、$[Ni(NH_3)_4]^{2+}$（低自旋）

答： $[Cd(NH_3)_4]^{2+}$ 配合物 $[Cd(NH_3)_4]^{2+}$ 的配位数为 4，Cd^{2+} 的价电子构型为 $4d^{10}$。因此，中心离子只能用外层轨道参与杂化，杂化方式为 sp^3，配离子的空间构型为四面体型，且该配离子属于外轨型配合物。

$[Ni(NH_3)_4]^{2+}$ 该配合物的配位数为 4，Ni^{2+} 的价电子构型为 $3d^8$，由于配合物是低自旋型配合物，说明中心离子的价电子发生重排，重排后电子构型为 ↑↓ ↑↓ ↑↓ ↑↓ ＿。因此，中心离子会采取 dsp^2 杂化，配离子的空间构型为平面正方形，且该配离子属于内轨型配合物。

14. 若向 $[Zn(NH_3)_4]SO_4$ 溶液中加入少量下列物质，请判断平衡：$[Zn(NH_3)_4]^{2+} \rightleftharpoons$

$Zn^{2+} + 4NH_3$，移动的方向。

(1)KCN 溶液；(2)Na$_2$S 溶液；(3)NH$_3$·H$_2$O；(4)稀 H$_2$SO$_4$ 溶液。

答：(1)在 KCN 溶液中存在以下平衡：

$$[Zn(NH_3)_4]^{2+} + 4CN^- \rightleftharpoons [Zn(CN)_4]^{2-} + 4NH_3$$

$$K^\ominus = \frac{K_f^\ominus[Zn(CN)_4]^{2+}}{K_f^\ominus[Zn(NH_3)_4]^{2+}} = \frac{5.01 \times 10^{16}}{2.88 \times 10^9} = 1.74 \times 10^7 > 10^5$$

说明该平衡将向着正反应方向进行，生成[Zn(CN)$_4$]$^{2-}$。即：平衡[Zn(NH$_3$)$_4$]$^{2+}$ $\rightleftharpoons$ $Zn^{2+} + 4NH_3$ 将向着正反应方向进行。

(2)在 Na$_2$S 溶液中存在以下平衡：

$$[Zn(NH_3)_4]^{2+} + S^{2-} \rightleftharpoons ZnS\downarrow + 8NH_3$$

$$K^\ominus = \frac{1}{K_{sp}^\ominus(ZnS) \cdot K_f^\ominus[Zn(NH_3)_4]^{2+}} = \frac{1}{1.6 \times 10^{-24} \times 2.88 \times 10^9} = 4.61 \times 10^{15} > 10^5$$

说明该平衡将向着正反应方向进行，生成 ZnS。即：平衡[Zn(NH$_3$)$_4$]$^{2+}$ $\rightleftharpoons$ Zn^{2+} + $4NH_3$ 将向着正反应方向进行。

(3)在 NH$_3$·H$_2$O 溶液中，由于平衡[Zn(NH$_3$)$_4$]$^{2+}$ $\rightleftharpoons$ $Zn^{2+} + 4NH_3$ 中配体增多，平衡将向逆反应方向移动。

(4)在稀 H$_2$SO$_4$ 溶液中，由于稀硫酸具有酸性，而配体 NH$_3$ 具有碱性，会发生酸碱反应，即减少平衡[Zn(NH$_3$)$_4$]$^{2+}$ $\rightleftharpoons$ $Zn^{2+} + 4NH_3$ 中产物的量，平衡将向正反应方向移动。

15. 在 0.010 mol·L^{-1} 的[Ag(NH$_3$)$_2$]$^+$溶液中，NH$_3$ 浓度为 0.20 mol·L^{-1}，计算溶液中 Ag$^+$ 的浓度。{已知 $K^\ominus$[Ag(NH$_3$)$_2$]$^+$ = 1.1×10^7}

答：溶液中存在的平衡 Ag$^+$ + 2NH$_3$ $\rightleftharpoons$ [Ag(NH$_3$)$_2$]$^+$，设达到平衡时溶液中 Ag$^+$ 的浓度为 x mol·L^{-1}

$$\begin{array}{cccc} & Ag^+ & + \quad 2NH_3 & \rightleftharpoons \quad [Ag(NH_3)_2]^+ \end{array}$$

平衡浓度/mol·L^{-1}　　　x　　　　0.20　　　　　0.010

$$K_f^\ominus[Ag(NH_3)_2]^+ = \frac{c[Ag(NH_3)_2]^+/c^\ominus}{[c(Ag^+)/c^\ominus] \cdot [c(NH_3)/c^\ominus]^2} = \frac{0.010}{0.20^2 x} = 1.1 \times 10^7$$

$$x = 2.27 \times 10^{-8} \ mol \cdot L^{-1}$$

即溶液中 Ag$^+$ 的浓度为 2.27×10^{-8} mol·L^{-1}。

16. 在浓度为 0.20 mol·L^{-1} 的硝酸银溶液与相同体积且浓度为 1.0 mol·L^{-1} 氨水混合，计算混合液中 Ag$^+$ 的浓度。

解：当 AgNO$_3$ 溶液与 NH$_3$·H$_2$O 溶液等体积混合后浓度均减半，即

$$[Ag^+] = 0.10 \ mol \cdot L^{-1} \quad [NH_3 \cdot H_2O] = 0.5 \ mol \cdot L^{-1}$$

设达到平衡时 Ag$^+$ 的浓度为 x mol·L^{-1}

则　　　　　　　　　　Ag$^+$　　+　　2NH$_3$　$\rightleftharpoons$　[Ag(NH$_3$)$_2$]$^+$

起始浓度/mol·L^{-1}　　　0.10　　　　0.50　　　　　　　0

平衡浓度/mol·L^{-1}　　　x　　　0.50−2(0.10−x)　　　0.10−x

$$K_f^\ominus[Ag(NH_3)_2]^+ = \frac{0.01-x}{[0.50-2(0.10-x)]^2 \cdot x} = 1.1 \times 10^7$$

由于 $K_f^{\ominus}[Ag(NH_3)_2]^+=1.1\times10^7>10^5$，可以认为平衡正向进行程度较大，达到平衡时溶液中残留 Ag^+ 的浓度较低，因此 $0.10-x\approx0.10$，则

$$K_f^{\ominus}[Ag(NH_3)_2]^+=\frac{0.01-x}{[0.50-2(0.10-x)]^2\cdot x}\approx\frac{0.10}{0.30^2x}=1.1\times10^7$$

$$x=1.0\times10^7\ mol\cdot L^{-1}$$

即混合溶液中 Ag^+ 的浓度为 $1.0\times10^{-7}\ mol\cdot L^{-1}$。

17. 计算 $0.5\ L$ 含有 $1.0\ mol\cdot L^{-1}\ Na_2S_2O_3$ 的溶液可溶解 AgBr 固体多少克？

答： AgBr 溶于 $Na_2S_2O_3$ 溶液发生的反应是：$AgBr+2S_2O_3^{2-}=[Ag(S_2O_3)_2]^{3-}+Br^-$

$K^{\ominus}=K_{sp}^{\ominus}(AgBr)\cdot K_f^{\ominus}[(Ag(S_2O_3)_2]^{3-}=5.35\times10^{-13}\times2.88\times10^{13}=15.41$

设该溶液可溶解 x mol AgBr，则 $n(AgBr，溶液)=n(Br^-)=n[Ag(S_2O_3)_2]^{3-}=x$ mol

$$AgBr+2S_2O_3^{2-}=[Ag(S_2O_3)_2]^{3-}+Br^-$$

起始物质的量/mol $\quad\quad 0.5\times1.0 \quad\quad 0 \quad\quad 0$

平衡时物质的量/mol $\quad 0.5\times1.0-2x \quad x \quad x$

$$K^{\ominus}=\frac{x^2}{(0.5-2x)^2}=15.41$$

$$x=0.22\ mol$$

可溶解 AgBr：$m=0.22\times(107.87+79.90)=41.3\ g$

18. 在含有 $2.5\times10^{-3}\ mol\cdot L^{-1}\ AgNO_3$ 和 $0.41\ mol\cdot L^{-1}\ NaCl$ 溶液里，为使 Ag^+、Cl^- 不沉淀，溶液中最少含有 CN^- 的浓度为多少？已知 $[Ag(CN)_2]^-$ 的 $K_f^{\ominus}=1.26\times10^{21}$，AgCl 的 $K_{sp}^{\ominus}=1.77\times10^{-10}$。

答： 据题意，可视为 Ag^+ 与过量的 Cl^- 先生成 AgCl 沉淀，再在溶液中加入 CN^- 使得 AgCl 全部溶解，平衡关系为：$AgCl+2CN^-=[Ag(CN)_2]^-+Cl^-$

$K^{\ominus}=K_{sp}^{\ominus}(AgCl)\cdot K_f^{\ominus}[Ag(CN)_2]^-$

$=1.77\times10^{-10}\times1.26\times10^{21}=2.23\times10^{11}$

该反应正向进行程度较大，即 AgCl 转化为 $[Ag(CN)_2]^-$ 较完全。

则 $c[Ag(CN)_2]^-=2.5\times10^{-3}\ mol\cdot L^{-1}$

设溶液中 CN^- 的平衡浓度为 $x\ mol\cdot L^{-1}$，则

$$AgCl+2CN^-=[Ag(CN)_2]^-+Cl^-$$

平衡浓度/mol·L⁻¹ $\quad\quad x \quad\quad 2.5\times10^{-3} \quad 0.41$

要使 Ag^+、Cl^- 不沉淀，平衡应向正反应方向进行，即该反应的 $Q\leqslant K^{\ominus}$。

$$Q=\frac{\{c[Ag(CN)_2]^-/c^{\ominus}\}\cdot\{c(Cl^-)/c^{\ominus}\}}{[c(CN^-)/c^{\ominus}]^2}=\frac{2.5\times10^{-3}\times0.41}{x^2}\leqslant K^{\ominus}=2.23\times10^{11}$$

$$x\geqslant6.78\times10^{-1}\ mol\cdot L^{-1}$$

溶液中最少含有 $c(CN^-)=$ 生成 $[Ag(CN)_2]^-$ 消耗的 $c(CN^-)+$ 达到平衡时 $c(CN^-)$

$$=2\times2.5\times10^{-3}+6.78\times10^{-8}\approx5\times10^{-3}\ mol\cdot L^{-1}$$

即溶液中最少含有 $5\times10^{-3}\ mol\cdot L^{-1}\ CN^-$ 才能使 Ag^+、Cl^- 不沉淀。

第 11 章
元素概述

11.1　内容提要

11.1.1　副族元素(过渡元素)价电子层构型的特点

副族元素是指电子未完全充满 d 轨道或 f 轨道的元素,包括 d 区、ds 区和 f 区元素。从原子的电子层结构上看,价电子依次填充 $(n-1)$d 轨道[f 区元素,价电子依次填充 $(n-2)$f 轨道,称为内过渡元素],恰好完成了该轨道部分填充到完全充满的过渡。副族元素又称过渡元素或过渡金属。

d 区元素包括周期表中ⅢB 族~Ⅷ族元素,价电子层构型为:$(n-1)$d$^{1\sim9}$$ns^{1\sim2}$。它们的最外层和次外层电子都没有填满,最外层电子数只有 1 或 2 个,且保持不变。

ds 区元素包括周期表中ⅠB 族、ⅡB 族元素,价电子层构型为:$(n-1)$d^{10}ns$^{1\sim2}$。它们次外层的 d 轨道已经填满,最后一个电子依次填充在最外层的 s 轨道上($s^{1\sim2}$)。它们的次外层上的 d 电子也参加成键。

d 区元素和 ds 区元素的原子增加的电子是填充在次外层 d 亚层上。它们的外层电子构型与 s 区的区别是次外层出现的 d 电子导致次外层从 8 电子填充至 18 电子,增加的次外层 d 电子给过渡元素带来一系列独特的性质。

11.1.2　过渡元素的化学性质

11.1.2.1　化学活泼性

①过渡元素一般不与水反应,但第一过渡系的金属能与盐酸或硫酸作用,置换出氢气。
②同族元素(除Ⅲ族)从上往下,它们的金属性是逐渐减弱的。
③同周期从左到右金属性逐渐减弱。
④金属表面易被"钝化",形成致密氧化膜,影响金属活泼性。

11.1.2.2　过渡元素的其他性质

①单质能与非金属直接形成化合物。
②过渡元素易形成配位化合物。

11.1.3　铬和锰的重要化合物的性质

11.1.3.1　铬的重要化合物

铬的最重要的盐是铬酸盐和重铬酸盐，在水溶液中存在下列平衡：

$$2CrO_4^{2-} + 2H^+ = Cr_2O_7^{2-} + H_2O$$
$$\quad\text{黄色}\qquad\qquad\text{橙红色}$$

酸度对平衡的影响很大，加酸时，平衡向右移动，溶液中 $Cr_2O_7^{2-}$ 占优势；加碱时，平衡向左移动，CrO_4^{2-} 占优势。

重铬酸盐在酸性溶液中是强氧化剂。实验室中所用的铬酸洗液就是重铬酸钾饱和溶液和浓硫酸的混合物。洗液经使用后，棕红色逐渐转变成暗绿色。若全部变成暗绿色，说明 $Cr(\text{VI})$ 已转化成为 $Cr(\text{III})$，洗液已失效，如：

$$Cr_2O_7^{2-} + 6Fe^{2+} + 14H^+ = 2Cr^{3+} + 6Fe^{3+} + 7H_2O$$

11.1.3.2　锰的重要化合物

锰的 +2、+3、+7 氧化态化合物较稳定，其中高锰酸钾是锰的最重要的含氧酸盐。高锰酸钾是深紫色的晶体，其水溶液呈紫红色。光对高锰酸盐的分解具有催化作用，高锰酸钾溶液必须保存于棕色瓶中。高锰酸钾是最重要和常用的氧化剂之一。它的氧化能力和还原产物因介质的酸碱性不同而不同。

在酸性溶液中，MnO_4^- 还原为 Mn^{2+}：

$$MnO_4^- + 5Fe^{2+} + 8H^+ = Mn^{2+} + 5Fe^{2+} + 4H_2O$$

在微酸性、中性及微碱性溶液中，MnO_4^- 被还原成 MnO_2：

$$2MnO_4^- + 3SO_3^{2-} + H_2O = 2MnO_2 \downarrow + 3SO_4^{2-} + 2OH^-$$

在强碱性溶液中，MnO_4^- 被还原成绿色的 MnO_4^{2-}：

$$2MnO_4^- + SO_3^{2-} + 2OH^- = 2MnO_4^{2-} + SO_4^{2-} + H_2O$$

11.2　典型例题解析

【例 11-1】实验室过去常用铬酸洗液(组成：$K_2Cr_2O_7$ + 浓 H_2SO_4)来洗涤玻璃仪器，原理是什么？为什么现在不再使用洗液来清洗玻璃仪器？根据洗液的原理，请你从常见的化学试剂中选择合适的试剂作洗液代用品，说明你的理由。

解：铬酸洗液是重铬酸钾饱和溶液和浓硫酸的混合物。洗液经使用后，棕红色逐渐转变成暗绿色。若全部变成暗绿色，说明 $Cr(\text{VI})$ 已转化成为 $Cr(\text{III})$，洗液已失效，其原理是利用了 $Cr(\text{VI})$ 强的氧化性及 H_2SO_4 的强酸性。如：

$$Cr_2O_7^{2-} + 6Fe^{2+} + 14H^+ = 2Cr^{3+} + 6Fe^{3+} + 7H_2O$$

由于 $Cr(\text{VI})$ 污染环境，是致癌性物质，因此停止使用。

可以用王水[V(浓 HNO_3)：V(浓 HCl) = 1：3]代替。利用 HNO_3 强氧化性，Cl^- 的络合

性，大多数金属硝酸盐可溶等性质。由于 $HNO_3 - HCl$ 溶液在放置过程会分解，因此王水应现用现配。

【例 11-2】在 $MnCl_2$ 溶液中加入适量的 HNO_3，再加入 $NaBiO_3$，溶液中出现紫色后又消失。试说明其原因，并写出有关反应的化学方程式。

解：$NaBiO_3$ 在适量的 HNO_3 溶液中，能把 Mn^{2+} 氧化为 MnO_4^-，使溶液呈紫色。即

$$2Mn^{2+} + 5NaBiO_3 + 14H^+ = 2MnO_4^- + 5Bi^{3+} + 5Na^+ + 7H_2O$$

但是，当溶液中有 Cl^- 存在时，紫色出现后会立即褪去。这是由于 MnO_4^- 被 Cl^- 还原的缘故。

$$2MnO_4^- + 10Cl^- + 16H^+ = 2Mn^{2+} + 5Cl_2\uparrow + 8H_2O$$

当 Mn^{2+} 过多时，也会在紫色出现后立即消失。这是因为生成的 MnO_4^- 又被过量的 Mn^{2+} 还原：

$$2MnO_4^- + 3Mn^{2+} + 2H_2O = 5MnO_2\downarrow(棕褐色) + 4H^+$$

【例 11-3】在 $K_2Cr_2O_7$ 的饱和溶液中加入浓硫酸，并加热到 200 ℃时，发现溶液的颜色变为蓝绿色，经检查反应开始时溶液中并无任何还原剂存在，试说明上述变化的原因。

解：在 $K_2Cr_2O_7$ 的饱和溶液中加入浓硫酸，即可析出暗红色的 CrO_3 晶体：

$$K_2Cr_2O_7 + H_2SO_4(浓) = 2CrO_3\downarrow + K_2SO_4 + H_2O$$

CrO_3 的熔点为 196 ℃，对热不稳定，加热超过熔点则分解放出氧气：

$$CrO_3 \xrightarrow{\triangle} 2Cr_2O_3 + 3O_2\uparrow$$

Cr_2O_3 是溶解或熔融皆难的两性氧化物，和浓硫酸反应生成 $Cr_2(SO_4)_3$ 和 H_2O：

$$Cr_2O_3 + 3H_2SO_4 = Cr_2(SO_4)_3 + 3H_2O$$

Cr_2O_3 是绿色物质，部分 Cr_2O_3 与 H_2SO_4 反应后生成蓝绿色的 $Cr_2(SO_4)_3$ 溶液，我们观察到溶液的颜色即为 Cr^{3+} 离子的显色(蓝绿色)。

11.3　同步练习及答案

11.3.1　同步练习

一、是非题

1. 对于主族元素，从上往下，"较低氧化态"越来越稳定。（　　）

2. 主族金属元素分布于周期系的 s 区和 d 区。（　　）

3. 卤素单质的氧化能力次序为 $F_2 > Cl_2 > Br_2 > I_2$。（　　）

4. 过渡元素一般不与水反应，但第一过渡系的金属能与盐酸或硫酸作用，置换出氢气。（　　）

5. 高锰酸钾是最重要和常用的氧化剂之一。它的氧化能力和还原产物因介质的酸碱性不同而不同。（　　）

二、选择题

1. 主族元素单质密度在同一周期呈现出（　　）的特征。

A. 两头小中间大   B. 逐渐增大   C. 逐渐减小   D. 无规律

2. 元素周期表中熔点最高的是(   )。

A. 石墨   B. 金刚石   C. 银   D. 铁

3. 在某种酸化的黄色溶液中,加入锌粒,溶液颜色从黄经过蓝、绿直到变为紫色,该溶液中含有(   )。

A. Fe^{3+} B. VO_2^+ C. CrO_4^{2-} D. $Fe(CN)_6^{4-}$

4. 1998 年中国十大科技成果之一是合成一维纳米氮化镓。已知镓是第 Ⅲ A 族元素,则氮化镓的化学式可能是(   )。

A. Ga_3N_2 B. Ga_2N_3 C. GaN D. Ga_3N

5. 用足量的一氧化碳还原 14.5 g 铁的氧化物的混合物。将生成的气体通入足量的澄清石灰水中,生成沉淀 25 g,则该混合物的组合不可能是(   )。

A. Fe_2O_3、Fe_3O_4、FeO B. Fe_2O_3、Fe_3O_4

C. Fe_3O_4、Fe_2O_3 D. FeO、Fe_2O_3

6. 随着人们生活节奏加快,方便的小包装食品已被广泛接受。为了延长食品的保质期,防止食品受潮及富脂食品氧化变质,在包装袋中应放入的化学物质是(   )。

A. 无水硫酸铜、蔗糖   B. 硅胶、硫酸亚铁

C. 食盐、硫酸亚铁   D. 生石灰、食盐

7. 家用炒菜铁锅用水清洗放置后,出现红棕色的锈斑,在此变化过程中不发生的化学反应是(   )。

A. $4Fe(OH)_2 + 2H_2O + O_2 = 4Fe(OH)_3 \downarrow$

B. $2Fe + 2H_2O + O_2 = 2Fe(OH)_2 \downarrow$

C. $2H_2O + O_2 + 4e^- = 4OH^-$

D. $Fe - 3e^- = Fe^{3+}$

8. 人类有一个美好的理想:利用太阳光能和催化剂分解水以获得巨大的能源——氢能源。20 世纪 70 年代已有化学家开发研究了有关元素的化合物作为光电极材料初步实现这一变化。已知该元素 N 层电子数和 K 层电子数相等,并和它的 M 层 d 亚层中的电子数相等。某元素可能是(   )。

A. 铍   B. 钛   C. 铁   D. 铜

9. 过渡金属和许多非金属的共同点是(   )。

A. 有高的电负性   B. 许多化合物有颜色

C. 有多种氧化态   D. 许多化合物具有顺磁性

10. 2008 年 9 月 25 日 21 时 10 分,"神舟七号"顺利升空,并实施首次空间出舱活动。飞船的太阳能电池板有"飞船血液"之称,我国在砷化镓太阳能电池研究方面处于国际领先水平,下列有关说法正确的是(   )。

A. 砷元素符号为 As,位于元素周期表中第四周期 V A 族

B. 酸性:砷酸＞磷酸

C. 镓元素符号为 Ga,单质不能与水反应

D. 碱性:$Ga(OH)_3 ＜ Al(OH)_3$

三、填空题

1. 金属密度最小的是_____，密度最大的是_____。_____是所有单质中硬度最高的。熔、沸点最高的金属是_____。在金属中，导电性最强的是_____，其次是铜。

2. _____是橙红色晶体，俗称红矾钾。_____是绿色晶体，俗称绿矾。_____是深红色晶体，俗称赤血盐。

3. 某溶液中有 NH_4^+、Mg^{2+}、Fe^{2+}、Al^{3+} 离子，向其中加入过量的 NaOH 溶液，微热并搅拌，再加入过量的盐酸，溶液中大量减少的阳离子是_____。

4. 在橙色重铬酸钾的酸性溶液中加入硫酸亚铁溶液，最终得到浅绿色溶液，其反应方程式为_____。

5. 过渡金属元素的低价氧化物多呈_____性，_____溶于水，而高价氧化物呈_____，在酸性介质中具较强_____。

四、简答题

1. $Cr^{3+} + 3OH^- = Cr(OH)_3(s)$，$Cr(Ⅵ)$ 毒性很大，而 $Cr(Ⅲ)$ 对人体的毒性要小得多，请列出一种工业含 $Cr(Ⅵ)$ 废水的处理方法，写出相应的方程式。

2. 在同样的酸性条件，向 $KMnO_4$ 溶液滴加 K_2SO_3 溶液和向 K_2SO_3 溶液滴加 $KMnO_4$ 溶液，观察到的现象一样吗？写出有关的化学方程式。

11.3.2 同步练习答案

一、是非题
1. √ 2. × 3. √ 4. √ 5. √

二、选择题
1. A 2. B 3. C 4. C 5. C 6. B 7. D 8. B 9. C 10. A

三、填空题
1. 锂，锇，金刚石，钨，银

2. $K_2Cr_2O_7$，$FeSO_4 \cdot 7H_2O$，$K_3[Fe(CN)_6]$

3. NH_4^+ 和 Fe^{2+}

4. $Cr_2O_7^{2-} + 6Fe^{2+} + 14H^+ = 2Cr^{3+} + 6Fe^{3+} + 7H_2O$

5. 碱，难，酸，氧化性

四、简答题

1. **答**：在含铬废水中加入 $FeSO_4$，使 $Cr_2O_7^{2-} \rightarrow Cr^{3+}$，再加入 NaOH 至 pH6～8（加热，使沉淀完全），发生如下反应：

$Fe^{2+} + 2OH^- = Fe(OH)_2(s)$

$Fe^{3+} + 3OH^- = Fe(OH)_3(s)$

2. **答**：(1)向 $KMnO_4$ 滴加 K_2SO_3 溶液时，MnO_4^- 过量，而还原剂 K_2SO_3 不过量，这时 MnO_4^- 将被还原成 MnO_2：

$$2MnO_4^- + 3Mn^{2+} + 2H_2O = 5MnO_2 + 4H^+$$

(2)向 K_2SO_3 溶液中滴加 $KMnO_4$ 时，SO_3^{2-} 过量，将 MnO_4^- 还原成 Mn^{2+}：

$$2MnO_4^- + 5SO_3^{2-} + 6H^+ = 2Mn^{2+} + 5SO_4^{2-} + 3H_2O$$

11.4 《普通化学》教材思考题与习题答案

1. 简述主族元素电子层结构的特点与通性。

答：主族金属元素分布于周期系的 s 区和 p 区，s 区元素最外层电子构型 $ns^{1\sim2}$，包括 I A、II A 族，是活泼金属。p 区元素最外层电子构型 $ns^2np^{1\sim6}$，包括 III A～VII A 族元素和零族元素。

同族元素价电子构型基本相同，同周期元素，从左至右价电子数递增。

2. 过渡元素的价层电子结构怎样表示？

答：d 区和 ds 区元素统称为副族元素。从原子的电子层结构上看，价电子依次填充 $(n-1)d$ 轨道[f 区元素，价电子依次填充 $(n-2)f$ 轨道，称为内过渡元素]，恰好完成了该轨道部分填充到完全充满的过渡。副族元素又称过渡元素。

d 区元素包括周期表中 III B 族～VIII 族元素，价电子层构型为：$(n-1)d^{1\sim9}ns^{1\sim2}$。它们的最外层和次外层电子都没有填满，最外层电子数只有 1 或 2 个，且保持不变。

ds 区元素包括周期表中 I B 族、II B 族元素，价电子层构型为：$(n-1)d^{10}ns^{1\sim2}$。它们次外层的 d 轨道已经填满，最后一个电子依次填充在最外层的 s 轨道上($s^{1\sim2}$)。它们的次外层上的 d 电子也参加成键。

3. 过渡元素的特点有哪些？结合其电子结构进行讨论。

答：(1)密度、硬度较大，熔沸点较高，这是因为过渡元素金属键较强。

(2)水合离子和含氧酸根离子大多有颜色。其原因是它们的 d 轨道未充满电子，在可见光的照射下，吸收部分波长的可见光发生 d-d 跃迁，而水合离子呈现的颜色就是未被吸收的那一部分可见光的复合色。

(3)过渡金属及其化合物一般具有顺磁性。物质的磁性主要来源于成单电子的自旋运动，过渡元素的原子和离子一般都有成单的 d 电子，成单电子的自旋运动使其具有顺磁性。

(4)同一主族中自上而下，单质的还原性逐渐减弱。d 区(除第 III 副族外)和 ds 区金属的活泼性也较弱，从左到右一般有逐渐减弱的趋势。

(5)多变氧化态。过渡元素的氧化态表现出一定的规律性。在同周期中，自左至右随着原子序数的递增，元素的最高稳定氧化态先是逐渐升高，而后又逐渐降低。在同族中，最高氧化态自上而下逐渐趋于稳定。一般认为，自上而下 3d、4d、5d 电子层分散程度增大，受有效核电荷的作用逐渐减小，d 电子易失去而表现为高氧化态。

(6)易形成配合物。过渡元素原子的价层电子结构为 $(n-1)d^{1\sim9}ns^{1\sim2}np^0nd^0$；离子的价层电子结构为 $(n-1)d^{1\sim9}ns^0np^0nd^0$，它们都有能级相近的空轨道，能够接受配位体提供的电子对而形成配合物。

4. 结合钛的性质讨论其应用。

答：钛熔点较高，机械强度与钢相近。但其密度只有同体积钢的一半。钛是一种较活泼的金属，但其表面易形成一层致密的氧化物保护膜，使它具有很强的抗腐蚀性能。

5. 如何防止镉、汞污染？

答：用 10%NaCl 水溶液覆盖于汞的表面，防止汞蒸发。对于撒落的汞，可用硫粉收集，发生如下反应：

$$Hg + S = HgS\downarrow$$

含汞废水可用 Na_2S 处理(pH8～10)，生成 HgS 沉淀。

含镉废水可用漂白粉 $[Ca(ClO)_2]$ 处理：

$$Cd^{2+} + 2OH^- = Cd(OH)_2\downarrow$$

$$CN^- + ClO^- = CNO^- + Cl^-$$

模拟试题

期末考试模拟试题(一)

一、是非题：请在各题后括号中，用"√""×"分别表示题文中叙述是否正确。（本大题共 10 小题，每小题 1 分，总计 10 分）

1. 增大反应物浓度，使反应速率加快，原因是单位体积内高能量分子的百分数增加。（　　）

2. 溶度积相同的难溶电解质溶解度也相同。（　　）

3. CO_2 和 SiO_2 都是共价型化合物，所以形成同类型晶体。（　　）

4. 某反应速率常数 k 的单位是 $mol \cdot L^{-1} \cdot s^{-1}$，则该反应是零级反应。（　　）

5. 氧化还原电对中，当氧化型物质形成配合物时，其氧化能力将减弱。（　　）

6. 在压力相同情况下，$0.01\ mol \cdot kg^{-1}$ 蔗糖乙醇溶液和 $0.01\ mol \cdot kg^{-1}$ 的葡萄糖水溶液，有相同的沸点升高值。（　　）

7. NH_3 中，N 原子以 sp^2 杂化轨道与三个 H 原子结合成分子。（　　）

8. 对于零级反应，反应速率与反应物的浓度无关。（　　）

9. 温度对反应 $C(s) + O_2(g) = CO_2(g)$ 的 $\Delta_r G_m^{\ominus}$ 几乎无影响。（　　）

10. 一种元素原子最多所能形成的共价单键数目，等于基态的该种元素原子中所含未成对电子数。（　　）

二、选择题：下列各题均给出 4 个备选答案，请选出唯一最合理的解答。（本大题共 16 小题，每小题 2 分，总计 32 分）

1. 将等体积和等浓度的 $K_2C_2O_4$ 和 KHC_2O_4 水溶液混合后，溶液的 pH 值为（　　）。
A. $pK_{a1}^{\ominus}(H_2C_2O_4)$ 　　　　　　　　B. $pK_{a2}^{\ominus} - pK_{a1}^{\ominus}$
C. $1/2(pK_{a1}^{\ominus} + pK_{a2}^{\ominus})$ 　　　　　D. $pK_{a2}^{\ominus}(H_2C_2O_4)$

2. 下列各化学键中，极性最小的是（　　）。
A. F—F 　　　　　B. H—F 　　　　　C. C—F 　　　　　D. Na—F

3. 根据 $\varphi^{\ominus}(Ag^+/Ag) = 0.80\ V$，$\varphi^{\ominus}(Cu^{2+}/Cu) = 0.34\ V$，标准态下，能还原 Ag^+ 但不能还原 Cu^{2+} 的还原剂，与其对应氧化态组成电极的 $\varphi^{\ominus}$ 值所在范围为（　　）。
A. $> 0.80\ V$，$< 0.34\ V$ 　　　　　B. $> 0.80\ V$
C. $< 0.34\ V$ 　　　　　　　　　　D. $0.34 \sim 0.80\ V$

4. 已知 AgCl 的 $K_{sp}^{\ominus} = 1.77 \times 10^{-10}$，则 $AgCl(s)$ 在 $0.010\ mol \cdot L^{-1}$ 的 $AgNO_3$ 溶液中的溶解度 $s\ /mol \cdot L^{-1}$ 等于（不考虑副反应）：（　　）。
A. 1.77×10^{-9} 　　B. 1.3×10^{-7} 　　C. 1.77×10^{-8} 　　D. 1.77×10^{-4}

5. 下列配合物，能在强酸介质中稳定存在的为（　　）。

A. $\left[\,Ag(NH_3)_2\,\right]^+$ B. $\left[\,FeCl_4\,\right]^-$

C. $\left[\,Fe(C_2O_4)_3\,\right]^{3-}$ D. $\left[\,Ag(S_2O_3)_2\,\right]^{3-}$

6. 要降低反应的活化能，可以采取的手段是（   ）。

A. 升高温度   B. 使用催化剂   C. 移去产物   D. 降低温度

7. F、N 的氢化物（HF、NH_3）的沸点都比它们同族中其他元素氢化物高得多，这是由于 HF、NH_3（   ）。

A. 分子间色散力最强   B. 分子间取向力最强

C. 分子间存在氢键   D. 分子间诱导力强

8. 已知 $\varphi^{\ominus}(Cu^{2+}/Cu)=0.34$ V，$\varphi^{\ominus}(Cu^{2+}/Cu^+)=0.16$ V，则 $\varphi^{\ominus}(Cu^+/Cu)$ 等于（   ）。

A. 0.25 V   B. 0.52 V   C. 0.68 V   D. -0.68 V

9. 298 K，下列反应的 $\Delta_r G_m^{\ominus}$ 等于 AgCl(s) 的 $\Delta_f G_m^{\ominus}$ 的为（   ）。

A. $2\,Ag(s)+Cl_2(g)=2\,AgCl(s)$ B. $Ag(g)+Cl(g)=AgCl(s)$

C. $Ag(s)+\dfrac{1}{2}Cl_2(g)=AgCl(s)$ D. $Ag^+(aq)+Cl^-(aq)=AgCl(s)$

10. 向已达平衡状态的反应体系：$3H_2(g)+N_2(g)=2NH_3(g)$ 中，充入氩气，并保持温度及体系压力不变，则平衡（   ）。

A. 正向移动   B. 不移动

C. 逆向移动   D. 移动方向需根据反应的 $\Delta_r H_m^{\ominus}$ 判断

11. 下列各组量子数中，合理的一组是（   ）。

A. 3，1，$+1$，$+\dfrac{1}{2}$ B. 2，3，-1，$+\dfrac{1}{2}$

C. 2，2，$+1$，$-\dfrac{1}{2}$ D. 4，2，$+3$，$-\dfrac{1}{2}$

12. 标准态下，下列反应均能正向自发：$Cr_2O_7^{2-}+6Fe^{2+}+14H^+=2Cr^{3+}+6Fe^{3+}+7H_2O$，$2Fe^{3+}+Sn^{2+}=2Fe^{2+}+Sn^{4+}$，则（   ）。

A. $\varphi^{\ominus}(Fe^{3+}/Fe^{2+})>\varphi^{\ominus}(Sn^{4+}/Sn^{2+})>\varphi^{\ominus}(Cr_2O_7^{2-}/Cr^{3+})$

B. $\varphi^{\ominus}(Cr_2O_7^{2-}/Cr^{3+})>\varphi^{\ominus}(Sn^{4+}/Sn^{2+})>\varphi^{\ominus}(Fe^{3+}/Fe^{2+})$

C. $\varphi^{\ominus}(Cr_2O_7^{2-}/Cr^{3+})>\varphi^{\ominus}(Fe^{3+}/Fe^{2+})>\varphi^{\ominus}(Sn^{4+}/Sn^{2+})$

D. $\varphi^{\ominus}(Sn^{4+}/Sn^{2+})>\varphi^{\ominus}(Fe^{3+}/Fe^{2+})>\varphi^{\ominus}(Cr_2O_7^{2-}/Cr^{3+})$

13. 下列四种溶液：(1)0.05 mol·kg^{-1} 蔗糖水溶液、(2)0.05 mol·kg^{-1} 蔗糖乙醇溶液、(3)0.05 mol·kg^{-1} 甘油水溶液、(4)0.05 mol·kg^{-1} 甘油乙醇溶液，T_b 相同者为（   ）。

A. (1)=(2)=(3)=(4)   B. (1)=(2)、(3)=(4)

C. (1)=(4)、(2)=(3)   D. (1)=(3)、(2)=(4)

14. 标准态下，在任何温度都自发进行的反应（   ）。

A. $\Delta_r H_m^{\ominus}>0$，$\Delta_r S_m^{\ominus}>0$ B. $\Delta_r H_m^{\ominus}<0$，$\Delta_r S_m^{\ominus}<0$

C. $\Delta_r H_m^{\ominus}>0$，$\Delta_r S_m^{\ominus}<0$ D. $\Delta_r H_m^{\ominus}<0$，$\Delta_r S_m^{\ominus}>0$

15. 配离子 $[FeF_6]^{3-}$ 中的中心原子是以 sp^3d^2 杂化轨道与配位体成键的，该配离子的空间构型为( )。

　　A. 正四面体　　　　B. 正八面体　　　　C. 平面正方形　　　　D. 三角双锥

16. 反应(1)$N_2O_4(g) = 2NO_2(g)$　$K_1^\ominus$，(2)$1/2N_2O_4(g) = NO_2(g)$　$K_2^\ominus$，(3)$2NO_2(g) = N_2O_4(g)$　$K_3^\ominus$，它们的平衡常数之间的正确关系是( )。

　　A. $K_1^\ominus = K_2^\ominus = K_3^\ominus$　　　　　　　　　　　B. $K_1^\ominus = 1/2K_2^\ominus = 2K_3^\ominus$

　　C. $K_3^\ominus = 1/K_1^\ominus = (1/K_2^\ominus)^2$　　　　　　D. $K_1^\ominus = 2K_2^\ominus = 1/4K_3^\ominus$

三、填空题：将答案写在横线上方。(本大题共 8 小题，总计 18 分)

1. (本小题 2 分)剧毒气体 H_2S 可利用以下反应从工业废气中除去(即该反应能正向进行)：$2H_2S(g) + SO_2(g) = 3S(s) + 2H_2O(g)$，此反应是熵(填"增"或"减")_____的反应，此反应为_____热反应 。

2. (本小题 2 分)在铜锌原电池中，向锌电极加入少量氨水，电池电动势_____；若向铜电极加入少量氨水，电池电动势_____。

3. (本小题 2 分)反应 $Fe(s) + 2H^+(aq) = Fe^{2+}(aq) + H_2(g)$ 的标准平衡常数表达式为：$K^\ominus =$ _____。

4. (本小题 2 分)向 AgCl 沉淀中加入氨水则生成_____，再加入 KBr 溶液则生成_____。(填写化学式)

5. (本小题 2 分) 在配合物 $K_3[Fe(CN)_6]$ 中，配位数是_____，该配合物的名称为_____。

6. (本小题 2 分)某含 H_3PO_4($K_{a1}^\ominus = 7.5 \times 10^{-3}$，$K_{a2}^\ominus = 6.2 \times 10^{-8}$，$K_{a3}^\ominus = 2.2 \times 10^{-13}$)的水溶液中，$H_3PO_4$ 主要以 $H_2PO_4^-$ 形态存在，说明该溶液的 pH 值在_____范围内。

7. (本小题 2 分)写出基态 26 号 Fe 原子核外电子排布式_____。

8. (本小题 4 分)反应物浓度和压力不变时，若升高温度，则反应的活化能 E_a_____，速率常数_____，保持浓度、压力及温度不变，若加入正催化剂，则 E_a_____，k_____。(填增大、减小或不变)

四、简答题：请按要求回答下列问题。(本大题共 4 小题，总计 10 分)

1. (本小题 2 分)饮用水中 SO_4^{2-} 浓度不得超过 2.60×10^{-3} $mol \cdot L^{-1}$，因水中 SO_4^{2-} 过量会引起腹泻。若天然水流经含有石膏的土壤，被 $CaSO_4$ 饱和，此水尚能饮用否？[$K_{sp}^\ominus(CaSO_4) = 7.1 \times 10^{-5}$]

2. (本小题 4 分)有两个组成相同的配合物，其化学式为 $CoBr(SO_4)(NH_3)_5$，但颜色不同，红色者若加入 $AgNO_3$ 后生成 AgBr 沉淀，但加入 $BaCl_2$ 后不生成沉淀；另一个为紫色，加入 $BaCl_2$ 生成沉淀，但加入 $AgNO_3$ 后不生成沉淀，试写出它们的结构式。

3. (本小题 2 分)什么是物质的标准摩尔生成焓？

4. (本小题 2 分)稀溶液的依数性有哪些？

五、计算题：计算下列各题。(本大题共 5 小题，总计 30 分)

1. (本小题 5 分)硝基苯酚是一元弱酸，在水中溶解度很低，已知其 $K_a^\ominus = 5.9 \times 10^{-8}$，测其饱和水溶液的 pH=4.53，计算硝基苯酚的溶解度 s /$mol \cdot L^{-1}$(即求该一元弱酸的浓度)。

2. (本小题 6 分)1.0 mL $c(AgNO_3) = 0.010$ $mol \cdot L^{-1}$ 的 $AgNO_3$ 和 99.0 mL $c(KCl) =$

0.010 mol·L^{-1} 的 KCl 溶液混合，能否析出沉淀？沉淀后溶液中的 Ag$^+$、Cl$^-$ 浓度各是多少？[$K_{sp}^{\ominus}$(AgCl) = 1.77×10^{-10}]

3.(本小题 5 分)在 $c[Ag(NH_3)_2]^+ = c(NH_3) = 0.1$ mol/L 的银氨溶液与氨水混合液中 Ag$^+$ 的浓度。{已知 $K_f^{\ominus}[Ag(NH_3)_2]^+ = 1.1×10^7$}

4.(本小题 8 分)计算压力为 100 kPa 时，反应 CO(g) + H$_2$O(g) = CO$_2$(g) + H$_2$(g) 在 298 K 及 850 K 时的标准平衡常数 $K^{\ominus}$。已知 298 K 时各物质的标准热力学数据如下：

	CO(g)	+	H$_2$O(g)	=	CO$_2$(g)	+	H$_2$(g)
$\Delta_f H_m^{\ominus}$/kJ·K^{-1}·mol	−110.53		−241.82		−393.51		0
$S_m^{\ominus}$/J·K^{-1}·mol	197.67		188.83		213.74		130.68

5.(本小题 6 分)已知氧化还原反应 H$_3$AsO$_4$ + 2I$^-$ + 2H$^+$ = H$_3$AsO$_3$ + I$_2$ + H$_2$O 通过计算回答：

(1)c(H$_3$AsO$_4$) = c(I$^-$) = c(H$^+$) = 1 mol·L^{-1} 时反应进行的方向；

(2)c(H$_3$AsO$_4$) = c(I$^-$) = c(H$_3$AsO$_3$) = 1 mol·L^{-1}，c(H$^+$) = 1.0×10^{-8} mol·L^{-1} 时反应进行的方向。[已知：$\varphi^{\ominus}$(H$_3$AsO$_4$/H$_3$AsO$_3$) = 0.56 V，$\varphi^{\ominus}$(I$_2$/I$^-$) = 0.53 V]

期末考试模拟试题(一)参考答案

一、是非题
1. × 2. × 3. × 4. √ 5. √ 6. × 7. × 8. √ 9. √ 10. ×

二、选择题
1. D 2. A 3. D 4. C 5. B 6. B 7. C 8. B 9. C 10. C 11. A 12. C 13. D 14. D 15. B 16. C

三、填空题
1. 减小，放热
2. 增大，减小
3. $\dfrac{[c(Fe^{2+})/c^{\ominus}] \cdot [p(H_2)/p^{\ominus}]}{[c(H^+)/c^{\ominus}]^2}$
4. [Ag(NH$_3$)$_2$]$^+$，AgBr ↓
5. 6，六氰合铁(Ⅲ)酸钾
6. 2.12～7.21 或者 p$K_{a1}^{\ominus}$−p$K_{a2}^{\ominus}$
7. 1s^2 2s^2 2p^6 3s^2 3p^6 3d^6 4s^2
8. 不变，增大，减小，增大。

四、简答题
1. 答：因 SO$_4^{2-}$ 浓度已达到 8.4×10^{-3} mol·L^{-1}，超标两倍故不宜饮用。
2. 答：[Co(SO$_4$)(NH$_3$)$_5$]Br，溴化一硫酸根·五氨合钴(Ⅲ)，[CoBr(NH$_3$)$_5$]SO$_4$，硫酸一溴·五氨合钴(Ⅲ)
3. 答：标准状态下，由稳定的单质生成 1 mol 某物质时的反应焓变称为物质的标准摩尔生成焓。

4. **答：** 溶液的沸点升高、凝固点降低、蒸汽压下降、渗透压。

五、计算题

1. **解：** pH$=4.53$ $c(H^+)=2.95\times10^{-5}$ mol·L^{-1}

$$c\approx\frac{[c(H^+)/c^\ominus]^2}{K_a^\ominus}\cdot c^\ominus=1.48\times10^{-2}\text{ mol·L}^{-1}$$

硝基苯酚的溶解度为 1.48×10^{-2} mol·L^{-1}

2. **解：** $c(Ag^+)=\dfrac{0.010\times1.0}{100.0}=1.0\times10^{-4}$ mol·L^{-1}

$c(Cl^-)=\dfrac{0.010\times99.0}{100.0}=9.9\times10^{-3}$ mol·L^{-1}

$Q=[c(Ag^+)/c^\ominus]\cdot[c(Cl^-)/c^\ominus]=1.0\times10^{-4}\times9.9\times10^{-3}=9.9\times10^{-7}>K_{sp}^\ominus$
可生成沉淀。

沉淀后，$c(Cl^-)=99\times10^{-4}-1.0\times10^{-4}=9.8\times10^{-3}$ mol·L^{-1}

$c(Ag^+)=\dfrac{1.77\times10^{-10}}{9.8\times10^{-3}}=1.8\times10^{-8}$ mol·L^{-1}

3. **解：** Ag^+ $+$ $2NH_3$ $\rightleftharpoons$ $[Ag(NH_3)_2]^+$

$c(\text{平})$/mol·L^{-1} x 0.1   0.1

$$K_f^\ominus=1.1\times10^7\approx\frac{0.1}{x(0.1)^2}$$

$c(Ag^+)=x=9.1\times10^{-7}$ mol·L^{-1}

4. **解：** 反应的焓变：

$\Delta_rH_m^\ominus=-393.51+0-[(-110.53)+(-241.82)]$

$\quad\quad\quad=-41.16$ kJ·mol^{-1}

反应的熵变：

$\Delta_rS_m^\ominus=213.74+130.68-(197.67+188.83)$

$\quad\quad\quad=-42.08$ J·K^{-1}·mol^{-1}

298 K 时：

$\Delta_rG_m^\ominus(298\text{ K})=\Delta_rH_m^\ominus-T\Delta_rS_m^\ominus$

$\quad\quad\quad\quad=-41.15\times10^3-[298\times(-42.08)]$

$\quad\quad\quad\quad=-28\ 610$ J·mol^{-1}

$$\Delta_rG_m^\ominus=-RT\ln K^\ominus$$

$\ln K^\ominus(298\text{ K})=\Delta_rG_m^\ominus/RT$

$\quad\quad\quad\quad=28\ 610/(8.314\times298)$

$\quad\quad\quad\quad=11.55$

$$K^\ominus(298\text{ K})=1.04\times10^5$$

850 K 时：

$\Delta_rG_m^\ominus(850\text{ K})=\Delta_rH_m^\ominus(298\text{ K})-T\Delta_rS_m^\ominus(298\text{ K})$

$\quad\quad\quad\quad=-41.15\times10^3-[850\times(-42.08)]$

$$=-5\,382\ \mathrm{J\cdot mol^{-1}}$$

$$\ln K^{\ominus}(850\ \mathrm{K})=-\Delta_r G_m^{\ominus}/RT$$
$$=5\,382/(8.314\times850)$$
$$=0.762$$

$$K^{\ominus}(850\ \mathrm{K})=2.14$$

5. 解：电极反应 $H_3AsO_4+2H^++2e=H_3AsO_3+H_2O$

(1)标准状态下：

$E^{\ominus}=\varphi^{\ominus}(H_3AsO_4/H_3AsO_3)-\varphi^{\ominus}(I_2/I^-)=0.56-0.53=0.03\ \mathrm{V}$

$E^{\ominus}>0$，所以反应向右进行。

(2)$\varphi^{\ominus}(H_3AsO_4/H_3AsO_3)$

$$=\varphi^{\ominus}(H_3AsO_4/H_3AsO_3)+\frac{0.059\,2}{2}\lg\frac{[c(H_3AsO_4)/c^{\ominus}]\cdot[c(H^+)/c^{\ominus}]^2}{c(H_3AsO_3)/c^{\ominus}}$$

$$=0.56+\frac{0.059\,2}{2}\lg\frac{1\times(10^{-8})^2}{1}$$

$$=0.088\ \mathrm{V}$$

$$\varphi^{\ominus}(I_2/I^-)=0.535\ \mathrm{V}$$
$$E=0.088-0.535=-0.447\ \mathrm{V}$$

$E<0$，反应逆向进行。

期末考试模拟试题(二)

一、是非题：请在各题后括号中，用"√""×"分别表示题文中叙述是否正确。(本大题共 9 小题，每小题 1 分，总计 9 分)

1. 一定温度下，两个化学反应的标准摩尔自由能变化分别为 $\Delta_r G_m^{\ominus}(1)$ 及 $\Delta_r G_m^{\ominus}(2)$，又知 $\Delta_r G_m^{\ominus}(2)=2\Delta_r G_m^{\ominus}(1)$，则两反应的标准平衡常数的关系为 $K_2^{\ominus}=(K_1^{\ominus})^2$。(　　)

2. 温度对反应 $C(s)+\frac{1}{2}O_2(g)=CO(g)$ 的 $\Delta_r G_m^{\ominus}$ 几乎无影响。(　　)

3. 在一定温度下，增大某一反应物的浓度会使其他反应物的转化率提高，而其自身的转化率却降低。(　　)

4. 两种以上的物质才能构成分散系，故分散系一定是多相体系。(　　)

5. 有杂化轨道参与而形成的化学键，都是 σ 键。(　　)

6. 一种元素原子最多所能形成的共价单键数目，等于基态的该种元素原子中所含未成对电子数。(　　)

7. 反应 $N_2O_5\longrightarrow2NO_2+\frac{1}{2}O_2$ 是一级反应，则 $v=\dfrac{dc(N_2O_5)}{dt}=\dfrac{1}{2}\dfrac{dc(NO_2)}{dt}=kc(N_2O_5)$。(　　)

8. BH_3 与 NH_3 分子的空间构型相同。(　　)

9. 只有 $A(g)\longrightarrow A^+(g)+e^-$ 过程所需能量小于 $B(g)+e^-\longrightarrow B^-(g)$ 过程放出的能量，

A、B 原子间方可形成离子键。（　　　）

二、选择题：下列各题均给出 **4** 个备选答案，请选出唯一最合理的解答。（本大题共 **13** 小题，每小题 2 分，总计 26 分）

1. 下列各组物质中，不是共轭酸碱对的一组物质是（　　　）。

A. NH_3、NH_2^-　　　　　　　　　　B. $NaOH$、Na^+

C. HS^-、S^{2-}　　　　　　　　　　　D. H_3O^+、H_2O

2. 已知 $K_a^{\ominus}(CH_3COOH)=1.8\times10^{-5}$、$K_b^{\ominus}(NH_3)=1.8\times10^{-5}$。下列各对酸碱混合液中，能配制 pH＝9.0 的缓冲溶液的是（　　　）。

A. CH_3COOH - CH_3COONa　　　　　B. NH_4Cl - CH_3COONa

C. CH_3COOH - NH_3　　　　　　　　D. NH_4^+ - NH_3

3. 下列各物质中，在氨水中最容易溶解的是（　　　）。

A. Ag_2S　　　　B. AgI　　　　C. $AgBr$　　　　D. $AgCl$

4. 难溶电解质 $Mg(OH)_2$ 可溶于（$K_{sp}^{\ominus}=5.61\times10^{-12}$）（　　　）。

A. H_2O　　　　　　　　　　　　　B. 浓 $(NH_4)_2SO_4$ 溶液

C. Na_2SO_4 溶液　　　　　　　　　D. $NaOH$ 溶液

5. 下列物质可作配体的为（　　　）。

A. NH_4^+　　　　B. H_2O　　　　C. CH_4　　　　D. CCl_4

6. 根据 $\varphi^{\ominus}(Cl_2/Cl^-)=1.36\ V$，$\varphi^{\ominus}(Br_2/Br^-)=1.07\ V$，标准态下，能将 Br^- 氧化但不能将 Cl^- 氧化的氧化剂，与其对应的还原态组成电极的 $\varphi^{\ominus}$ 值范围是（　　　）。

A. 1.07 ~1.36 V　　　　　　　　　B. ＞1.07 V

C. ＜1.36 V　　　　　　　　　　　D. ＞1.36 V，＜1.07 V 都可以

7. 某溶液中含有 KCl、KBr 和 K_2CrO_4，浓度均为 0.010 mol·L^{-1}。向溶液中逐滴加入 0.010 mol·L^{-1} 的 $AgNO_3$ 溶液时，最先和最后沉淀的是（　　　）。[$K_{sp}^{\ominus}(AgCl)=1.77\times10^{-10}$，$K_{sp}^{\ominus}(AgBr)=5.35\times10^{-13}$，$K_{sp}^{\ominus}(Ag_2CrO_4)=1.12\times10^{-12}$]

A. $AgBr$ 和 Ag_2CrO_4　　　　　　B. Ag_2CrO_4 和 $AgCl$

C. $AgBr$ 和 $AgCl$　　　　　　　　D. $AgCl$ 和 $AgBr$

8. $Mg(OH)_2$ 和 $MnCO_3$ 的 $K_{sp}^{\ominus}$ 数值相近。在 $Mg(OH)_2$ 饱和溶液、$MnCO_3$ 饱和溶液中（　　　）。

A. $c(Mg^{2+})＞c(Mn^{2+})$　　　　　B. $c(Mg^{2+})＝c(Mn^{2+})$

C. $c(Mg^{2+})＜c(Mn^{2+})$　　　　　D. 沉淀类型不同，无法用 $K_{sp}^{\ominus}$ 比较两离子浓度

9. ψ^2 表示（　　　）。

A. 电子在核外的概率分布情况

B. 电子在核外经常出现的区域

C. 电子在核外空间某点附近单位微体积内出现的概率

D. 电子在核外某区域出现的概率

10. 关于稀溶液的凝固点，下列说法不正确的为（　　　）。

A. 稀溶液在凝固过程中，凝固点不断下降，直到恒定

B. 凝固点时，有固态溶剂析出

C. 凝固点时，固态溶剂、溶质同时析出

D. 凝固点下降公式适用于非电解质稀溶液

11. 配合物[$Fe(en)_3$]Cl_3 中，配离子及中心原子的电荷分别是(　　)。

A. +3 和 +2　　　　B. +2 和 +3　　　　C. +2 和 +4　　　　D. +3 和 +3

12. 配离子[FeF_6]$^{3-}$ 中的中心原子是以 sp^3d^2 杂化轨道与配位体成键的，该配离子的空间构型为(　　)。

A. 正四面体　　　B. 正八面体　　　C. 平面正方形　　　D. 三角双锥

13. 下列化合物的水溶液，pH 值最小的是(　　)。

A. $NaHCO_3$　　　B. Na_2CO_3　　　C. NH_4Cl　　　D. NH_4Ac

三、填空题：将答案写在横线上方。(本大题共 12 小题，总计 28 分)

1. (本小题 2 分)原电池中，接受电子的电极为_____极，该电极上发生_____反应。原电池可将_____能转变为_____能。

2. (本小题 1 分)在 $M^{n+} + ne^- = M$ 电极中，加入 M^{n+} 的沉淀剂，则电极电势值变_____。

3. (本小题 1 分)$KMnO_4$ 在酸性、中性、强碱性介质中，还原产物分别为_____、_____、_____。

4. (本小题 3 分)在[$Cu(NH_3)_4$]SO_4 溶液中，存在平衡：[$Cu(NH_3)_4$]$^{2+}$ ⇌ Cu^{2+} + $4NH_3$ 分别加入：

(1)盐酸，由于_____，平衡向_____移动；

(2)氨水，由于_____，平衡向_____移动；

(3)Na_2S 溶液，由于_____，平衡向_____移动。

5. (本小题 2 分)二氯·二羟·二氨合铂(Ⅳ)、亚硝酸氯·硫氰酸根·二(乙二胺)合钴(Ⅲ)的化学式分别 为：_____、_____。

6. (本小题 2 分)根据 $\varphi^{\ominus}(Cu^{2+}/Cu) = 0.34$ V，$\varphi^{\ominus}(Ag^+/Ag) = 0.80$ V，反应 $Cu + 2Ag^+ = Cu^{2+} + 2Ag$ 在 298 K 时，平衡常数 $K^{\ominus} =$ _____。

7. (本小题 2 分)某反应 A⟶B+D，当 A 的浓度分别等于 0.10 mol·L^{-1} 及 0.050 mol·L^{-1} 时，反应速率 v_2/v_1 为 0.50，则该反应的级数是：_____。

8. (本小题 2 分)难溶电解质 $Ca_3(PO_4)_2$ 的沉淀溶解平衡方程式是_____，溶度积表达式是_____。

9. (本小题 3 分)饱和 H_2S($K_{a1}^{\ominus} = 1.3 \times 10^{-7}$，$K_{a2}^{\ominus} = 7.1 \times 10^{-15}$)水溶液中 $c(H_2S) = 0.1$ mol·L^{-1}，$c(S^{2-}) =$ _____ mol·L^{-1}，若饱和 H_2S 水溶液 pH=2.0，则 $c(S^{2-}) =$ _____ mol·L^{-1}。

10. (本小题 3 分)MnS、CuS 两难溶物，可溶于盐酸的为_____。二者在盐酸中溶解度不同的主要原因_____。

11. (本小题 3 分)[$Ni(NH_3)_4$]$^{2+}$ 为外轨型配离子，中心离子以_____杂化轨道成键，配离子空间构型为_____；[$Ni(CN)_4$]$^{2-}$ 为内轨型配离子，中心离子以_____杂化轨道成键，配离子空间构型为_____。

12. (本小题 4 分)(1)金属 M 与氧气反应：$M(s) + \frac{1}{2}O_2(g) = MO(s)$，(2)碳与氧气反

应：$C(s) + \frac{1}{2}O_2(g) = CO(g)$，若反应温度升高，反应(1)的 $\Delta_r G_m^{\ominus}$ 变_____，反应(2)的 $\Delta_r G_m^{\ominus}$ 变_____，因此很多金属氧化物在 _____温条件下可被碳还原，生成_____。

四、计算题：计算下列各题。(本大题共 5 小题，总计 37 分)

1.(本小题 5 分)已知 $\varphi^{\ominus}(Cu^{2+}/Cu) = 0.337$ V，$\varphi^{\ominus}(Cu^{2+}/Cu^+) = 0.159$ V，计算反应 $Cu + Cu^{2+} = 2Cu^+$ 在 298 K 的平衡常数。

2.(本小题 8 分)某溶液中含 Co^{2+}、Mn^{2+} 离子，浓度均为 0.40 mol·L^{-1}，在室温下不断通入 H_2S 气体使之成 H_2S 饱和溶液(0.10 mol·L^{-1})，并保持溶液的 pH=1.0，溶液中有何沉淀析出？[$K_{a1}^{\ominus}(H_2S) = 1.3 \times 10^{-7}$，$K_{a2}^{\ominus}(H_2S) = 7.1 \times 10^{-15}$，$K_{ap}^{\ominus}(CoS) = 2.0 \times 10^{-25}$，$K_{sp}^{\ominus}(MnS) = 4.65 \times 10^{-14}$]

3.(本小题 8 分)在 1 L 水中，加入 0.1 mol $AgNO_3$ 与 2 mol NH_3。不考虑体积变化，计算溶液中 Ag^+、NH_3、$Ag(NH_3)_2^+$ 的浓度。{已知：$K_f^{\ominus}[Ag(NH_3)_2]^+ = 1.1 \times 10^7$}

4.(本小题 8 分)将 pH 值为 2.53 的 CH_3COOH 水溶液与 pH 值为 13.00 的 NaOH 水溶液等体积混合，计算该溶液的 pH 值。[已知：$K_a^{\ominus}(CH_3COOH) = 1.76 \times 10^{-5}$]

5.(本小题 8 分)已知电池 $Co|Co^{2+}(1.0$ mol·$L^{-1})\|Cl_2(p^{\ominus})|Cl^-(1.0$ mol·$L^{-1})|$ Pt 的电动势 $E^{\ominus} = 1.63$ V，$\varphi^{\ominus}(Cl_2/Cl^-) = 1.36$ V。(1)写出电池反应方程式；(2)求 $\varphi^{\ominus}(Co^{2+}/Co)$；(3)当 Co^{2+} 离子浓度为 0.010 mol·L^{-1}时，电池电动势为多少？

期末考试模拟试题(二)参考答案

一、是非题

1.√ 2.× 3.√ 4.× 5.√ 6.× 7.× 8.× 9.×

二、选择题

1.B 2.D 3.D 4.B 5.B 6.A 7.A 8.A 9.C 10.C 11.D 12.B 13.C

三、填空题

1. 正，还原，化学，电

2. 小

3. Mn^{2+}，MnO_2，MnO_4^{2-}

4. NH_3 的浓度减小(酸效应)，向右；NH_3 的浓度增大，向左；Cu^{2+} 浓度减小，向右

5. [$PtCl_2(OH)_2(NH_3)_2$]，[$CoCl(SCN)(en)_2$]NO_2

6. 3.9×10^{15}

7. 1

8. (1)$Ca_3(PO_4)_2(s) = 3Ca^{2+}(aq) + 2PO_4^{3-}(aq)$，(2)$K_{sp}^{\ominus} = [c(Ca^{2+})/c^{\ominus}]^3 \cdot [c(PO_4^{3-})/c^{\ominus}]^2$

9. 7.1×10^{-15}，9.2×10^{-19}

10. MnS；二者 $K_{sp}^{\ominus}$ 不同，$K_{sp}^{\ominus}(MnS) \gg K_{sp}^{\ominus}(CuS)$

11. sp^3，正四面体，dsp^2，平面四方形

12. 大，小，高，M(s)和 CO(g)

四、计算题

1. 解： $\varphi(Cu^+/Cu) = (2 \times 0.337 - 1 \times 0.159)/1 = 0.515 \text{ V}$

$\lg K^\ominus = (1 \times 0.159 - 0.515)/0.059\,2 = -6.02$

$$K^\ominus = 9.5 \times 10^{-7}$$

2. 解： $pH = 1.0$，$c(H^+) = 0.10 \text{ mol} \cdot L^{-1}$

$$c(S^{2-}) = \frac{K_{a1}^\ominus \cdot K_{a2}^\ominus \cdot [c(H_2S)/c^\ominus]^2}{c(H^+)/c^\ominus} \cdot c^\ominus = 9.2 \times 10^{-21} \text{ mol} \cdot L^{-1}$$

$Q_1 = c(Mn^{2+}) \cdot c(S^{2-}) = 3.7 \times 10^{-21} < K_{sp}^\ominus$

$Q_2 = c(Co^{2+}) \cdot c(S^{2-}) = 3.7 \times 10^{-21} > K_{sp}^\ominus$

故 CoS 沉淀可生成。

3. 解：

$$Ag^+ \quad + \quad 2NH_3 \quad \Longleftrightarrow \quad [Ag(NH_3)_2]^+$$

$c(初)/mol \cdot L^{-1}$ 0.1   2

$c(平)/mol \cdot L^{-1}$ x $2-2(0.1-x)$ $0.1-x$

$$K_f^\ominus = \frac{0.1-x}{x(1.8+2x)^2} = 1.1 \times 10^7 \approx \frac{0.1}{x(1.8)^2}$$

$$c(Ag^+) = x = 2.8 \times 10^{-9} \text{ mol} \cdot L^{-1}$$

$$c(NH_3) \approx 1.8 \text{ mol} \cdot L^{-1}$$

$$c[Ag(NH_3)_2]^+ \approx 0.1 \text{ mol} \cdot L^{-1}$$

4. 解： $pH = 2.53$，$c(H^+) = 2.95 \times 10^{-3} \text{ mol} \cdot L^{-1}$

$$c = \frac{[c(H^+)/c^\ominus]^2}{K_a^\ominus} \cdot c^\ominus = 0.50 \text{ mol} \cdot L^{-1}$$

$pH = 13.00$ $c(OH^-) = 0.10 \text{ mol} \cdot L^{-1}$

等体积混合：$c(CH_3COOH) = 0.25 \text{ mol} \cdot L^{-1}$

$$c(OH^-) = 0.05 \text{ mol} \cdot L^{-1}$$

反应后：$c(CH_3COOH) = 0.25 - 0.05 = 0.20 \text{ mol} \cdot L^{-1}$

$$c(CH_3COO^-) = 0.05 \text{ mol} \cdot L^{-1}$$

$pH = pK_a^\ominus - \lg[c(CH_3COOH)/c(CH_3COO^-)] = 4.15$

5. 解： (1) $Co + Cl_2 = Co^{2+} + 2Cl^-$

(2) $\varphi^\ominus(Co^{2+}/Co) = \varphi(Cl_2/Cl^-) - E^\ominus = -0.27 \text{ V}$

(3) $\varphi(Co^{2+}/Co) = -0.27 + (0.059\,2/2) \times \lg 0.010 = -0.33 \text{ V}$

$E = 1.36 - (-0.33) = 1.69 \text{ V}$

期末考试模拟试题(三)

一、是非题: 请在各题后括号中,用"√""×"分别表示题文中叙述是否正确。(本大题共 10 小题,每小题 1 分,总计 10 分)

1. 在高温、低压下,实际气体接近理想气体。(　　)

2. 稀溶液的饱和蒸气压降低是拉乌尔定律的另一种描述方式。(　　)

3. 溶液沸点的升高,冰点(凝固点)的降低,均与溶液的蒸气压降低没有关系。(　　)

4. 任何气体在状态变化过程中,其内能只与温度有关,温度不变,内能不变。(　　)

5. 放热是化学反应自发进行的一种趋向。(　　)

6. 某化学反应其反应速率与反应物浓度无关,说明其为零级反应。(　　)

7. 碰撞理论认为两个分子只要发生碰撞,就一定能发生反应。(　　)

8. 催化剂能加快反应,是由于催化剂提高了正反应的反应速率,降低了逆反应的反应速率。(　　)

9. 标准平衡常数有量纲,实验平衡常数没有量纲。(　　)

10. $\Delta_r G_m^{\ominus}$ 是反应体系达到平衡时的 $\Delta_r G_m$。(　　)

二、选择题: 下列各题均给出 4 个备选答案,请选出唯一最合理的解答。(本大题共 15 小题,每小题 2 分,总计 30 分)

1. 在一次渗流实验中,一定物质的量的未知气体通过小孔渗向真空,需要时间为 20 s,在相同条件下相同物质的量的氢气需要 5 s。则未知气体的相对分子质量是(　　)。

A. 2 　　　　　　B. 18 　　　　　　C. 32 　　　　　　D. 16

2. 由 NH_4NO_2 分解得到氮气和水。在 23 ℃、95.549 kPa 条件下,用排水集气法收集到 57.7 cm^3 氮气。已知水的饱和蒸气压为 2.813 kPa,则干燥后氮气的体积为(　　)。

A. 56 cm^3 　　　　B. 28 cm^3 　　　　C. 47 cm^3 　　　　D. 19 cm^3

3. 在 100 g 水中含 4.5 g 某非电解质的溶液于 -0.465 ℃时结冰,则该非电解质的相对分子质量约为(　　)。(已知水的 $K_f = 1.86$ K·mol^{-1}·kg)

A. 90 　　　　　　B. 135 　　　　　C. 172 　　　　　D. 180

4. 下列物理量属于状态函数的是(　　)。

A. H 和 G 　　　B. Q 和 U 　　　C. G 和 W 　　　D. W 和 S

5. 当反应的半衰期与浓度无关时,则说明该反应为(　　)。

A. 零级 　　　　　B. 二级 　　　　　C. 一级 　　　　　D. 三级

6. 下列物质中 $\Delta_f H_m^{\ominus}$ 不等于零的是(　　)。

A. Fe(s) 　　　B. C(金刚石) 　　　C. Ne(g) 　　　D. C_{12}(g)

7. 在多电子原子中,具有下列各组量子数的电子中能量最高的是(　　)。

A. 3,1,-1,$-\dfrac{1}{2}$ 　　　　　　B. 2,1,1,$-\dfrac{1}{2}$

C. 3,1,0,$-\dfrac{1}{2}$ 　　　　　　D. 3,2,1,$+\dfrac{1}{2}$

8. 将 $0.10\ mol\cdot L^{-1}$ 下列溶液加水稀释 1 倍后 pH 值变化最小的是(　　)。

　A. HCl

　B. $CH_3COOH - CH_3COONa$

　C. HNO_3

　D. H_2SO_4

9. 由价键电子对互斥理论推测 I_3^- 的空间构型为(　　)。

　A. 平面三角形　　B. 三角锥　　C. 直线形　　D. V 形

10. 下列元素中属于第 ⅣA 的是(　　)。

　A. Cs　　　　B. Sn　　　　C. V　　　　D. Sb

11. 下列离子半径由大到小排列，顺序正确的是(　　)。

　A. N^{3-}，O^{2-}，Na^+，Mg^{2+}　　　B. F^-，Cl^-，Br^-，I^-

　C. Cl^{7+}，Cl^{5+}，Cl^+，Cl^-　　　D. Li^+，Na^+，K^+，Rb^+

12. 中心原子采取 sp^2 杂化的分子是(　　)。

　A. NH_3　　　　B. H_2O　　　　C. PCl_3　　　　D. BCl_3

13. 下列分子中，属于非极性分子的是(　　)。

　A. CCl_4　　　　B. SO_2　　　　C. NO_2　　　　D. $CHCl_3$

14. 已知 $Mn+2H^+\rightleftharpoons Mn^{2+}+H_2$，$\Delta_r G_m^{\ominus}=-228\,000\ J\cdot mol^{-1}$，则电对 Mn^{2+}/Mn 的 $E^{\ominus}$ 值是(　　)。

　A. 1.18 V　　B. 2.36 V　　C. −2.36 V　　D. −1.18 V

15. 已知 CH_3COOH 在水中的 $K_a^{\ominus}=1.8\times10^{-5}$，则 $0.010\ mol\cdot L^{-1}\ CH_3COOH$ 溶液的 pH 值为(　　)。

　A. 4.74　　B. 2.4　　C. 3.4　　D. 5.2

三、填空题：将答案写在横线上方。(本大题共 9 小题，1～4 题每空 1 分，5～9 题每空 2 分，总计 20 分)

1.(本小题 4 分)稀溶液的依数性包括_____、_____、_____、_____。

2.(本小题 3 分)第四周期元素中，4p 轨道半充满的是_____，3d 轨道半充满的是_____，价层中 s 电子数与 d 电子数相同的是_____。

3.(本小题 2 分)BF_3 的几何构型是_____，中心原子 B 的杂化形式是_____。

4.(本小题 1 分)命名化合物$[Co(NH_3)_4(H_2O)_2]SO_4$_____。

5.(本小题 2 分)1 mol 液态的苯完全燃烧生成 $CO_2(g)$ 和 $H_2O(l)$，则该反应的 Q_p 与 Q_v 的差值为_____ kJ(温度 25 ℃)。

6.(本小题 2 分)Ag_2O/Ag 电极作为负电极时，在电池符号中该电极的写法是_____。

7.(本小题 2 分)Cu 元素基态原子的电子排布式为_____。

8.(本小题 2 分)25 ℃时鲜牛奶 5 h 变酸，则存放于冰箱 5 ℃时，鲜牛奶_____小时变酸，牛奶变酸的活化能为 75 $kJ\cdot mol^{-1}$。

9.(本小题 2 分)25 ℃时若两个反应的平衡常数之比为 10，则两个反应 $\Delta_r G_m^{\ominus}$ 相差_____。

四、计算题：计算下列各题。(本大题共 4 小题，总计 40 分)

1.(本小题 10 分)已知在 2 600 K 及 3 000 K 时，W(s)的饱和蒸气压分别是 7.213×10^{-5} Pa

和 9.173×10^{-3} Pa。试计算：(1)W(s)的摩尔升华热 $\Delta_r H_m^{\ominus}$；(2)3 200 K 时 W(s)的饱和蒸气压。

2.(本小题 10 分)把 $KMnO_4$ 在酸性介质中将 Br^- 氧化为 BrO_3^- 的反应设计成原电池：

(1)写出并配平反应方程式；

(2)计算 pH=5，其它离子浓度均为 1 $mol \cdot L^{-1}$，反应进行的方向。

[已知 $\varphi^{\ominus}(MnO_4^-/Mn^{2+})$ =1. 507 V，$\varphi^{\ominus}(BrO_3^-/Br^-)$ =1. 423 V]

3.(本小题 10 分)已知 AgCl 的 $K_{sp}^{\ominus}$ =1.8 $\times 10^{-10}$，试求 AgCl 饱和溶液中 $c(Ag^+)$；若加入盐酸，使溶液的 pH=2.0，再求溶液中 $c(Ag^+)$。

4.(本小题 10 分)拟配制 1 L pH=5 的 CH_3COOH - CH_3COONa 缓冲溶液，为保证缓冲容量，要求 CH_3COOH 及其共轭碱的浓度之和为 2 $mol \cdot L^{-1}$。试求需要 17 $mol \cdot L^{-1}$ 的冰乙酸和 6 $mol \cdot L^{-1}$ NaOH 溶液各多少，需加水多少？(已知 CH_3COOH 的 $K_a^{\ominus}$ = 1.75 $\times 10^{-5}$)

期末考试模拟试题(三)参考答案

一、是非题

1. √ 2. √ 3. × 4. × 5. √ 6. √ 7. × 8. × 9. × 10. ×

二、选择题

1. C 2. A 3. D 4. A 5. C 6. B 7. D 8. B 9. C 10. B 11. A 12. D 13. A 14. D 15. C

三、填空题

1. 蒸气压下降，沸点升高，凝固点降低，渗透压

2. As，Mn，Ti

3. 平面三角型，sp^2

4. 硫酸四氨·二水合钴(Ⅱ)

5. 3.72

6. Ag｜AgO(s)｜OH^-(浓度)

7. $[Ar]3d^{10}4s^1$

8. 44

9. 5.7

四、计算题

1. 解：对于反应 W(s)$\Longrightarrow$W(g) $K^{\ominus} = \dfrac{p}{p^{\ominus}}$ W(s)

(1)已知 T_1 =2 600 K，T_2 =3 000 K，p_1 =7.213 $\times 10^{-5}$ Pa，p_2 =9.173 $\times 10^{-3}$ Pa

根据公式 $\ln \dfrac{K^{\ominus}(2)}{K^{\ominus}(1)} = \dfrac{\Delta_r H_m^{\ominus}(T_2 - T_1)}{RT_1 T_2}$ 得

$$\Delta_r H_m^{\ominus} = \frac{RT_1 T_2}{T_2 - T_1} \ln \frac{K^{\ominus}(2)}{K^{\ominus}(1)} = \frac{RT_1 T_2}{T_2 - T_1} \ln \frac{p_2}{p_1}$$

$$=\frac{8.314\times2\,600\times3\,000}{3\,000-2\,600}\ln\frac{9.173\times10^{-3}}{7.213\times10^{-5}}$$

$$=785.6\ \text{kJ}\cdot\text{mol}^{-1}$$

即 $W(s)$ 的摩尔升华热 $\Delta H_m^{\ominus}$ 为 $785.6\ \text{kJ}\cdot\text{mol}^{-1}$。

(2)当 $T_3=3\,200\ \text{K}$ 时，则由公式可转化为

$$\ln\frac{K^{\ominus}(3)}{K^{\ominus}(1)}=\ln\frac{p_3}{p_1}=\frac{\Delta_r H_m^{\ominus}(T_3-T_1)}{RT_1T_3}$$

代入数据可得

$$\ln\frac{p_3}{p_1}=6.81$$

则　$p_3=906.9$　$p_1=0.065\,4\ \text{Pa}$

2. **解**：(1)根据 $\varphi^{\ominus}(\text{MnO}_4^-/\text{Mn}^{2+})=1.507\ \text{V}$，$\varphi^{\ominus}(\text{BrO}_3^-/\text{Br}^-)=1.423\ \text{V}$ 可知，设计成原电池：

正极反应：$\text{MnO}_4^-+8\text{H}^++5\text{e}=\text{Mn}^{2+}+4\text{H}_2\text{O}$　$\varphi^{\ominus}(+)=1.507\ \text{V}$

负极反应：$\text{BrO}_3^-+6\text{H}^++6\text{e}=\text{Br}^-+3\text{H}_2\text{O}$　$\varphi^{\ominus}(-)=1.423\ \text{V}$

电池反应：$6\text{MnO}_4^-+18\text{H}^++5\text{Br}^-=6\text{Mn}^{2+}+5\text{BrO}_3^-+9\text{H}_2\text{O}$

(2)根据电池电动势公式，得

$$E^{\ominus}=[\varphi^{\ominus}(+)-\varphi^{\ominus}(-)]-\frac{0.059\,2}{2}\lg\frac{[c(\text{Mn}^{2+})/c^{\ominus}]^6\cdot[c(\text{BrO}_3^-)/c^{\ominus}]^5}{[c(\text{MnO}_4^-)/c^{\ominus}]^6\cdot[c(\text{Br}^-)/c^{\ominus}]^5\cdot[c(\text{H}^+)/c^{\ominus}]^{18}}$$

当 pH$=5$，其他离子浓度均为 $1\ \text{mol}\cdot\text{L}^{-1}$ 时，代入数据，可得 $E^{\ominus}=0.261\ \text{V}$

由此可见，反应向正方向进行。

3. **解**：根据溶度积公式 $K_{sp}^{\ominus}=1.8\times10^{-10}=[c(\text{Ag}^+)/c^{\ominus}]\cdot[c(\text{Cl}^-)/c^{\ominus}]$，其中 AgCl 饱和溶液中 $c(\text{Ag}^+)=c(\text{Cl}^-)$

所以，$c(\text{Ag}^+)=1.3\times10^{-5}\ \text{mol}\cdot\text{L}^{-1}$。

若加入盐酸，使溶液的 pH$=2.0$，则 $c(\text{Cl}^-)=1.0\times10^{-2}\ \text{mol}\cdot\text{L}^{-1}$

$$c(\text{Ag}^+)=\frac{1.8\times10^{-10}}{1.0\times10^{-2}}=1.8\times10^{-8}\text{mol}\cdot\text{L}^{-1}$$

所以当加入盐酸，使溶液的 pH$=2.0$ 时，$c(\text{Ag}^+)=1.8\times10^{-8}\ \text{mol}\cdot\text{L}^{-1}$。

4. **解**：因为 CH_3COOH 的 $\text{p}K_a^{\ominus}=4.76$，根据缓冲溶液 pH 计算公式

$$\text{pH}=\text{p}K_a^{\ominus}-\lg\frac{c_a}{c_b}$$

得

$$5=4.76-\lg\frac{c_a}{c_b}\quad\lg\frac{c_a}{c_b}=-0.24\quad\frac{c_b}{c_a}=1.74$$

又因为 $c(\text{CH}_3\text{COOH})+c(\text{CH}_3\text{COO}^-)=2$，

所以 $c(\text{CH}_3\text{COO}^-)=1.27\ \text{mol}\cdot\text{L}^{-1}$，$c(\text{CH}_3\text{COOH})=0.73\ \text{mol}\cdot\text{L}^{-1}$

又因为 CH_3COO^- 是由 CH_3COOH 和 NaOH 生成的，

所以 $c(\text{CH}_3\text{COOH})_{总}=2\ \text{mol}\cdot\text{L}^{-1}$。

而 $c(NaOH) = 1.27 \text{ mol} \cdot L^{-1}$，

所以需要 17 $\text{mol} \cdot L^{-1}$ 的冰乙酸和 6 $\text{mol} \cdot L^{-1}$ NaOH 溶液的体积为

$V(冰乙酸) = (2 \times 1)/17 = 0.118 \text{ L}^{-1}$

$V(NaOH) = (1.27 \times 1)/6 = 0.212 \text{ L}^{-1}$

需加水 $V(水) = 1 - 0.118 - 0.212 = 0.67 \text{ L}^{-1}$

期末考试模拟试题（四）

一、是非题：请在各题后括号中，用"√""×"分别表示题文中叙述是否正确。（本大题共 10 小题，每小题 1 分，总计 10 分）

1. 分压定律和分体积定律的实质是相通的。（　　）

2. 利用沸点升高法测定相对分子质量比利用凝固点降低方法测定的准确度要高。（　　）

3. 热力学第一定律的实质就是能量守恒定律。（　　）

4. 盖斯定律实际上是"内能和焓是状态函数"这一结论的进一步体现。（　　）

5. 若由实验测得的反应级数与反应式中反应物计量数之和相等，该反应一定就是基元反应。（　　）

6. 过渡态理论认为升高温度，反应物分子平均能量提高，相当于提高了能垒高度，增加了活化能值，故反应速率加快。（　　）

7. 对于一个封闭体系进行的化学反应，平衡态是其反应的最大限度。（　　）

8. NH_3 中，N 原子以 sp^2 杂化轨道与三个 H 原子结合成分子。（　　）

9. 对于放热反应，升高温度反应物的平衡转化率增加。（　　）

10. 电子、质子、光子等所有微观粒子都具有波粒二象性，速度都是光速。（　　）

二、选择题：下列各题均给出 4 个备选答案，请选出唯一最合理的解答。（本大题共 15 小题，每小题 2 分，总计 30 分）

1. 下列量子数（n，l，m）组合正确表示某一原子轨道的是（　　）。
   A.（3，2，2）　　　B.（3，2，1）　　　C.（3，0，1）　　　D.（3，−1，1）

2. 质量为 12.8 g 某理想气体，其相对分子质量为 64，则其在 101.3 kPa、398 K 时气体的体积为（　　）。
   A. 6.5 L　　　　B. 13 L　　　　　C. 15 L　　　　　D. 20 L

3. 在容积为 50.0 L 的容器中，含有 70 g CO 和 10.0 g H_2，温度为 300 K，则混合气体的总压为（　　）。
   A. 328 kPa　　　B. 372 kPa　　　C. 250 kPa　　　D. 374 kPa

4. 土壤中 NaCl 含量高时植物难以生存，这与稀溶液下列性质有关的是（　　）。
   A. 蒸气压下降　　B. 渗透压　　　　C. 冰点下降　　　D. 沸点升高

5. 下列物理量属于状态函数的是（　　）。
   A. H 和 Q　　　B. Q 和 U　　　C. G 和 U　　　D. W 和 S

6. 由价键电子对互斥理论推测 SF_6 的空间构型为（　　）。
   A. 平面正方形　　B. 三角锥　　　　C. 三角双锥　　　D. 正八面体

7. 催化剂是通过改变反应进行的历程来加速反应速度,这一历程影响是( )。

A. 增大碰撞频率　　　B. 降低活化能　　　C. 降低速率常数　　　D. 增大平衡常数值

8. 下列元素中属于第Ⅷ B 族的是( )。

A. Co　　　　　　B. V　　　　　　C. Ba　　　　　　D. Cu

9. 下列各组元素按电负性大小排列顺序正确的是( )。

A. F>N>O　　　B. O>Cl>F　　　C. As>P>H　　　D. Cl>S>As

10. 当速率常数的单位为 $mol^{-1} \cdot L \cdot s^{-1}$,反应级数为( )。

A. 一级　　　　　B. 二级　　　　　C. 零级　　　　　D. 三级

11. 已知在 298 K 时下列反应 $2N_2(g)+O_2(g)=2N_2O(g)$ 的 $\Delta_r U_m^\ominus$ 为 166.5 $kJ \cdot mol^{-1}$,则该反应的 $\Delta_r H_m^\ominus$ 为( )。

A. 164 $kJ \cdot mol^{-1}$　　B. 328 $kJ \cdot mol^{-1}$　　C. 146 $kJ \cdot mol^{-1}$　　D. 82 $kJ \cdot mol^{-1}$

12. 已知 CH_3COOH 在水中的 $K_a^\ominus=1.8 \times 10^{-5}$,则 0.010 $mol \cdot L^{-1} CH_3COOH$ 溶液的 pH 值为( )。

A. 4.74　　　　　B. 2.4　　　　　C. 3.4　　　　　D. 5.2

13. 下面元素电势图中能发生歧化的氧化态是( )。

$$MnO_4^- \xrightarrow{0.564\ V} MnO_4^{2-} \xrightarrow{2.26\ V} MnO_2 \xrightarrow{1.51\ V} Mn^{3+}$$

A. MnO_4^-　　　　B. MnO_2　　　　C. MnO_4^{2-}　　　　D. Mn^{3+}

14. 下列离子半径大小顺序中错误的是( )。

A. $Mg^{2+}<Ca^{2+}$　　B. $Fe^{2+}>Fe^{3+}$　　C. $Cs^+>Ba^{2+}$　　D. $F^->O^{2-}$

15. 已知

$$2Fe(s)+\frac{3}{2}O_2(g) \Longrightarrow Fe_2O_3(s) \qquad K^\ominus(1)$$

$$2FeO(s)+\frac{1}{2}O_2(g) \Longrightarrow Fe_2O_3(s) \qquad K^\ominus(2)$$

$$H_2(g)+\frac{1}{2}O_2(g) \Longrightarrow H_2O(l) \qquad K^\ominus(3)$$

$$Fe(s)+2H^+(aq) \Longrightarrow Fe^{2+}(aq)+H_2(g) \qquad K^\ominus(4)$$

则下列方程中平衡常数 $K^\ominus$ 与上述方程平衡常数的关系( )。

$$FeO(s)+2H^+(aq) \Longrightarrow H_2O(l)+Fe^{2+}(aq) \qquad K^\ominus$$

A. $K^\ominus=\frac{1}{2}K^\ominus(1)-\frac{1}{2}K^\ominus(2)+K^\ominus(3)+K^\ominus(4)$

B. $K^\ominus=\frac{K^\ominus(1)}{2K^\ominus(2)}K^\ominus(3)K^\ominus(4)$

C. $K^\ominus=\left[\frac{K^\ominus(1)}{K^\ominus(2)}\right]^{\frac{1}{2}}K^\ominus(3)K^\ominus(4)$

D. $K^\ominus=\frac{1}{4}K^\ominus(1)K^\ominus(2)K^\ominus(3)K^\ominus(4)$

三、填空题：将答案写在横线上方。(本大题共 5 小题，每空 1 分，总计 10 分)

1.(本小题 2 分)第三周期元素中，3p 轨道半充满的是_____，3s 轨道全充满的是_____。

2.(本小题 1 分)Sn 元素基态原子的电子排布式为_____。

3.(本小题 2 分)向乙酸水溶液中加入 CH_3COONa 晶体后，乙酸的电离度_____；若加入 $Cu(NO_3)_2$ 晶体，则醋酸的电离度_____。

4.(本小题 2 分)若反应 A —→ 2B 的活化能为 E_a，而 2B —→ A 的活化能为 E_a'，增大反应物 A 的浓度，E_a 将_____，若 $E_a > E_a'$，则反应 A —→ 2B 为_____(吸热，放热)反应。

5.(本小题 3 分)催化剂改变了_____，降低了_____，从而增加了_____，使反应速率加快。

四、简答题：请按要求回答下列问题。(本大题共 2 小题，总计 10 分)

1.(本小题 5 分)某组成为 $CrCl_3 \cdot 5NH_3$ 的配合物，向其水溶液中滴加 $AgNO_3$ 溶液，能沉淀出组成中含氯量的 2/3。写出这种配合物的结构式，并指出中心原子、配位体、配位数，同时命名此配合物。

2.(本小题 5 分)如何理解化学反应的平衡状态？

五、计算题：计算下列各题。(本大题共 4 小题，总计 40 分)

1.(本小题 10 分)在一定温度下将 0.66 kPa 的氮气 3.0 L 和 1.00 kPa 的氢气 1.0 L 混合在 2.0 L 的密闭容器中，假定混合前后温度不变，试求混合气体的总压。

2.(本小题 10 分)试根据已知反应的热力学数据：

$2C(石墨) + O_2(g) = 2CO(g)$ $\Delta_r H_m^{\ominus}(1) = -221.0 \text{ kJ} \cdot \text{mol}^{-1}$

$C(石墨) + O_2(g) = CO_2(g)$ $\Delta_r H_m^{\ominus}(2) = -393.5 \text{ kJ} \cdot \text{mol}^{-1}$

$2CH_3OH(l) + 3O_2(g) = 2CO_2(g) + 4H_2O(l)$ $\Delta_r H_m^{\ominus}(3) = -1\,452.2 \text{ kJ} \cdot \text{mol}^{-1}$

$2H_2(g) + O_2(g) = 2H_2O(l)$ $\Delta_r H_m^{\ominus}(4) = -571.6 \text{ kJ} \cdot \text{mol}^{-1}$

计算下列反应的焓变 $\Delta_r H_m^{\ominus}$。$CO(g) + 2H_2(g) = CH_3OH(l)$

3.(本小题 10 分)已知某气相反应的活化能 $E_a = 163 \text{ kJ} \cdot \text{mol}^{-1}$，温度 393 K 时的速率常数 $k = 2.37 \times 10^{-2} \text{ mol}^{-1} \cdot \text{L} \cdot \text{s}^{-1}$，试求 420 K 时的速率常数。

4.(本小题 10 分)向 0.50 $\text{mol} \cdot \text{L}^{-1}$ 的 $FeCl_2$ 溶液通入 H_2S 气体至饱和(此时 H_2S 浓度为 1.0 $\text{mol} \cdot \text{L}^{-1}$，若控制不析出 FeS 沉淀，求溶液的 pH 值范围。[已知 $K_{sp}^{\ominus}(\text{FeS}) = 6.3 \times 10^{-18}$，$K_a^{\ominus}(H_2S) = 1.3 \times 10^{-20}$]

期末考试模拟试题(四)参考答案

一、是非题

1. √   2. ×   3. √   4. √   5. ×   6. ×   7. √   8. ×   9. ×   10. ×

二、选择题

1. B   2. A   3. D   4. B   5. C   6. D   7. B   8. A   9. D   10. B   11. A   12. C   13. C   14. D   15. C

三、填空题

1. P，Mg

2. $1s^2 2s^2 2p^6 3s^2 3p^6 3d^{10} 4s^2 4p^6 4d^{10} 5s^2 5p^2$ 或$[Kr]4d^{10} 5s^2 5p^2$

3. 减小，增大

4. 不变，吸热

5. 反应历程，活化能，活化分子总数目

四、简答题

1. **答**：$[Cr(NH_3)_5Cl]Cl_2$；二氯化氯·五氨合铬（Ⅲ）；中心原子 Cr^{3+}；配位体 NH_3 和 Cl^-；配位数 6。

2. **答**：(1)化学反应的平衡态是一个动态平衡；(2)当达到平衡态时各物质的浓度都不再发生变化；(3)正反应速率等于逆反应速率；(4)改变条件，平衡将被破坏，并将产生新的平衡；(5)平衡态是化学反应进行的最大极限态。

五、计算题

1. **解**：已知 $p(N_2)=0.66$ kPa，$V(N_2)=3.0$ L；$p(H_2)=1.0$ kPa，$V(H_2)=1.0$ L，$V(总)=2.0$ L

则根据 $pV=nRT$ 得

$$n(N_2)=\frac{0.66\times3.0}{RT}\qquad n(H_2)=\frac{1.0\times1.0}{RT}$$

则得 $\quad n(总)=n(N_2)+n(H_2)=\dfrac{2.98\times1.0}{RT}$

所以 $\quad p(总)=\dfrac{n(总)RT}{V(总)}=\dfrac{2.98\times1.0}{RT}\times\dfrac{RT}{2.0\text{ L}}=1.49$ kPa

2. **解**：由已知条件可知反应式(5)与已知反应式有以下关系：

$$(5)=(4)+(2)-1/2[(1)+(3)]$$

所以该反应的焓变为：

$$\Delta_r H_m^{\ominus}(5)=\Delta_r H_m^{\ominus}(4)+\Delta_r H_m^{\ominus}(2)-1/2[\Delta_r H_m^{\ominus}(1)+\Delta_r H_m^{\ominus}(3)]$$
$$=-571.6-393.5-1/2(-221.0-1452.2)$$
$$=-128.6 \text{ kJ}\cdot\text{mol}^{-1}$$

3. **解**：已知反应的活化能 $E_a=163$ kJ·mol^{-1}，$T_1=393$ K，$T_2=420$ K，$k_1=2.37\times10^{-2}$ mol$^{-1}\cdot$L$\cdot$s^{-1}

则根据阿伦尼乌斯公式可知

$$\lg\frac{k_2}{k_1}=\frac{E_a(T_2-T_1)}{RT_1T_2}$$

代入数据，得

$$\lg\frac{k_2}{k_1}=\frac{E_a(T_2-T_1)}{RT_1T_2}=\frac{163\times10^3\times(420-393)}{8.134\times420\times393}=3.2$$

所以，$\dfrac{k_2}{k_1}=1\,584.9$　$k_2=1\,584.9\times2.37\times10^{-2}=37.56$ mol$^{-1}\cdot$L$\cdot$s^{-1}

4. **解**：根据已知条件控制 FeS 不沉淀，说明 $c(Fe^{2+})=0.5$mol·L^{-1}，通入 H_2S 气体至饱和，说明 $c(H_2S)=0.1$ mol·L^{-1}

则根据 $\quad K_{sp}^{\ominus}(FeS)=[c(Fe^{2+})/c^{\ominus}]\cdot[c(S^{2-})/c^{\ominus}]$，可知

$$c(S^{2-}) = \frac{K_{sp}^{\ominus}(FeS)}{c(Fe^{2+})/c^{\ominus}} \cdot c^{\ominus}$$

根据氢硫酸电离平衡可知

$$K_a^{\ominus} = \frac{[c(H^+)/c^{\ominus}]^2 \cdot [c(S^{2-})/c^{\ominus}]}{c(H_2S)/c^{\ominus}}$$

则

$$[c(H^+)/c^{\ominus}]^2 = \frac{K_a^{\ominus} \cdot [c(H_2S)/c^{\ominus}]}{c(S^{2-})/c^{\ominus}} = \frac{K_a^{\ominus} \cdot [c(H_2S)/c^{\ominus}] \cdot [c(Fe^{2+})/c^{\ominus}]}{K_{sp}^{\ominus}(FeS)}$$

$$= \frac{1.3 \times 10^{-20} \times 0.1 \times 0.5}{6.3 \times 10^{-18}}$$

$$= 1.03 \times 10^{-4}$$

$$c(H^+) = 0.010\ 15\ mol \cdot L^{-1}$$

$$pH = -\lg[c(H^+)/c^{\ominus}] = -\lg 0.010\ 15 = 1.99$$

则 pH<1.99 时可控制不析出 FeS 沉淀。

硕士研究生入学考试模拟题(一)

一、选择题：下列各题均给出 **4** 个备选答案，请选出唯一最合理的解答。(本大题共 26 小题，每小题 1 分，总计 26 分)

1. 298 K，下列反应的 $\Delta_r G_m^{\ominus}$ 等于 AgCl(s) 的 $\Delta_f G_m^{\ominus}$ 的为(   )。

A. $2Ag(s) + Cl_2(g) = 2AgCl(s)$

B. $Ag(g) + Cl(g) = AgCl(s)$

C. $Ag(s) + \frac{1}{2}Cl_2(g) = AgCl(s)$

D. $Ag^+(aq) + Cl^-(aq) = AgCl(s)$

2. 已知 H_3PO_4 的 $K_{a1}^{\ominus} = 7.5 \times 10^{-3}$、$K_{a2}^{\ominus} = 6.2 \times 10^{-8}$、$K_{a3}^{\ominus} = 2.2 \times 10^{-13}$；$NH_3 \cdot H_2O$ 的 $K_b^{\ominus} = 1.8 \times 10^{-5}$。欲配制 pH=7.0 的缓冲液，应选用的缓冲对是(   )。

A. $NH_3 - NH_4Cl$ B. $H_3PO_4 - NaH_2PO_4$

C. $NaH_2PO_4 - Na_2HPO_4$ D. $Na_2HPO_4 - Na_3PO_4$

3. 配位反应 $[Cu(NH_3)_4]^{2+} + Zn^{2+} = [Zn(NH_3)_4]^{2+} + Cu^{2+}$，已知 298 K 时 $K_f^{\ominus}[Cu(NH_3)_4]^{2+} = 10^{13.32}$；$K_f^{\ominus}[Zn(NH_3)_4]^{2+} = 10^{9.46}$，则反应在 298 K，标准状态下自发进行的方向应为(   )。

A. 正向   B. 逆向   C. 平衡   D. 三种情况都可能

4. 已知 $\varphi^{\ominus}(A/B) > \varphi^{\ominus}(C/D)$，标准态下能自发进行的反应为(   )。

A. $A + B \longrightarrow C + D$ B. $A + D \longrightarrow B + C$

C. $B + C \longrightarrow A + D$ D. $B + D \longrightarrow A + C$

5. 根据 $\varphi^{\ominus}(Ag^+/Ag) = 0.80$ V，$\varphi^{\ominus}(Cu^{2+}/Cu) = 0.34$ V，标准态下，能还原 Ag^+ 但不能还原 Cu^{2+} 的还原剂，与其对应氧化态组成电极的 $\varphi^{\ominus}$ 值所在范围为(   )。

A. >0.80 V 和 <0.34 V 均可　　　　　　　B. >0.80 V

C. <0.34 V　　　　　　　　　　　　　　　D. 0.34~0.80 V

6. 欲使 Ag_2CO_3（$K_{sp}^{\ominus}=6.2\times10^{-12}$）转化为 $Ag_2C_2O_4$（$K_{sp}^{\ominus}=3.4\times10^{-11}$），介质溶液必须满足的条件是（　　）。

A. $c(C_2O_4^{2-})>0.18c(CO_3^{2-})$　　　　　B. $c(C_2O_4^{2-})<5.5c(CO_3^{2-})$

C. $c(C_2O_4^{2-})<0.18c(CO_3^{2-})$　　　　　D. $c(C_2O_4^{2-})>5.5c(CO_3^{2-})$

7. 极性分子间存在（　　）。

A. 取向力　　　　　　　　　　　　　　　B. 诱导力和取向力

C. 取向力和色散力　　　　　　　　　　　D. 取向力、诱导力、色散力

8. 欲利用稀溶液的依数性测定萘的分子量（　　）。

A. 可利用蒸气压下降方法　　　　　　　　B. 可利用沸点上升方法

C. 可利用凝固点下降方法　　　　　　　　D. A、B、C 三法均可

9. 40 mL 0.1 $mol \cdot L^{-1}$ Na_2HPO_4 水溶液与 20 mL 0.1 $mol \cdot L^{-1}$ H_3PO_4 水溶液相混合，混合液的 pH 值为（　　）。[$K_{a1}^{\ominus}(H_3PO_4)=7.5\times10^{-3}$，$K_{a2}^{\ominus}(H_3PO_4)=6.2\times10^{-8}$，$K_{a3}^{\ominus}(H_3PO_4)=2.2\times10^{-13}$]

A. 2.12　　　　　　B. 1.82　　　　　　C. 7.21　　　　　　D. 6.91

10. 反应速率随温度升高而加快的主要原因是（　　）。

A. 高温下分子碰撞频率加大

B. 反应物分子所产生的压力随温度升高而增大

C. 活化能随温度　升高而减小

D. 高能分子的百分数随温度升高而增加

11. 苯甲酸略溶于水，如下式：

其溶解度在 10 ℃时，为 0.017 $mol \cdot L^{-1}$；在 30 ℃时，为 0.035 $mol \cdot L^{-1}$，每摩尔苯甲酸的平均溶解热约为（　　）。

A. 418 $J \cdot mol^{-1}$　　B. 1.7 $kJ \cdot mol^{-1}$　　C. 26 $kJ \cdot mol^{-1}$　　D. 41.8 $kJ \cdot mol^{-1}$

12. 对于标准态下任意温度均自发进行的反应，随反应温度升高（　　）。

A. $K^{\ominus}$ 升高　　　　　　　　　　　B. $K^{\ominus}$ 减小，但 $K^{\ominus}$ 永远大于 1

C. $K^{\ominus}$ 减小至趋于 0　　　　　　　D. 0<$K^{\ominus}$<1

13. 关于 P 和 S 两元素，下列叙述不正确的是（　　）。

A. 作用于原子最外层电子的有效核电荷：S>P

B. 原子半径：P>S

C. 第一电子亲合能（绝对值）：S>P

D. 第一电离能：S>P

14. 大气压力为 100 kPa，空气中约含 0.03%体积的 CO_2，因此空气中 CO_2 的分压最接近于（　　）。

A. 1 Pa   B. 30 Pa   C. 100 Pa   D. 0. 03 %Pa

15. 配合物$[Ag(NH_3)_2]Cl$中，中心原子的配位数为(   )。

A. 1   B. 2   C. 3   D. 8

16. 3d 轨道的主量子数和角量子数分别为(   )。

A. 1、2   B. 2、3   C. 3、2   D. 3、4

17. 根据 $\varphi^{\ominus}(Pb^{2+}/Pb)=-0.13$ V，$\varphi^{\ominus}(Fe^{3+}/Fe^{2+})=0.77$ V，标准态下能将 Pb 氧化，但不能将 Fe^{2+} 氧化的氧化剂，与其对应还原态组成电极的 $\varphi^{\ominus}$ 值范围是(   )。

A. <-0.13 V   B. $-0.13\sim0.77$ V   C. >-0.13 V   D. >0.77 V，<-0.13 V

18. 已知在 20 ℃，反应 $H_2O(l)=H_2O(g)$，$\Delta_r G_m^{\ominus}=9.2$ kJ·mol^{-1}，$H_2O(l)$ 的饱和蒸气压为 2.33 kPa，则(   )。

A. 因 $\Delta_r G_m^{\ominus}>0$，故 20 ℃ $H_2O(g)$ 将全部变为液态

B. 因 20 ℃时 $\Delta_r G_m^{\ominus}\neq0$，故此温度下，$H_2O(l)$ 和 $H_2O(g)$ 不能达到平衡

C. 20 ℃，$p(H_2O)=2.33$ kPa 时，此过程 $\Delta_r G_m^{\ominus}=0$

D. 20 ℃，水蒸气压为 $1p^{\ominus}$ 时，平衡向形成 $H_2O(g)$ 的方向移动

19. 下列各因素中，决定酸的电离常数值大小的是(   )。

A. 酸的浓度   B. 酸的电离度

C. 酸的浓度和温度   D. 酸的本质和温度

20. 今有果糖($C_6H_{12}O_6$)(Ⅰ)、葡萄糖($C_6H_{12}O_6$)(Ⅱ)及蔗糖($C_{12}H_{22}O_{11}$)(Ⅲ)三种水溶液，溶质的质量分数均为 1%，则三者渗透压大小关系是(   )。

A. $p(Ⅰ)=p(Ⅱ)=p(Ⅲ)$ B. $p(Ⅰ)=p(Ⅱ)>p(Ⅲ)$

C. $p(Ⅰ)>p(Ⅱ)>p(Ⅲ)$ D. $p(Ⅰ)=p(Ⅱ)<p(Ⅲ)$

21. 通常情况下，下列何种离子可能生成内轨型配合物(   )。

A. Cu^+ B. Fe^{2+} C. Ag^+ D. Zn^{2+}

22. 已知酸性介质中，$\varphi^{\ominus}(Cl_2/Cl^-)=1.36$ V；$\varphi^{\ominus}(Br_2/Br^-)=1.07$ V；$\varphi^{\ominus}(Fe^{3+}/Fe^{2+})=0.77$ V；$\varphi^{\ominus}(Sn^{4+}/Sn^{2+})=0.15$ V；$\varphi^{\ominus}(Cr_2O_7^{2-}/Cr^{3+})=1.33$ V。标准态下，Br^-、Cl^-、Fe^{2+}、Sn^{2+} 在酸性溶液中不被 $K_2Cr_2O_7$ 氧化的为(   )。

A. Cl^- B. Br^- C. Fe^{2+} D. Sn^{2+}

23. 某溶液中含有 KCl、KBr 和 K_2CrO_4，浓度均为 0.010 mol·L^{-1}。向溶液中逐滴加入 0.010 mol·L^{-1} 的 $AgNO_3$ 溶液时，最先和最后沉淀的是(   )。[$K_{sp}^{\ominus}(AgCl)=1.77\times10^{-10}$，$K_{sp}^{\ominus}(AgBr)=5.35\times10^{-13}$，$K_{sp}^{\ominus}(Ag_2CrO_4)=1.12\times10^{-12}$]

A. AgBr 和 Ag_2CrO_4 B. Ag_2CrO_4 和 AgCl

C. AgBr 和 AgCl   D. AgCl 和 AgBr

24. 以分子间力结合而形成的晶体是(   )。

A. KBr(s)   B. Cu(s)   C. SiC(s)   D. $C_2H_5OH(s)$

25. 下列物质，分子偶极矩不等于 0 的是(   )。

A. CCl_4 B. CF_2H_2 C. CS_2 D. BCl_3

26. 稀溶液具有依数性的原因为(   )。

A. 溶质分子对溶剂分子的作用

B. 溶质分子间的相互作用

C. A、B 的共同作用

D. 不存在 A、B 二作用

二、填空题：将答案写在横线上方。(本大题共 7 小题，总计 19 分)

1.(本小题 2 分)反应 $A(g)+2B(g)\longrightarrow D(g)$ 的速率方程为 $v=kc(A)\cdot c^2(B)$ 该反应为 _____ 级反应，_____ 基元反应。

2.(本小题 2 分)溴化氯·三氨·二水合钴(Ⅲ)的内界为 _____，外界为 _____。(用化学式表示)

3.(本小题 4 分)反应 $2NO(g)+Br_2(g)=2NOBr(g)$ 是放热反应，298 K 时，$K^{\ominus}=1.0\times10^2$。298 K 下，若 $p(NO)=p(Br_2)=0.010\ p$，$p(NOBr)=0.050\ p$，则此时 $Q=$ _____，反应向 _____ 方向进行；273 K 下，若 $p(NOBr)=p(Br_2)=1.0\ p$，$p(NO)=0.10\ p$，则此时 $Q=$ _____，反应 _____。

4.(本小题 4 分)在八面体型配合物 $[Cd(C_2O_4)_2en]^{2-}$ 中，中心原子电荷数是 _____，配位数是 _____，其名称为 _____。

5.(本小题 2 分)向一 $c(Br^-)=1.0\times10^{-3}\ mol\cdot L^{-1}$，$c(I^-)=1.0\times10^{-1}\ mol\cdot L^{-1}$ 的混合溶液中，加入足量 $AgNO_3$，使 $AgBr$、AgI 沉淀均有生成，此溶液中 $c(Br^-)/c(I^-)=$ _____。$[K^{\ominus}_{sp}(AgBr)=5.4\times10^{-13}，K^{\ominus}_{sp}(AgI)=8.5\times10^{-17}]$

6.(本小题 2 分)将 $CO_2(g)$ 通入 pH=8.0 的缓冲溶液中，CO_2 的主要存在形态为 _____；若将 $CO_2(g)$ 通入 pH=11.0 的缓冲溶液中，则 CO_2 的主要存在形态是 _____。$[K^{\ominus}_{a1}(H_2CO_3)=4.3\times10^{-7}，K^{\ominus}_{a2}(H_2CO_3)=5.6\times10^{-11}]$

7.(本小题 3 分)某元素原子的价电子有：$n=4$、$l=0$ 的电子两个，在第三电子层上，有 $l=2$ 的电子五个。该元素的化学符号是 _____，在元素周期表中位于 _____ 周期，_____ 族。

三、简答题：请按要求回答下列问题。(本大题共 5 小题，总计 14 分)

1.(本小题 3 分)下列基态原子的电子排布式各自违背了什么原理？写出正确的电子排布式。

　　B. $1s^2 2s^3$　　　　N. $1s^2 2s^2 2p_x^2 2p_y^1$　　　　Be. $1s^2 2p^2$

2.(本小题 4 分)n、l、m、m_s 四个量子数的取值范围各如何确定？

3.(本小题 2 分)$[HgI_4]^{2-}$ 的碱性溶液(KOH 溶液)常被称为什么？有何用途？配制此溶液时，若所用 KOH 浓度过大，溶液会发生混浊，为什么？

4.(本小题 2 分)将一块 0 ℃的冰放入 0 ℃的盐水中将发生什么现象？为什么？

5.(本小题 3 分)原子能工业中所需重水，可用下法从水中富集：将 $H_2S(g)$ 鼓入高温水中，发生反应(1) $H_2S(g)+D_2O(l)=D_2S(g)+H_2O(g)$；所得气体冷凝，发生反应(2) $D_2S(g)+H_2O(g)=D_2O(l)+H_2S(g)$　试分析反应(1)、(2)得以进行的热力学因素。

四、计算题：计算下列各题。(本大题共 7 小题，总计 41 分)

1.(本小题 6 分)将 NaCl 溶液慢慢加入到 $c(Pb^{2+})=0.20\ mol\cdot L^{-1}$ 的 Pb^{2+} 溶液中，不考虑体积变化，问：(1)当 $c(Cl^-)=5.0\times10^{-3}\ mol\cdot L^{-1}$ 时，是否有沉淀生成？(2)Cl^- 浓度多大时，开始生成沉淀？(3)当 $c(Cl^-)=6.0\times10^{-2}\ mol\cdot L^{-1}$ 时，残留的 Pb^{2+} 的浓度是多少？

$[K_{sp}^{\ominus}(PbCl_2)=1.17\times10^{-5}]$

2.(本小题 6 分)把 0.10 mol NaOH 溶在 200 mL 1.0 mol·L^{-1} 的 CH$_3$COOH 水溶液中，求溶液中 CH$_3$COOH、CH$_3$COO$^-$ 浓度及溶液的 pH 值。$[K_a^{\ominus}(CH_3COOH)=1.8\times10^{-5}]$

3.(本小题 6 分)根据下列酸碱的电离常数，选择适当的酸碱及其共轭碱、酸来配制 pH=7.51 的缓冲液，并计算缓冲液中共轭酸碱对的浓度比。[已知 $K_a^{\ominus}(CH_3COOH)=1.75\times10^{-5}$，$K_b^{\ominus}(NH_3\cdot H_2O)=1.75\times10^{-5}$，$K_{a1}^{\ominus}(H_2C_2O_4)=5.9\times10^{-2}$，$K_{a2}^{\ominus}(H_2C_2O_4)=6.40\times10^{-5}$，$K_{a1}^{\ominus}(H_3PO_4)=7.5\times10^{-3}$，$K_{a2}^{\ominus}(H_3PO_4)=6.2\times10^{-8}$，$K_{a3}^{\ominus}(H_3PO_4)=2.2\times10^{-13}$]

4.(本小题 7 分)判断 298 K 时，反应 Ag$^+$(0.1 mol·L^{-1})+Fe^{2+}(0.1 mol·L^{-1})=Ag(s)+Fe^{3+}(0.1 mol·L^{-1})自发进行的方向及达平衡后各物种的浓度。[已知 298 K 时，$\varphi^{\ominus}(Ag^+/Ag)=0.80$ V，$\varphi^{\ominus}(Fe^{3+}/Fe^{2+})=0.77$ V]

5.(本小题 5 分)已知 NaCl(s)的标准生成热为 -410.9 kJ·mol^{-1}，Na(s)的升华热为 107.1 kJ·mol^{-1}，Cl$_2$(g)的离解能为 239.4 kJ·mol^{-1}，Na(g)的电离能为 495.8 kJ·mol^{-1}，Cl(g)的电子亲和能为 -348.6 kJ·mol^{-1}，试求 NaCl(s)的晶格能。

6.(本小题 6 分)判断反应 2Fe^{3+}+Cu=2Fe^{2+}+Cu^{2+} 在标准态及 $c(Fe^{3+})=1\times10^{-3}$mol·L^{-1}，$c(Fe^{2+})=1$ mol·L^{-1}，$c(Cu^{2+})=1\times10^{-2}$mol·L^{-1} 时反应方向。$[\varphi^{\ominus}(Cu^{2+}/Cu)=0.34$ V，$\varphi^{\ominus}(Fe^{3+}/Fe^{2+})=0.77$ V]

7.(本小题 5 分)向 1 L 0.1 mol·L^{-1} 的 CuSO$_4$ 溶液中加入 1 L 6 mol·L^{-1} 的浓 NH$_3$·H$_2$O，求平衡时溶液中 Cu^{2+} 的浓度。$\{K_f^{\ominus}[Cu(NH_3)_4]^{2+}=2.1\times10^{13}\}$

硕士研究生入学考试模拟题(一)参考答案

一、选择题

1.C 2.C 3.B 4.B 5.D 6.D 7.D 8.A 9.D 10.D 11.C 12.B 13.D 14.B 15.B 16.C 17.B 18.C 19.D 20.B 21.B 22.A 23.A 24.D 25.B 26.D

二、填空题

1. 三级反应，不一定是
2. [CoCl(NH$_3$)$_3$(H$_2$O)$_2$]$^{2+}$，2 个 Br$^-$
3. 2.5×10^3，逆，1.0×10^2，正向自发
4. +2，6，二草酸根·乙二胺合镉(Ⅱ)配离子
5. 6.4×10^3
6. HCO$_3^-$，CO$_3^{2-}$
7. Mn，四，ⅦB

三、简答题

1.**答**：违背了泡利不相容原理：1s^{2}2s^{2}2p^1

违背了洪特规则：1s^{2}2s^{2}2p$_x^1$2p$_y^1$2p$_z^1$

违背了能量最低原理：1s^{2}2s^2

2. **答：** $n = 1，2，3 \cdots n$

$l = 0，1，2 \cdots (n-1)$

$m = 0，\pm 1，\pm 2 \cdots \pm 1$

$m_s = \pm \dfrac{1}{2}$

3. **答：** 奈氏(奈斯勒)试剂 。

用来检验 NH_3 或 NH_4^+ 。

KOH 浓度过大时，会发生中心离子(Hg^{2+})的水解作用，生成 HgO 沉淀。

4. **答：** 0 ℃的冰放入 0 ℃的盐水中冰要熔化，冰的体积变小。

因为盐水的凝固点低于零度，0 ℃ 时冰的蒸气压高于 0 ℃盐水的蒸气压，所以冰放入盐水中会融化 。

5. **答：** 反应 $H_2S(g)+D_2O(l)=D_2S(g)+H_2O(g)$高温正向，低温逆向自发，必为吸热、熵增反应。

故　(1)高温自发的热力学因素为熵增；

　　(2)低温自发的热力学因素为放热 。

四、计算题

1. **解：** $(1)[c(Pb^{2+})/c^{\ominus}] \cdot [c(Cl^-)/c^{\ominus}]^2 = 5.0 \times 10^{-6} < K_{sp}^{\ominus}(PbCl_2)$

无沉淀生成。

$(2)c(Cl^-) = \sqrt{\dfrac{K_{sp}^{\ominus}(PbCl_2)}{c(Pb^{2+})/c^{\ominus}}} \cdot c^{\ominus} = 7.6 \times 10^{-3} \; mol \cdot L^{-1}$

此时可生成 $PbCl_2$ 沉淀

$(3)c(Pb^{2+}) = \dfrac{K_{sp}^{\ominus}(PbCl_2)}{[c(Cl^-)/c^{\ominus}]^2} \cdot c^{\ominus} = 3.3 \times 10^{-3} \; mol \cdot L^{-1}$

2. **解：** NaOH 溶解后：$c(NaOH) = \dfrac{0.10}{0.20} = 0.50 \; mol \cdot L^{-1}$

混合后与 CH_3COOH 反应产生 CH_3COO^-

$c(CH_3COO^-) = 0.50 \; mol \cdot L^{-1}$

$c(CH_3COOH) = 1.0 - 0.50 = 0.50 \; mol \cdot L^{-1}$

$pH = pK_a^{\ominus} - lg\dfrac{c(CH_3COOH)}{c(CH_3COO^-)}$

$= 4.75$

3. **解：** 选择缓冲对：$pK_a^{\ominus} = pH \pm 1$ 范围之内，故选用 $H_2PO_4^- - HPO_4^{2-}$

$pH = pK_{a2}^{\ominus} - lg\dfrac{c(H_2PO_4^-)}{c(HPO_4^{2-})} \qquad pK_{a2}^{\ominus} = 7.20$

故　$\dfrac{c(H_2PO_4^-)}{c(HPO_4^{2-})} = 0.49$

4. **解：** $lgK^{\ominus} = \dfrac{1 \times (0.80-0.77)}{0.059} = 0.51$

$K^{\ominus}=3.2$

$Q=\dfrac{0.1}{0.1\times0.1}=10>K^{\ominus}$

故，逆向自发。

$K^{\ominus}=\dfrac{0.1-x}{(0.1+x)^2}=3.2$

$x\approx0.04$

$c(\text{Ag}^+)=0.14\ \text{mol}\cdot\text{L}^{-1}$

$c(\text{Fe}^{2+})=0.14\ \text{mol}\cdot\text{L}^{-1}$

$c(\text{Fe}^{3+})=0.06\ \text{mol}\cdot\text{L}^{-1}$

5. 解：

$$\text{Na(g)}+\text{Cl(g)}\xrightarrow{495.8+(-348.6)}\text{Na}^+(\text{g})+\text{Cl}^-(\text{g})$$

$$\uparrow(107.1)\quad\uparrow\left(\dfrac{239.4}{2}\right)$$

$$\text{Na(s)}+\dfrac{1}{2}\text{Cl}_2(\text{g})\xrightarrow{-410.9}\text{NaCl(s)}$$

NaCl 的晶格能 $=-410.9-(107.1+0.5\times239.4+495.8-348.6)$

$\qquad\qquad\qquad=-784.9\ \text{kJ}\cdot\text{mol}^{-1}$

6. 解： 因为 $\varphi^{\ominus}(\text{Fe}^{3+}/\text{Fe}^{2+})>\varphi^{\ominus}(\text{Cu}^{2+}/\text{Cu})$

所以，反应正向进行。

$\varphi(\text{Fe}^{3+}/\text{Fe}^{2+})=0.77+0.059\,2\,\lg(1\times10^{-3})=0.59\ \text{V}$

$\varphi(\text{Cu}^{2+}/\text{Cu})=0.34+\dfrac{0.059\,2}{2}\lg(1.0\times10^{-2})=0.28\ \text{V}$

$\varphi(\text{Cu}^{2+}/\text{Cu})<\varphi(\text{Fe}^{3+}/\text{Fe}^{2+})$，反应仍正向进行。

7. 解： $\qquad\qquad\text{Cu}^{2+}+4\text{NH}_3=[\text{Cu}(\text{NH}_3)_4]^{2+}$

$c(\text{初})/\text{mol}\cdot\text{L}^{-1}\colon\ 0.05\qquad3\qquad\qquad0$

$c(\text{平})/\text{mol}\cdot\text{L}^{-1}\colon\ x\quad3-4(0.05-x)\ 0.05-x$

$K_{\text{f}}^{\ominus}=\dfrac{0.05-x}{x[3-4(0.05-x)]^4}\approx\dfrac{0.05}{x(3-0.2)^4}=2.1\times10^{13}$

$x=3.9\times10^{-17}\ \text{mol}\cdot\text{L}^{-1}$

硕士研究生入学考试模拟题（二）

一、选择题：下列各题均给出 4 个备选答案，请选出唯一最合理的解答。（本大题共 26 小题，每小题 1 分，总计 26 分）

1. 在相同条件下，水溶液甲的沸点比水溶液乙的高，则两水溶液的凝固点相比为（　　）。

A. 甲的较低　　　B. 甲的较高　　　C. 两者相等　　　D. 无法确定

2. 下列分子中，中心原子 sp 杂化的是(　　)。

A. H_2O　　　　　B. NH_3　　　　　C. BH_3　　　　　D. $BeCl_2$

3. 下列物质中，标准摩尔熵最大的是(　　)。

A. MgF_2　　　　B. MgO　　　　C. $MgSO_4$　　　　D. $MgCO_3$

4. 某化学反应进行 30 min 反应完成 50%，进行 60 min 完成 100%，则此反应是(　　)。

A. 三级反应　　　B. 二级反应　　　C. 零级反应　　　D. 一级反应

5. 下列物理量属于状态函数的是(　　)。

A. Q 和 U　　　B. U 和 S　　　C. G 和 W　　　D. W 和 S

6. 为防止水在仪器内结冰，可在水中加入甘油($C_3H_8O_3$)。欲使其冰点下降至 -2.0 ℃，则应在 100 g 水中加入甘油(水的 $K_f = 1.86$ K·kg·mol^{-1})(　　)。

A. 9.89 g　　　　B. 3.30 g　　　　C. 1.10 g　　　　D. 19.78 g

7. 下列反应中 $\Delta_r H_m^{\ominus}$ 与产物的 $\Delta_f H_m^{\ominus}$ 相同的是(　　)。

A. $2H_2(g) + O_2(g) \longrightarrow 2H_2O(l)$　　　　B. $NO(g) + \frac{1}{2}O_2(g) \longrightarrow NO_2(g)$

C. $C(金刚石) \longrightarrow C(石墨)$　　　　D. $H_2(g) + \frac{1}{2}O_2(g) \longrightarrow H_2O(l)$

8. 第二电离能最大的元素所具有的电子结构式(　　)。

A. $1s^2$　　　　B. $1s^2 2s^1$　　　　C. $1s^2 2s^2$　　　　D. $1s^2 2s^2 2p^1$

9. 由价键电子对互斥理论推测 PCl_5 的空间构型(　　)。

A. 平面正方形　　　B. 三角锥　　　C. 三角双锥　　　D. 正八面体

10. V 元素属于元素周期表中(　　)。

A. 第ⅡA族　　　B. 第ⅡB族　　　C. 第ⅢA族　　　D. 第ⅢB族

11. 下列各对元素中第一电子亲和能大小排列正确的是(　　)。

A. O>S　　　　B. Cl>Br　　　　C. Si<P　　　　D. F<C

12. 下列各组元素按电负性大小排列顺序正确的是(　　)。

A. Cl>S>As　　　B. Na>Mg>Si　　　C. O>Cl>F　　　D. As>P>H

13. 下列分子或离子中，不含孤电子对的是(　　)。

A. H_2O　　　　B. H_3O^+　　　　C. NH_3　　　　D. NH_4^+

14. 下列分子中，属非极性分子的是(　　)。

A. CCl_4　　　　B. NO_2　　　　C. SO_3　　　　D. $CHCl_3$

15. 使下列电极反应中有关离子浓度减小一半，而 E 值增加的是(　　)。

A. $Cu^{2+} + 2e^- \longrightarrow Cu$　　　　B. $I_2 + 2e^- \longrightarrow 2I^-$

C. $2H^+ + 2e^- \longrightarrow H_2$　　　　D. $Fe^{3+} + e^- \longrightarrow Fe^{2+}$

16. 将固体 NH_4NO_3 溶于水，溶液变冷，则该过程的 ΔG、ΔH、ΔS 的符号依次是(　　)。

A. +，−，−　　　B. +，+，−　　　C. −，+，−　　　D. −，+，+

17. 已知 NH_3 在水中的 $K_b^{\ominus} = 1.8 \times 10^{-5}$，则 0.010 mol·$L^{-1}$ NH_3 溶液的 pH 值为(　　)。

A. 4.75　　　　B. 9.25　　　　C. 10.6　　　　D. 3.4

18. 下列氧化还原电对中，$E^{\ominus}$ 最大的是（　　）。

A. Ag^+/Ag　　　　B. $AgCl/Ag$　　　　C. $AgBr/Ag$　　　　D. AgI/Ag

19. $CaCO_3$ 在相同浓度的下列溶液中溶解度最大的是（　　）。

A. CH_3COONH_4　　B. NH_4Cl　　　　C. Na_2CO_3　　　　D. $CaCl_2$

20. 已知某温度条件下反应

$$A{=}D \quad K_1^{\ominus} \qquad D{+}B{=}C \quad K_2^{\ominus} \qquad A{+}B{=}C \quad K^{\ominus}$$

则上述三个反应的平衡常数之间的关系是 $K^{\ominus}$（　　）。

A. $K_1^{\ominus}/K_2^{\ominus}$　　B. $K_1^{\ominus}\cdot K_2^{\ominus}$　　C. $K_1^{\ominus}+K_2^{\ominus}$　　D. $K_1^{\ominus}-K_2^{\ominus}$

21. 已知 H_3PO_4 的 $K_{a1}^{\ominus}=7.5\times10^{-3}$，$K_{a2}^{\ominus}=6.2\times10^{-8}$，$K_{a3}^{\ominus}=2.2\times10^{-13}$，在 H_3PO_4 溶液中加入一定量 $NaOH$ 后，溶液的 $pH=10.00$，在该溶液中下列物种中浓度最大的是（　　）。

A. H_3PO_4　　B. $H_2PO_4^-$　　C. HPO_4^{2-}　　D. PO_4^{3-}

22. 下列溶液中，具有明显缓冲作用的是（　　）。

A. Na_2CO_3　　B. $NaHCO_3$　　C. $NaHSO_4$　　D. Na_3PO_4

23. 对下列化合物在水中的溶解度，判断正确的是（　　）。

A. $AgF>HF$　　B. $CaF_2>CaCl_2$　　C. $HgCl_2>HgI_2$　　D. $LiF>NaCl$

24. 熔融 SiO_2 晶体时需要克服的作用力主要是（　　）。

A. 离子键　　B. 氢键　　C. 范德华力　　D. 共价键

25. 下列分子中属于极性分子的是（　　）。

A. CCl_4　　　　　　B. $CH_3CH_2OCH_2CH_3$
C. BCl_3　　　　　　D. PCl_5

26. 下列元素中原子半径最接近的一组是（　　）。

A. Ne，Ar，Kr，Xe　　　　B. Mg，Ca，Sr，Ba
C. B，C，N，O　　　　　　D. Cr，Mn，Fe，Co

二、填空题：将答案写在横线上方。（本大题共7小题，总计20分）

1.（本小题3分）将 4.4 g CO_2、14 g N_2 和12.8 g O_2 盛于一容器中，气体总压为 2.026×10^5 Pa，则混合气体中各组分的分压：CO_2：____ Pa；N_2：____ Pa；O_2：____ Pa。

2.（本小题2分）已知反应 $CaCO_3(s){=}CaO(s)+CO_2(g)$ 在298 K时 $\Delta_r G_m^{\ominus}=130$ kJ·mol^{-1}，1 200 K时 $\Delta_r G_m^{\ominus}=-15.3$ kJ·mol^{-1}，则该反应的 $\Delta_r H_m^{\ominus}$ 为_____，$\Delta_r S_m^{\ominus}$ 为_____。

3.（本小题4分）若 A=2B 的活化能为 E_a，而 2B=A 的活化能为 E_a'。加催化剂后 E_a 和 E_a'_____；加不同的催化剂则 E_a 的数值变化_____；提高反应温度，E_a 和 E_a' 的数值_____；改变起始浓度后，E_a_____。

4.（本小题5分）周期表中最活泼的金属为_____，最活泼的非金属为_____；能在手掌中熔化的金属有_____和_____；熔点最高的金属是_____。

5.（本小题2分）下列分子或离子中，能形成分子内氢键的有_____；不能形成分子间氢键的有_____。

①NH_3　②H_2O　③NH_4^+　④（带OH和CHO的苯环结构）

6.(本小题 2 分)已知 $0.10\ mol\cdot L^{-1}$ HCN 溶液的解离度为 $0.006\ 3\%$，则溶液的 pH 值等于_____，HCN 的解离常数为_____。

7.(本小题 2 分)同离子效应使难溶电解质的溶解度_____，盐效应使难溶电解质的溶解度_____。

三、简答题：请按要求回答下列问题。(本大题共 5 小题，总计 20 分)

1.(本小题 4 分)KOH 的溶解度很大，常温下约为 $110\ g/100\ g\ H_2O$，所以将几粒固体 KOH 放入 $100\ g$ 水中可以溶解，上述过程明显放热。又有实验事实证明，KOH 的溶解度随温度升高而增加。从勒夏特列原理考虑，以上两种实验现象似乎矛盾。试给出合理解释。

2.(本小题 4 分)由下列元素在周期表中的位置，给出元素名称，元素符号及其价层电子构型。

(1)第四周期第ⅥB族　(2)第五周期第ⅠB族　(3)第五周期第ⅣA族　(4)第四周期第ⅦA族

3.(本小题 4 分)判断下列各组分子之间存在何种形式的分子间作用力。(1)CS_2 和 CCl_4 (2)H_2O 与 H_2　(3)CH_3Cl　(4)H_2O

4.(本小题 4 分)根据酸碱质子理论，写出分子或离子的共轭酸(碱)的化学式。(1)H_2SO_4 (2)HSO_4^-　(3)S^{2-}　(4)NH_3

5.(本小题 4 分)指出下列配合物哪些是内轨型配合物？哪些是外轨型配合物？

(1)$[Cr(H_2O)_6]Cl_3$　(2)$K_2[Ni(CN)_4]$　(3)$K_3[Fe(CN)_6]$　(4)$[Fe(CO)_5]$

四、计算题：计算下列各题。(本大题共 6 小题，总计 34 分)

1.(本小题 4 分)将氨气和氯化氢同时从一根 $120\ cm$ 长的玻璃管的两端分别向管内扩散，试计算两气体在管中距氨气一端多远处相遇而生成 NH_4Cl 白烟。

2.(本小题 4 分)已知 $10.0\ g$ 葡萄糖溶于 $400\ g$ 乙醇，乙醇沸点升高了 $0.413\ ℃$，而某有机物 $2.00\ g$ 溶于 $100\ g$ 乙醇时，其沸点升高了 $0.125\ ℃$，试求该有机物的摩尔质量。[已知 M(葡萄糖)$=180\ g\cdot mol^{-1}$]

3.(本小题 6 分)某温度下，反应 $N_2+3H_2\rightleftharpoons 2NH_3$ 的平衡常数 $K^\ominus=0.77$。当 $c(N_2)=0.81\ mol\cdot L^{-1}$，$c(H_2)=0.32\ mol\cdot L^{-1}$，$c(NH_3)=0.15\ mol\cdot L^{-1}$ 时，试用计算结果判断反应进行的方向。

4.(本小题 4 分)$80\ mL\ 1.0\ mol\cdot L^{-1}$ 某一元弱酸与 $50\ mL\ 0.4\ mol\cdot L^{-1}$ NaOH 溶液混合后，再稀释至 $250\ cm^3$，则得溶液的 pH 值为 2.72，求该弱酸的解离常数。

5.(本小题 8 分)常温常压下，CO_2 在水中的溶解度为 $0.033\ mol\cdot L^{-1}$，试求该条件下 $CaCO_3$ 在饱和 CO_2 水溶液中的溶解度。[已知 $CaCO_3$ 的 $K_{sp}^\ominus=2.8\times10^{-9}$，$H_2CO_3$ 的 $K_1^\ominus=4.5\times10^{-7}$，$K_2^\ominus=4.7\times10^{-11}$]

6.(本小题 8 分)将铜电极浸入在含有 $1.0\ mol\cdot L^{-1}NH_3$ 和 $1.0\ mol\cdot L^{-1}[Cu(NH_3)_4]^{2+}$ 溶液里，以标准锌电极为负极，测得电动势为 $0.712\ V$。试计算 $[Cu(NH_3)_4]^{2+}$ 的稳定常数。已知 $E^\ominus(Zn^{2+}/Zn)=-0.763\ V$，$E^\ominus(Cu^{2+}/Cu)=0.342\ V$]

硕士研究生入学考试模拟题（二）参考答案

一、选择题

1. A　2. D　3. C　4. C　5. B　6. C　7. D　8. B　9. C　10. D　11. B　12. A　13. D
14. A　15. B　16. D　17. C　18. A　19. B　20. B　21. C　22. B　23. C　24. D　25. B　26. D

二、填空题

1. 2.026×10^4，1.013×10^5，8.014×10^4

2. 178 kJ·mol^{-1}，161×10^4 J·mol^{-1}·K^{-1}

3. 同等程度降低，不同，基本不变，不变

4. Fr，F，Cs，Ga，W

5. ③，④

6. 5.20，4.0×10^{-10}

7. 降低，增大

三、简答题

1. 答：勒·夏特列原理即如果对平衡体系施加外部影响，平衡将向着减小该影响的方向移动。其成立条件是平衡体系或接近平衡的体系。

在 KOH 饱和溶液中加入少许固体 KOH，加热时这些 KOH 溶解，说明溶解度随温度升高而增大。由此可以判断 KOH 溶解是吸热反应。

KOH 的溶解度很大，将几粒固体 KOH 放入 100g 水中溶解，这个溶解过程远远偏离平衡状态，可以放热，但不说明在接近平衡状态时整个溶解过程是放热的。

2. 答：(1)铬　Cr　$3d^5 4s^1$；(2)银　Ag　$4d^{10} 5s^1$；

(3)锡　Sn　$5s^2 5p^2$；(4)溴　Br　$4s^2 4p^5$。

3. 答：(1)CS_2 和 CCl_4　色散力；(2)H_2O 与 H_2 色散力，诱导力；

(3)CH_3Cl 取向力，色散力，诱导力；

(4)H_2O 取向力，色散力，诱导力，氢键。

4. 答：(1)H_2SO_4　共轭碱为 HSO_4^-；

(2)HSO_4^-　共轭酸为 H_2SO_4；共轭碱为 SO_4^{2-}；

(3)S^{2-}　共轭酸为 HS^-；

(4)NH_3　共轭酸为 NH_4^+，共轭碱为 NH_2^-。

5. 答：(1)$[Cr(H_2O)_6]Cl_3$ 内轨型；　　(2)$K_2[Ni(CN)_4]$ 内轨型；

(3)$K_3[Fe(C_2O_4)_3]$ 外轨型；　　(4)$[Fe(CO)_5]$ 内轨型。

四、计算题

1. 解：假定气体扩散速率分别为 $v(NH_3)$ 和 $v(HCl)$，当它们分别在 120 cm 长的玻璃管的两端向管内扩散相遇时，假定所用时间为 t，$s(NH_3) + s(HCl) = v(NH_3)t + v(HCl)t = 120$ cm。

根据气体扩散定律，

$$\frac{v(NH_3)}{v(HCl)}=\sqrt{\frac{M(HCl)}{M(NH_3)}}=\sqrt{\frac{36.5}{17}}=1.465$$

则　$s(NH_3)+s(HCl)=v(NH_3)t+v(HCl)t=v(NH_3)t+0.682\,v(NH_3)t$

$$=1.682\,v(NH_3)t=1.682\,s(NH_3)=120\ cm$$

所以　$s(NH_3)=71.3\ cm$

2. **解**：已知 10.0 g 葡萄糖溶于 400 g 乙醇，乙醇沸点升高了 0.143 ℃，根据非电解质稀溶液沸点升高公式 $\Delta T_b=K_b\cdot b$，则

$$K_b=\frac{\Delta T_b}{b}=\frac{0.143}{\dfrac{10.0/180}{400/1\,000}}=1.029\,6\ K\cdot kg\cdot mol^{-1}$$

当某有机物 2.00 g 溶于 100 g 乙醇时，其沸点升高了 0.125 ℃。

公式 $\Delta T_b=K_b\cdot b=K_b\cdot\dfrac{m/M}{m_b}$ 代入数据，得

$$M=K_b\cdot\frac{m}{m_b\cdot\Delta T_b}=1.029\,6\times\frac{2.00}{100\times0.125}\times1\,000=164.7\ g\cdot mol^{-1}$$

3. **解**：已知反应的平衡常数 $K^\ominus=0.77$，其反应商 Q 为：

$$Q=\frac{[c(NH_3)/c^\ominus]^2}{[c(N_2)/c^\ominus]\cdot[c(H_2)/c^\ominus]^3}=\frac{0.15^2}{0.81\times0.32^3}=0.85$$

由于 $Q\geqslant K^\ominus$，所应平衡向逆向移动。

4. **解**：已知 80 mL 1.0 mol·L^{-1} 某一元弱酸与 50 mL 0.4 mol·L^{-1} NaOH 溶液混合后，再稀释至 250 mL，则一元弱酸的浓度变为 0.24 mol·L^{-1}，其弱酸盐浓度为 0.08 mol·L^{-1}，它们二者构成了缓冲溶液。

已知溶液的 pH 值为 2.72，根据缓冲溶液公式 $pH=pK_a^\ominus-\lg\dfrac{c_a}{c_b}$，代入数据则得

$$pK_a^\ominus=pH+\lg\frac{c_a}{c_b}=2.72+\lg\frac{0.24}{0.08}=2.72+0.48=3.2$$

所以　$K_a^\ominus=6.3\times10^{-4}$

5. **解**：已知 CO_2 在水中的溶解度为 0.033 mol·L^{-1}，因此 H_2CO_3 的浓度为 0.033 mol·L^{-1}；

$CaCO_3$ 的 $K_{sp}^\ominus=2.8\times10^{-9}$，$H_2CO_3$ 的 $K_1^\ominus=4.5\times10^{-7}$，$K_2^\ominus=4.7\times10^{-11}$，

该溶解过程用化学方程式表示为

$$CaCO_3+H_2CO_3\Longrightarrow Ca^{2+}+2HCO_3^-$$

其平衡常数为 $K^\ominus=\dfrac{c(Ca^{2+})/c^\ominus\cdot[c(HCO_3^-)/c^\ominus]^2}{c(H_2CO_3)/c^\ominus}$，

分子分母同时乘以 $[c(CO_3^{2-})/c^\ominus]\cdot[c(H^+)/c^\ominus]$

所以　$K^\ominus=\dfrac{[c(Ca^{2+})/c^\ominus]\cdot[c(CO_3^{2-})/c^\ominus]\cdot[c(H^+)/c^\ominus]\cdot[c(HCO_3^-)/c^\ominus]^2}{[c(H_2CO_3)/c^\ominus]\cdot[c(CO_3^{2-})/c^\ominus]\cdot[c(H^+)/c^\ominus]}$

根据 $K_{sp}^\ominus(CaCO_3)=[c(CO_3^{2-})/c^\ominus]\cdot[c(Ca^{2+})/c^\ominus]$，

根据碳酸的解离平衡可知 $K_{a1}^{\ominus}=\dfrac{[c(H^+)/c^{\ominus}]\cdot[c(HCO_3^-)/c^{\ominus}]}{c(H_2CO_3)/c^{\ominus}}$,

$$K_{a2}^{\ominus}=\dfrac{[c(H^+)/c^{\ominus}]\cdot[c(CO_3^{2-})/c^{\ominus}]}{c(HCO_3^-)/c^{\ominus}}$$

因此 $K^{\ominus}=\dfrac{K_{sp}^{\ominus}\cdot K_{a1}^{\ominus}}{K_{a2}^{\ominus}}=\dfrac{2.8\times10^{-9}\times4.5\times10^{-7}}{4.7\times10^{-11}}=2.68\times10^{-5}$

反应过程中 1 mol $CaCO_3$ 溶解，则得到 1 mol Ca^{2+} 和 2 mol HCO_3^-，故平衡时 $c(Ca^{2+})$ 等于 $CaCO_3$ 的溶解度 s，$c(HCO_3^-)=2s$。

$$K^{\ominus}=\dfrac{s\times(2s)^2}{0.033}=2.68\times10^{-5}$$

解得 $s=6.0\times10^{-3}$，故 $CaCO_3$ 在该条件下溶解度为 $6.0\times10^{-3}\,mol\cdot L^{-1}$。

6. 解：已知将铜电极浸入在含有 $1.0\ mol\cdot L^{-1}NH_3$ 和 $1.0mol\cdot L^{-1}[Cu(NH_3)_4]^{2+}$ 溶液里，以标准锌电极为负极，测得电动势为 0.712 V。

根据电池电动势公式

$$E^{\ominus}=\varphi^{\ominus}(+)-\varphi^{\ominus}(-)=\varphi^{\ominus}[Cu(NH_3)_4^{2+}/Cu]-\varphi^{\ominus}(Zn^{2+}/Zn)$$

所以 $\varphi^{\ominus}[Cu(NH_3)_4^{2+}/Cu]=E^{\ominus}+\varphi^{\ominus}(Zn^{2+}/Zn)=0.712+(-0.763)=-0.051\ V$

又根据能斯特方程

$$\varphi^{\ominus}[Cu(NH_3)_4^{2+}/Cu]=\varphi^{\ominus}(Cu^{2+}/Cu)+\dfrac{0.059}{2}lg[c(Cu^{2+})/c^{\ominus}]$$

其中 $Cu^{2+}+4NH_3\rightleftharpoons[Cu(NH_3)_4]^{2+}$，代入数据，得

$$K_f^{\ominus}=\dfrac{c[Cu(NH_3)_4]^{2+}/c^{\ominus}}{[c(Cu^{2+})/c^{\ominus}]\cdot[c(NH_3)/c^{\ominus}]^4}=\dfrac{1}{c(Cu^{2+})/c^{\ominus}},$$

即 $c(Cu^{2+})/c^{\ominus}=\dfrac{1}{K_f^{\ominus}}$,

代入上式：$-0.051=0.342+\dfrac{0.059}{2}lg\dfrac{1}{K_f^{\ominus}}$

解得 $K_f^{\ominus}=2.1\times10^{13}$

参考文献

康丽娟，朴风玉，2005. 普通化学[M]. 北京：高等教育出版社.

任丽萍，2006. 普通化学[M]. 北京：高等教育出版社.

康丽娟，马文英，2000. 普通化学[M]. 长春：吉林大学出版社.

王春那，石军，2009. 普通化学学习指导[M]. 北京：中国农业出版社.

马文英，刘俊渤，2000. 普通化学学习指导[M]. 长春：吉林大学出版社.

王春那，石军，2009. 普通化学[M]. 北京：中国农业出版社.

大连理工大学，2006. 无机化学[M]. 5 版. 北京：高等教育出版社.

赵士铎，2007. 普通化学[M]. 3 版. 北京：中国农业大学出版社.

赵士铎，2008. 普通化学学习指导[M]. 北京：中国农业大学出版社.